陪都十年建设计划草案

任竞 袁佳红 点校
唐润明 王志昆 学术审稿

西南师范大学出版社
国家一级出版社 全国百佳图书出版单位

图书在版编目（CIP）数据

陪都十年建设计划草案／任竞，袁佳红点校．——重庆：西南师范大学出版社，2020.12
（巴渝文库）
ISBN 978-7-5697-0642-0

Ⅰ．①陪… Ⅱ．①任…②袁… Ⅲ．①城市规划－史料－重庆－近代 Ⅳ．① TU984.271.9

中国版本图书馆 CIP 数据核字（2020）第 259680 号

陪都十年建设计划草案
PEIDU SHI NIAN JIANSHE JIHUA CAOAN
任　竞　袁佳红　点校

责任编辑：于诗琦
特约编辑：姚良俊
装帧设计：王芳甜

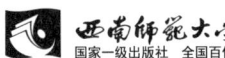西南师范大学出版社
国家一级出版社　全国百佳图书出版单位

重庆市北碚区天生路2号　邮政编码：400715　http://www.xscbs.com
西南师范大学出版社制版
重庆市正前方彩色印刷有限公司印刷
西南师范大学出版社发行
邮购电话：023-68868624
全国新华书店经销

开本：787mm×1092mm　1/16　印张：24.5　字数：500千
2020年12月第1版　2020年12月第1次印刷
ISBN 978-7-5697-0642-0
定价：168.00元

如有印装质量问题，请向本单位物流中心调换：023-68868624

版权所有　侵权必究

《巴渝文库》编纂委员会

(以姓氏笔画为序)

主　　任	张　鸣
副 主 任	郑向东
成　　员	任　竞　刘　旗　刘文海　米加德　李　鹏　吴玉荣
	张发钧　陈兴芜　陈昌明　饶帮华　祝轻舟　龚建海
	程武彦　詹成志　潘　勇

《巴渝文库》专家委员会

(以姓氏笔画为序)

学术牵头人	蓝锡麟　黎小龙
成　　员	马　强　王志昆　王增恂　白九江　刘兴亮　刘明华
	刘重来　李禹阶　李彭元　杨恩芳　杨清明　吴玉荣
	何　兵　邹后曦　张　文　张　瑾　张凤琦　张守广
	张荣祥　周　勇　周安平　周晓风　胡道修　段　渝
	唐润明　曹文富　龚义龙　常云平　韩云波　程地宇
	傅德岷　舒大刚　曾代伟　温相勇　蓝　勇　熊　笃
	熊宪光　滕新才　潘　洵　薛新力

《巴渝文库》办公室成员

(以姓氏笔画为序)

王志昆　艾智科　刘向东　杜芝明　李远毅　别必亮　张　进
张　瑜　张永洋　张荣祥　陈晓阳　周安平　郎吉才　袁佳红
黄　璜　曹　璐　温相勇

总序

蓝锡麟

两百多万字的《巴渝文献总目》编成出版发行，一部七册，相当厚实。它标志着，历经七年多的精准设计、切实论证和辛勤推进，业已纳入《重庆市国民经济和社会发展第十三个五年规划纲要》的《巴渝文库》编纂工程，取得了第一个硕重的成果。它也预示着，依托这部重庆历史上前所未有的大书所摸清和呈显的巴渝文献的可靠家底，对巴渝文化的挖掘、阐释、传承和弘扬，都有可能进入一个崭新的阶段。

《巴渝文库》是一套以发掘梳理、编纂出版为主轴，对巴渝历史、巴渝人文、巴渝风物等进行广泛汇通、深入探究和当代解读，以供今人和后人充分了解巴渝文化、准确认知巴渝文化，有利于存史、传箴、资治、扬德、励志、育才的大型丛书。整套丛书都将遵循整理、研究、求实、适用的编纂方针，运用系统、发展、开放、创新的文化理念，力求能如宋人张载所倡导的"为天地立心，为生民立命，为往圣继绝学，为万世开太平"那样，对厘清巴渝文化文脉，光大巴渝文化精华，作出当代文化视野所能达致的应有贡献。

这其间有三个关键词，亦即"巴渝""文化"和"巴渝文化"。

"巴渝"称谓由来甚早。西汉司马相如的《上林赋》中，即有"巴俞（渝）宋蔡，淮南《于遮》"的表述，桓宽的《盐铁论·刺权篇》也有"鸣鼓巴俞（渝），交作于堂下"的说法。西晋郭璞曾为《上林赋》作注，指认"巴西阆中有俞（渝）水，僚居其上，皆刚勇好舞。初，高祖募取，以平三秦，后使乐府习之。

因名'巴俞（渝）舞'也"。从前后《汉书》到新旧《唐书》等正史，以及《三巴记》《华阳国志》等方志中，都能见到"巴渝乐""巴渝舞"的记载。据之不难判定，"巴渝"是一个得名颇久远的地域历史概念，它泛指的是先秦巴国、秦汉巴郡辖境所及，中有渝水贯注的广大区域。当今重庆市，即为其间一个至关重要的组成部分，并且堪称主体部分。

关于"文化"的界说，古今中外逾百种，我们只取在当今中国学界比较通用的一种。马克思在《1844年经济学哲学手稿》里指出："动物只生产自己本身，而人则再生产整个自然界。"因此，"自然的人化"，亦即人类超越本能的、有意识地作用于自然界和社会的一切创造性活动及其物质、精神产品，就是广义的文化。在广义涵蕴上，文化与文明大体上相当。广义文化的技术体系和价值体系建构两极，两极又经由语言和社会结构组成文化统一体。其中的价值体系，即与特定族群的生产方式和生活方式相适应，构成以语言为符号传播的价值观念和行为准则，通常被称为观念形态，就是狭义的文化。文字作为语言的主要记载符号，累代相积地记录、传播和保存、认证人类文明的各种成果，即形成跨时空的基本文献。随着人类文明的进步，文献的生成形式日益增多，但任何别的形式都取代不了文字的文献主体地位。以文字为主体的文献直属于狭义文化，具有知识性特征，同时也是广义文化的价值结晶。《巴渝文库》的"文"即专指以文字为主体的文献，整部丛书都将依循上述认知从文献伸及文化。

将"巴渝"和"文化"两个概念链接起来和合为一，标举出"巴渝文化"特指概念，乃是二十世纪中后期发生的事。肇其端，在于卫聚贤主编的《说文月刊》，1941年10月在上海，1942年8月在重庆，先后发表了他本人撰写的《巴蜀文化》一文，并以"巴蜀文化专号"名义合计发表了25篇相关专题文章，破天荒揭橥了巴蜀文化的基本内涵。继其后，从五十年代到九十年代，以成渝两地的学者群作为学术研究主体，也吸引了全国学界一些专家的关注和参与，对巴蜀文化的创新探究逐步深化、丰富和拓展，并由"巴蜀文化"总体维度向"巴蜀文明""巴渝文化"两个向度切分、提升和衍进。

在此基础上，以1989年11月重庆市博物馆编辑、重庆出版社出版第一辑《巴渝文化》首树旗帜，经1993年秋在渝召开"首届全国巴渝文化学术研讨会"激扬波澜，到1999年间第四辑《巴渝文化》结集面世，确证了"巴渝文化"这一地域历史文化概念的提出和形成距今已达近三十年，且已获得全国学界的广泛认同。黎小龙所撰《"巴蜀文化""巴渝文化"概念及其基本内涵的形成与嬗变》一文，对其沿革、流变及因果考镜翔实，梳理通达，足可供而今而后一切关注巴渝文化的人溯源知流，辨伪识真。

从中不难看出，巴蜀文化与巴渝文化不是并列关系，而是种属关系，彼此间有同有异，可合可分。用系统论的观点考察种属，自古及今，巴蜀文化都是与荆楚文化、吴越文化同一层级的长江流域文化的一大组成部分，巴渝文化则是巴蜀文化的一个重要分支。自先秦迄于两汉，巴渝文化几近巴文化的同义语，与蜀文化共融而成巴蜀文化。魏晋南北朝以降，跟巴渝相对应的行政区划迭有变更，仅言巴渝渐次不能遍及巴，但是，在巴渝文化的核心区、主体圈和辐射面以内，巴文化与蜀文化的兼容性和互补性，或者一言以蔽之曰同质性，仍然不可移易地扎根存在，任何时势下都毋庸置疑。而与之同时，大自然的伟力所造就的巴渝山水地质地貌，又以不依任何人的个人意志为转移的超然势能，对于生息其间的历代住民的生产方式和生活方式施予重大影响，从而决定了巴人与蜀人的观念取向和行为取向不尽一致，各有特色。再加上巴渝地区周边四向，除西之蜀外，东之楚、南之黔、北之秦以及更广远的中原地区，其文化都会与之相互交流、渗透和浸润，其中楚文化与巴文化的相互作用尤其不可小觑，这就势所必至地导致了巴渝文化之于巴蜀文化会有某些异质性。既具同质性，又有异质性，共生一体就构成了巴渝文化的特质性。以此为根基，在尊重巴蜀文化对巴渝文化的统摄地位的前提下，将巴渝文化切分出来重新观照，切实评价，既合乎逻辑，也大有可为。

楚文化对于巴渝文化的深远影响仅次于蜀文化，历史文献早有见证。《华阳国志·巴志》指出："江州以东，滨江山险，其人半楚，姿态敦重。垫江以西，土地平敞，精敏轻疾。上下殊俗，情性不同。"这正是巴、楚两种文化交相作用的生动写照。就地缘结构和族群渊源而言，恰是长江三峡的自然连接和荆巴先民的人文交织，造成了巴、楚地域历史文化密不可分。理当毫不含糊地说，巴渝文化地域恰是巴蜀文化圈与荆楚文化圈的边缘交叉地带。既边缘，又交叉，正负两端效应都有。正面的效应，主要体现在有利于生成巴渝文化的开放、包容、多元、广谱结构走向上。而负面的效应，则集中反映在距离两大文化圈的核心地区比较远，在社会生产力和文化传播力比较低下的古往年代，无论在广义层面，还是在狭义层面，巴渝文化的演进发展都难免于相对滞后。负面效应贯穿先秦以至魏晋南北朝时期，直至唐宋才有根本的改观。

地域历史的客观进程即是构建巴渝文化的学理基石。当第四辑《巴渝文化》出版面世时，全国学界已对巴渝文化概念及其基本内涵取得不少积极的研究成果，认为巴渝文化是指以今重庆为中心，辐射川东、鄂西、湘西、黔北这一广大地区内，从夏商至明清乃至于近现代的物质文化和精神文化的总和，已然成为趋近共识的地域历史文化界说。《巴渝文库》自设计伊始，便认同这一界说，并将其贯彻编纂全过程。但在时空界线上略有调整，从有文物佐证和文字记载的商周之际开始，直至1949年9月30日为止，举凡曾对今重庆市以及周边相关的历代巴渝地区的历史进程产生过影响，留下过印记，具备文献价值，能够体现巴渝文化的基本内涵的各种信息记录，尤其是得到自古及今广泛认同的著作乃至单篇，都在尽可能搜集、录入和整理、推介之列，当今学人对于巴渝历史、巴渝人文、巴渝风物等的开掘、传扬性研究著述也将与之相辅相成。一定意义上，它也可以叫《重庆文库》，然而不忘文化渊源，不忘文化由来，还是命名《巴渝文库》顺理成章。

必须明确指出，《巴渝文库》瞩目的历代文献，并非一概出自巴渝本籍人士的手笔。因为一切文化得以生成和发展，注定都是在其滋生的热土上曾经生息过的所有人，包括历代的本籍人和外籍人，有所发现、有所创造的累积式的共生结果，不应当流于偏执和狭隘。对巴渝文化而言，珍重和恪守这一理念尤关紧要。唐宋时期和抗战时期，毫无疑义是巴渝文化最辉煌的两大时段，抗战时期尤其代表着当时中国的最高成就。在这两大时段中，非巴渝籍人士确曾有的发现和创造，明显超过了巴渝本籍人士，排斥他们便会自损巴渝文化。在其他的时段中，无分籍贯的共生共荣也是常态。所以我们对于文献的收取原则，是不分彼此，一视同仁，尊重历史，敬畏前贤。只不过，有惩于诸多发抉限制，时下文本还做不到应收尽收，只能做到尽力而为。拾遗补阙之功，容当俟诸后昆。

还需要强调一点，那就是作为观念形态的狭义的文化，在其生成和发展的过程中，必然会受到一定时空的自然条件和社会条件，尤其是后者中的经济、政治等广义文化要素的多层性多样性的制约和支配。无论是共时态还是历时态，都因之而决定，不同的地域文化会存在不平衡性和可变动性。但文化并不是经济和政治的单相式仆从，它也有自身的构成品质和运行规律。一方面，文化的发展与经济、政治的发展并不一定同步，通常呈现出相对滞后性和相对稳定性，而在特定的社会异动中又有可能凸显超前，引领未来。另一方面，不管处于哪种状态下，文化都对经济、政治等等具有能动性的反作用，特别是反映优秀传统或先进理念的价值观念和行为准则，对整个社会多维度的、广场域的渗透影响十分巨大，不可阻遏。除此而外，任何文化强势区域的产生和延续，决然都离不开文化贤良和学术精英富于创造性的引领和开拓。这一切，在巴渝文化三千多年的演进流程中都有长足的映现，而《巴渝文库》所荟萃的历代文献正是巴渝文化行进路线图的历史风貌长卷。

从这一长卷可以清晰地指认，巴渝文献为形，巴渝文化为神，历代先人所创造的巴渝地域历史文化的确堪称源远流长，根深叶茂，绚丽多姿，历久弥新。如果将殷商卜辞当中关于"巴方"的文字记载当作文献起点，那么，巴渝文献累积进程已经有3200余年。尽管文献并不能够代替文物、风俗之类对于文化也具有的载记功能和传扬作用，但它作为最重要的传承形态，载记功能和传扬作用更是无可比拟的。《巴渝文献总目》共收入著作文献7212种，单篇文献29479条，已经足以彰显巴渝文化的行进路线。特别是7212种著作文献，从商周到六朝将近1800年为24种，从隋唐至南宋将近700年为136种，元明清三代600多年增至1347种，民国38年间则猛增到5705种，分明已经展示出了巴渝文化的四个行进阶段。即便考虑到不同历史阶段确有不少文献生存的不可比因素，这组统计数字也昭示人们，巴渝文化的发展曾经历了一个怎样的漫长过程。笼而统之地称述巴渝文化博大精深未必切当，需要秉持实事求是的学理和心态，对之进行梳理和诠释。

第一个阶段，起自商武丁年间，结于南朝终止。在这将近1800年当中，前大半段恰为上古巴国、秦汉巴郡的存在时期，因而正是巴渝文化的初始时期；后小半段则为三国蜀汉以降，多族群的十几个纷争政权先后交替分治时期，因而从文化看只是初始时期的迟缓延伸。巴国虽曾强盛过，却如《华阳国志·巴志》所记，在鲁哀公十八年（前477）以后，即因"楚主夏盟，秦擅西土，巴国分远，故于盟会希"，沦落为一个无足道的僻远弱国。政治上的边缘化，加之经济上的山林渔猎文明、山地农耕文明相交错，生产力低下，严重地桎梏了文化的根苗茁壮生长。其间最大的亮点，在于巴、楚交流、共建而成的巫、神、辞、谣相融合的三峡文化，泽被后世，长久不衰。两汉四百年大致延其续，在史志、诗文等层面上时见踪影，但表现得相当零散，远不及以成都为中心的蜀文化在辞赋、史传等领域都蔚为大观。魏晋南北朝三百多年，巴渝地区社会大动荡，生产大倒退，文化生态极为恶劣，反倒陷入了裹足不前之状。较之西向蜀文化和东向楚文化，这一阶段的巴渝文化，明显地处于后发展态势。

第二个阶段，涵盖了隋唐、五代、两宋，近七百年。其中的前三百余年国家统一，驱动了巴渝地区经济社会恢复性的良动发展，后三百多年虽然重现政治上的分合争斗，但文化开拓空前自觉，合起来都给巴渝文化注入了生机和活力。特别是科举、仕宦、贬谪、游历诸多因素，促成了包括李白、"三苏"在内，尤其是杜甫、白居易、刘禹锡、黄庭坚、陆游、范成大等文学巨擘寓迹巴渝，直接催生出两大辉煌。一是形成了以"夔州诗"为品牌的诗歌胜境，流誉峡江，彪炳汗青，进入了唐宋两代中华诗歌顶级殿堂。二是发掘出了巴渝本土始于齐梁的民歌"竹枝词"，创造性转化为文人"竹枝词"，由唐宋至于明清，不仅传播到全中国的众多民族和广大地区，而且传播到全世界五大洲，这一旷世奇迹实为历代中华民歌之独一无二。与之相仿佛，宋代理学大师周敦颐、程颐先后流寓巴渝，也将经学、理学以及兴学施教之风传播到巴渝，迄及明清仍见光扬。在这两大场域内，领受他们的雨露沾溉，渐次有了巴渝本土文人如李远、冯时行、度正、阳枋等的身影和行迹。尽管这些本土文人并没有跻身全国一流，但他们在局部范围的异军突起，卓尔不群，在巴渝文化史上终究有标志意义。就文化突破价值而言，丝毫不亚于1189年重庆升府得名，进而将原先只有行政、军事功能的本城建成一座兼具行政、军事、经济、文化、交通等多功能的城市。尽有理由说，这个阶段显示出巴渝文化振起突升，重新融入中华文化的大进程，并给自己确立了不可忽视的地位。

第三个阶段，贯通元明清，六百多年。在这一时期，中华民族统一国家的族群结构和版图结构最终底定，四川省内成渝之间的统属格局趋于稳固，经济社会发展进入了新的里程，巴渝文化也因之而拓宽领域沉稳地成长。特别是明清两代大量移民由东、北、南三向进入巴渝地区，晚清重庆开埠，相继带来新技术和新思想，对促进经济发展、社会开放和文化繁荣起了大作用。本地区文化名人应运而生，前驱后继，文学如邹智、张佳胤、傅作楫、周煌、李惺、李士棻、王汝璧、钟云舫，史学如张森楷，经学如来知德，佛学如破山海明，书画如龚晴皋，成就和影响都超越了一时一地。特别是邹容，其《革命军》宣传民主主义国民革命思想，更是领异于清末民初，标举着那个时代先进政治学的制高点。外籍的文化名人，诸如杨慎、曹学佺、王士禛、王尔鉴、李调元、张问陶、赵熙等，亦有多向的不俗建树。尽管除邹容一响绝尘之外，缺少了足以与唐宋高标相比并的全国顶尖级的大师与巨擘，但在总体文化实力上确乎已经超越唐宋。这就好比按照地理学分类，巴渝境内的诸多雄峰尚属中山，却已群聚成为相对高地那样，巴渝文化在这个阶段也构筑起了有体量的相对高地。

第四个阶段，本应从1891年重庆开埠算起，延伸至今仍没有终结，但按《巴渝文库》文献取舍的既定体例，只截取了从1912年中华民国成立开始，到1949年9月30日为止的一段，共38年。虽然极短暂，社会历史的风云激荡却是亘古无二的,重庆在抗日战争时期成为全中国的战时首都更是空前绝后的。由辛亥革命到五四运动,重庆的思想、政治精英已经站在全川前列,家国情怀、革命意识已经在巴渝地区强势贲张。至抗战首都期间,数不胜数的、难以列举的全国一流的文化贤良和学术精英汇聚到了当时重庆和周边地区,势所必至地全方位、大纵深地推动文化迅猛突进,从而将重庆打造成了那个时期全中国的最大最高的文化高地,其间还耸立着不少全国性的文化高峰。其先其中其后,巴渝本籍的文化先进也竞相奋起,各展风骚,如任鸿隽、卢作孚、刘雪庵就在他们所致力的文化领域高扬过旗帜,向楚、杨庶堪、潘大逵、吴芳吉、胡长清、张锡畴、何其芳、李寿民、杨明照等也声逾夔门,成就不凡。毫无疑问,这是巴渝文化臻至鼎盛、最为辉煌的一个阶段,前无古人,后世也难以企及。包括大量文献在内,它所留下的极其丰厚的思想、价值和精神遗产,永远都是巴渝文化最珍贵的富集宝藏。

由文献反观文化,概略勾勒出巴渝文化的四个生成、流变、发展、壮大阶段,当有助于今之巴渝住民和后之巴渝住民如实了解巴渝文化,切实增进对于本土文化的自知之明、自信之气和自强之力,从而做到不忘本来,吸收外来,面向未来,更加自觉地传承和弘扬巴渝文化,持续不懈地推动巴渝文化在新的语境中创造性转化,创新性发展。对于本土以外关注巴渝文化的各界人士,同样也具有认识意义。最先推出的《巴渝文献总目》没有按照这四个阶段划段分卷,而是依从学界通例分成"古代卷"和"民国卷",与如此分段并不相抵牾。四分着眼于细密,两分着眼于大观,各有所长,相得益彰。

《巴渝文献总目》作为《巴渝文库》起始发凡的第一部大书,基本的编纂目的在于摸清文献家底,这一个目的已然达到。但它展现的主要是数量。回溯到文化本体,文献数量承载的多半还是文化总体的支撑基座的长度和宽度,而并不是足以代表那种文化的品格和力量的厚度和高度。文化的品格和力量蕴含在创造性发现和创新性发展中,浸透着质量,亦即思想、价值、精神的精华,任何文化形态均无所例外。因此,几乎与编纂《巴渝文献总目》同时起步,我们业已组织专业团队,着手披沙拣金,精心遴选优秀文献,分门别类，钩玄提要，以期编撰出第二部大书《巴渝文献要目提要》。两三年以内，当《巴渝文献要目提要》也编成出版以后，两部大书合为双璧，就将对传承和弘扬巴渝文化，历久不衰地发出别的文化样式所不可替代的指南工具书作用。即便只编成出版这样两部大书，《巴渝文库》文化工程即建立了历代前人未建之功，足可以便利当代，嘉惠后世，恒久存传。

《巴渝文库》的期成目标，远非仅编成出版上述两部大书而已。今后十年内外，还将以哲学宗教、政治法律、军事、经济、文化科学教育、语言文学艺术、历史与地理、地球科学、医药卫生、交通运输、市政与乡村建设、名人名家文集、方志碑刻与报纸期刊等十三大类的架构形式，分三步走，继续推进，力争总体量达到300种左右。规划明确的项目实施大致上安排启动、主推、扫尾三个阶段，前后贯连，有序推进。2018年至2020年为启动阶段，着力做好《巴渝文库》文化工程的实施规划和项目发布两项工作，并且形成10种有影响的示范性成果。2021年至2025年为主推阶段，全面展开《巴渝文库》文化工程十三大类的项目攻关，努力完成200种左右文献的搜集、整理、编纂和出版任务，基本呈现这一工程的社会影响。2026年至2028年为扫尾阶段，继续落实《巴渝文库》文化工程的各项规则，既为前一阶段可能遗留的未尽项目按质结项，又再完成另外90种文献的搜集、整理、编纂和出版任务，促成这一工程的综合效应得到充分体现。如果届时还不能如愿扫尾，宁肯延长两三年，多花些功夫，也要坚持责任至上，质量第一，慎始慎终，善始善终，确保圆满实现各项既定目标。

应该进一步强调，《巴渝文库》是重庆有史以来规模最大、历时最长的综合性文化工程，涉及先秦至民国几乎所有的学科。与一般的文献整理和课题研究不同，它所预计整理、出版的300种左右图书，每种图书根据实际文献数量的多少，将分成单册与多册兼行，多册又将分成几册、数十册乃至上百册不等，终极体量必将达到数千册，从而蔚成洋洋大观。搜集、整理、编纂和出版如此多的文献典籍，必须依靠多学科的专家、学者通力合作，接力建功，这其间必定会既出作品，又出人才，其社会效益注定将是难以估量的。

规划已具轮廓，项目已然启动，《巴渝文库》文化工程正在路上。回顾来路差堪欣慰，展望前景倍觉任重。从今往后的十年内外，所有参与者都极需要切实做到有抱负，有担当，攻坚克难，精益求精，前赴后继地为之不懈进取，不竟全功，决不止息。它也体现着党委意向和政府行为，对把重庆建设成为长江上游的文化高地具有不容低估的深远意义，因而也需要党委和政府高屋建瓴，贯穿全程地给予更多关切和支持。它还具备了公益指向，因而尽可能地争取社会各界关注和扶助，同样不可或缺。事关立心铸魂，必须不辱使命，前无愧怍于历代先人，后无愧怍于次第来者。初心长在，同怀勉之！

2016年12月16日初稿
2018年9月27日改定

凡例

《巴渝文库》是一套以发掘梳理、编纂出版巴渝文献为主轴,对巴渝历史、巴渝人文、巴渝风物等进行广泛汇通、深入探究和当代解读,以供今人和后人充分了解巴渝文化、准确认知巴渝文化,有利于存史、传箴、资治、扬德、励志、育才的大型丛书。整套丛书都将遵循整理、研究、求实、适用的编纂方针,运用系统、发展、开放、创新的文化理念,力求能如宋人张载所倡导的"为天地立心,为生民立命,为往圣继绝学,为万世开太平"那样,对厘清巴渝文化文脉,光大巴渝文化精华,作出当代文化视野所能达致的应有贡献。

一、收录原则

1. 内容范围

①凡是与巴渝历史文化直接相关的著作文献,无论时代、地域,原则上都全面收录;

②其他著作之中若有完整章(节)内容涉及巴渝的,原则上也收入本《文库》;全国性地理总志中的巴渝文献,收入本《文库》;

③巴渝籍人士(包括在巴渝出生的外籍人士)的著作,收入本《文库》;

④寓居巴渝的人士所撰写的其他代表性著作,按情况酌定收录,力求做到博观约取、去芜存菁。

2. 地域范围

古代,以先秦巴国、秦汉巴郡辖境所及,中有渝水贯注的广大区域为限;民国,原则上以重庆直辖(1997年)后的行政区划为基础,参酌民国时期的行政建制适当张弛。

3. 时间范围

古代，原则上沿用中国传统断代，即上溯有文字记载、有文物佐证的先秦时期，下迄1911年12月31日；民国，收录范围为1912年1月1日至1949年9月30日。

4. 代表性与重点性

《巴渝文库》以"代表性论著"为主，即能反映巴渝地区历史发展脉络、对巴渝地区历史进程产生过影响、能够体现地域文化基本内涵、得到古今广泛认同且具有文献价值的代表性论著。

《巴渝文库》突出了巴渝地区历史进程中的"重点"，即重大历史节点、重大历史阶段、重大历史事件、重要历史人物。就古代、民国两个阶段而言，结合巴渝地区历史进程和历史文献实际，突出了民国特别是抗战时期重庆的历史地位。

二、收录规模

为了全面、系统展示巴渝文化，《巴渝文库》初步收录了哲学宗教、政治法律、军事、经济、文化科学教育、语言文学艺术、历史与地理、地球科学、医药卫生、交通运输、市政与乡村建设、名人名家文集、方志碑刻报刊等方面论著约300余种。

其中，古代与民国的数量大致相同。根据重要性、内容丰富程度与相关性等，"一种"可能是单独一个项目，也可能是同"类"的几个或多个项目，尤以民国体现最为明显。

三、整理原则

《巴渝文库》体现"以人系文"、"以事系文"的整理原则，以整理、辑录、点校为主，原则上不影印出版，部分具有重要价值、十分珍贵、古今广泛认同、流传少的论著，酌情影印出版。

每一个项目有一个"前言"。"前言"，包括文献著者生平事迹、文献主要内容与价值，陈述版本源流，说明底本、主校本、参校本的情况等。文献内容重行编次的,有说明编排原则及有关情况介绍。

四、出校示例

(一)出校改字例

1. 明燕京再被围皆能守,独闯来即破。杜勋、曹化淳①献城计早定也。

校记:①淳,原作"湻",据《明史》卷三百五改。下同。

2. 清节平生懔四知,何劳羊酒祀金卮①。夕阳汉口襟题处,暮雨西山帘卷时。

校记:①卮,原作"危",误,据文义、音律改。

(二)出校不改字例

1. 喉舌穿成珠一串,肌肤①借得雪三分。

校记:①肌肤,文听阁本作"容光"。

2. 靴底霜寒光弼刀,壶中唾化苌宏①血。

校记:①宏,当作"弘",避清高宗弘历名讳。以下不再出校。

3. 无依鸟①已愁三匝,不厌书还读百回。

校记:①鸟,疑为"乌"之误。

五、注释示例

(一)名物制度类

1. 清时川省田赋,只地丁一项为正供,然科则①极轻。

注释:①科则:征收田赋按田地类别、等级而定的赋率。

2. 有其人已死,子孙已析产,然仅分执田契管业,未将廞册①上粮名改为各继承人之名,以致此一户之粮,须由数家朋纳者。

注释:①廞册:又名鱼鳞册,是旧时为地籍管理和征收赋税而编制的土地登记簿册。

3. 警察总局,设皇华馆内,为岑云阶制府任内所创办①。

注释:①光绪二十九年(1903)四月初一,成都的警察总局正式挂牌理事。

(二)生僻字、异体字类

1. 川省毗连藏卫,又西南之越西、宁远,西北之懋功、松潘,悉属夷巢,种族纷繁，指不胜偻①。

注释：①偻：此处指弯曲。

2．公之声威，虽远近詟①伏，然临下接人，仍蔼然如书生。

注释：①詟：zhé，惧怕、忌。

3．先太守对以宦京八年，措资摒挡①，非咄嗟②可办。公曰：是固恒情，然或亦规避新疆耶？先太守见其神明，始实谓：寒畯③若远宦万里，则骨肉恐无聚日。公曰：谅哉！此等事只可绳受恩深重之大臣。

注释：①摒挡：收拾料理。

②咄嗟：duō jiē，霎时。

③寒畯：穷苦的读书人。

(三) 用典类

1．每岁十二月二十日前后，大小各官署皆行封印礼。次年正月二十日前后，皆行开印礼。其日期悉由钦天监诹定奏明，由部通行遵照。在封印期间内，每日仍照常启用，惟于印外加盖"预用空白"四字戳记。上行公文，则曰："遵印空白"盖封印、开印，久成虚文，其礼式直如告朔饩羊①而已。

注释：①告朔饩羊：古代的一种制度，原指鲁国自文公起不亲到祖庙告祭，只杀一只羊应付一下。后比喻照例应付，敷衍了事。

2．又尝见公从径尺许之窗孔内耸身而出，复耸身而入，无丝毫牵挂及声响，真可谓"熏笼上立，屏风上行"①矣。

注释：①据《太平广记》记载，李泌少时，能屏风上立，熏笼上行。因李泌一生爱好神仙佛道，犹如神仙中人。

序言

抗战时期重庆城市的发展与
《陪都十年建设计划草案》的编制

唐润明

《陪都十年建设计划草案》是抗战胜利后，重庆市政府奉国民政府主席蒋介石之命，组织专家学者成立"陪都建设计划委员会"，并以此为基础，编制的战后10年重庆的发展规划，它是重庆历史上第一部详尽规划未来重庆城市发展的规划草案，除总论和计划实施外，主要包括人口分布、工商分析、土地重划、绿地系统、卫星市镇、交通系统、港务设备、公共建筑、居室规划、卫生设施、公用设备、市容整理、教育文化、社会事业等14个方面的内容，并附有56幅地图、79张表格，规划严谨科学，内容丰富全面，不仅具有创新性，提出了许多重庆城市建设与规划的新理念、新名词；而且具有实用性，为日后重庆的城市建设与规划提供了重要参考。过去学者在讨论《陪都十年建设计划草案》时，大多是从规划内容本身及其对未来重庆城市建设与规划的影响上，我们在此则要反其道而行之，分析研究编制《陪都十年建设计划草案》的基础与条件，即抗战时期重庆城市的发展与进步。

一、抗战时期重庆政治地位的提高与市区范围的拓展

重庆，是一座具有3000多年悠久历史的古老城市，但在长达2000余年

的封建社会里，重庆的政治地位并不重要，仅就四川而言，也远逊于成都。直到19世纪末重庆开埠之后，其经济、军事、政治的重要性才日益显现并为各方所重视。1911年11月22日，重庆"蜀军政府"成立后，"驻渝各国领事皆来庆贺，承认蜀军为四川行政机关。……湘、鄂、赣、苏、宁、皖、浙、闽、粤、桂、滇、黔、秦、晋各省都督，亦先后答电慰庆，正式承认蜀军政府为四川政治中枢，蜀军都督为四川人民代表"[1]；川东、川南、川北等57个独立后的州县，"均次第有文电和代表到渝，表示接受蜀军政府的领导指挥"[2]。此举表明，此时的重庆，已成为四川的政治中心之一。这以后，重庆又先后成为四川"二次革命""护法战争""护国战争""五四运动""大革命运动"的中心。正因为重庆地位重要，所以它成了各路军阀争夺的焦点，刘湘、邓锡侯、杨森、刘存厚、赖心辉以及贵州军阀袁祖铭等都先后进驻过重庆，重庆也就在各路军阀的混战与争夺中，开始孕育和成长为"市"一级的行政组织。

1921年11月，占据重庆的四川各军总司令兼四川省省长刘湘设"重庆商埠督办"，以川军第二军军长杨森兼任；1922年，杨森败走，邓锡侯进驻重庆并于次年2月改重庆商埠督办为"重庆市政公所"，办理重庆市政；1926年6月，刘湘以四川善后督办、川康边务督办的身份再次进驻重庆，又改重庆市政公所为"重庆商埠督办公署"，先后以唐式遵、潘文华为督办，主持市政建设事宜；此后不久，广东国民革命军北伐，刘湘受命为国民革命军第二十一军军长，"以商埠督办名义定自北洋政府，遂改重庆商埠督办公署为市政厅"[3]；1929年2月15日，正式改重庆市政厅为"重庆市政府"。至此，重庆正式成为"市"一级行政组织并于1934年10月15日获得国民政府的批准，定为省辖乙种市。

重庆建市后，以其地位重要，曾于建市之初的1930年和抗战爆发前夕的1936年，两次呈请国民政府改重庆为行政院直辖的甲种市，但均因其条件不

---

[1] 周勇. 重庆辛亥革命史 [M]. 重庆：重庆出版社，2011：325-326.
[2] 周勇. 重庆辛亥革命史 [M]. 重庆：重庆出版社，2011：351.
[3] 周开庆. 四川与对日抗战 [M]. 台北：台湾商务印书馆，1987：67.

符合国民政府颁行的《市组织法》中院属甲种市三项条件中的任何一项,未获批准。因此,抗日战争爆发前的重庆,为四川省辖市,面积约93.5平方公里。

1937年抗日战争爆发后,国民政府在战争的压迫下,"为适应战况、统筹全局、长期抗战起见",于11月20日明令发表移驻重庆办公宣言。11月26日,国民政府主席林森率国府直属文官、主计、参军三处的部分人员抵达重庆,并迅速于12月1日在重庆大溪沟简陋的新址(现重庆市人民政府办公地)正式办公,从而拉开了中华民族有史以来最大规模的一次政府首脑机关自东向西大迁徙的序幕。经过约10个月的辗转迁徙,到武汉失守前的1938年8月,除部分军事机关暂迁湖南外,国民政府、国民党中央及所属各中央部门全部迁抵重庆。因应国民政府西迁重庆和战争不断升级扩大这一特殊的历史缘由和需要,以周恩来为首的中共中央代表团也迁抵重庆并在重庆相继成立了中共中央南方局和八路军驻重庆办事处(同时兼新四军驻重庆办事处);战前不同政见、不同治国主张的各民主党派的中央机关和主要领导人也纷纷抵达重庆;先前来往、散居于全国各地的大批豪士俊杰和社会名流,也如百川归海、麦加朝圣般地荟萃重庆。多种力量、因素的综合,共同推动着重庆历史于"抗日战争"这一特殊的历史背景和条件下,发生着前所未有、翻天覆地的巨大变化:由一座古老的内陆城市、商埠小城一跃而成为国民党中央、国民政府的所在地,国民党统治区政治、经济、军事、文化、外交及社会的统治和活动中心,以国共两党合作为基础、各党各派参加其中的中国抗日民族统一战线的重要活动舞台,于整个国家的政治事务中发挥着首脑、枢纽和灵魂的重要作用,其政治地位的重要,远非昔日可比。

重庆政治地位的提高,市区人口的增加以及战争所带来的特殊地位,要求与之相应的政府组织。为此,国民参政会参政员胡景伊等21人于1938年7月召开的国民参政会第一次大会上,即向政府当局建议,要求"改重庆市为甲种市,直隶国民政府行政院管辖,市长由中央简任"[①]。1938年9月,

---

① 唐润明.衣冠西渡——抗战时期政府机构大迁移[M].北京:商务印书馆,2015:334

国民政府行政院第384次会议通过了行政院院长孔祥熙提出的改重庆为行政院直属市的提案，决议"重庆市政府暂准援照直属市之组织，将所属局长改为简任待遇，并除原有警察局外，增设社会、财政、工务、卫生四局。市组织法第9条列举各款，除营业税外，均划为市财政收入，并由中央酌予补助。会计应行独立，会计主任由国民政府主计处派员充任。该市仍隶属于四川省政府，惟为增加行政效率，以赴紧要事功起见，该市政府遇必要时，得迳函本院秘书处转呈核示，同时呈报四川省政府"[①]。1939年4月，行政院向国防最高委员会提议称："查重庆市向为西南重要商埠，现已蔚成政治文化中心，该市政府虽系援照直隶市组织，因事务日繁，其行政系统及政权，亟须明确规定，以资运用。兹为促进行政效率，适应实际需要，拟即将该市改为直隶于行政院之市。"该提议得到了国防最高委员会的批准，从而完成了改重庆市为行政院直属市的法律程序，所余的就只是待机公布了。而1939年初夏日机对重庆所实施的"五三、五四大轰炸"及其给重庆带来的巨大损失以及重庆人民于大轰炸后所表现出来的不畏强暴、坚持抗战的决心，信心和勇气，促使国民政府于大轰炸之次日（5月5日），采取断然措施，毅然决然地向全国乃至整个世界发布"重庆市，著改为直隶于行政院之市"的明令，以此回答敌人的野蛮轰炸，回报重庆市民的巨大牺牲，表明政府当局的抗战决心。

升格为直辖市后的重庆，在地位提高、组织健全的同时，各项恢复性的建设也在政府与市民的合力下于大轰炸的空隙渐次开展并日见成效，这让重庆市民看到了重庆的发展潜力和未来的发展希望。1939年10月1日，李奎安、温少鹤、汪云松等人认为："重庆市为目前我国之战时首都，又为惟一重要之直辖市，其在大后方之地位，实系首屈一指。……举凡大工商业中心之条件，均已具备。是故重庆市在目前之为战时首要地区，在未来为我国西南重镇，其更远之前途，可发展为国际城市，均无庸赘述。"为把重庆建设成为"'现代化之大重庆市'并使之跻于国际都市之林"，他们建议由重庆市临时参议

[①] 重庆市档案馆.国民政府行政院为准重庆市援照直属市组织给四川省政府的训令[A].全宗号：0053,1938.

会与重庆市各法团共同组成"大重庆市建设期成会"。为了于战争的废墟中建成现代化的大重庆并使之跻身于国际城市之列,重庆于12月1日成立了"大重庆市建设期成会",经过数十位专家近半年的调查筹划,最后形成了《重庆市建设方案》。该方案明确指出:大重庆建设之首要前提是"宜由重庆市临时参议会呈请行政院转呈国民政府及国防最高委员会,请明令定重庆市为中华民国战时之行都,战后永远之陪都,俾待将来抗战胜利、还都南京之后,重庆仍能在政治上保留其确定之地位"[①]。国民政府顺应民意,同时也为了感谢重庆人民于巨大牺牲之后所表现出来的镇定、团结和奋发精神,回击日本帝国主义的战争暴行,反击汉奸汪精卫在南京成立伪国民政府的罪行,表达国民政府继续抗战、决不与日伪妥协的决心和意愿。国民政府于1940年9月6日正式发布了定重庆为陪都的明令,令称:"四川古称天府,山川雄伟,民物丰殷,而重庆缩毂西南,控扼江汉,尤为国家重镇。政府于抗战之始,首定大计,移驻办公。风雨绸缪,瞬经三载。川省人民,同仇敌忾,竭诚纾难,矢志不渝,树抗战之基局,赞建国之大业。今行都形势,益臻巩固。战时蔚成军事政治经济之枢纽,此后自更为西南建设之中心。恢闳建置,民意佥同。兹特明定重庆为陪都,着由行政院督饬主管机关,参酌西京之体制,妥筹久远之规模,借慰舆情,而彰懋典。此令。"[②]

国民政府定重庆为陪都,在法律上确立了重庆永久不移的崇高的政治地位,它是近代以来重庆政治地位发展到顶峰的标志,也是中华民国建置史上一件划时代的大事,具有其巨大的现实意义和深远的历史意义。从此以后,作为中国内陆城市的重庆,便成了中国"历史上不可磨灭的名字了"。

1942年1月3日,同盟国中国战区统帅部在重庆成立,以蒋介石为统帅,美国人史迪威将军为总参谋长。至此,中国人民的抗日战争完全纳入世界反法西斯战争的整个体系之中,而重庆则成为这一体系的一个重要支撑点。这样,重庆的政治地位又因第二次世界大战的扩大再次向前推进了一步,由中

---

① 张成明.重庆抗战时期民主党派史[M].重庆:重庆大学出版社,2015:192.
② 周勇,傅德岷.记忆重庆[M].重庆:重庆出版社,2017:210.

国抗日战争的司令部上升为世界反法西斯战争同盟国远东战区的指挥部，重庆也因此"突出四川的范围成为号召全国的大都市，同时亦在政治上成为国际城市，而与伦敦、柏林、巴黎、华盛顿、莫斯科等相提并论"[1]。至此，重庆的政治地位已发展到其历史的顶峰。

抗战时期重庆政治地位提高的同时，重庆市的区域范围也得到不断拓展。如前所述，重庆市在建市之初，并没有明确的市区范围，直到1933年始正式确定其区域范围，水陆面积大约为93.5平方公里。国民政府迁都重庆后，随着市区人口的增加和市面的繁华，加之日机频繁的空袭，为减少损失，避免无谓牺牲，政府当局开始向重庆市郊疏散人口，从而使得这些地区也渐次繁荣起来，抗战时期重庆市的行政区域，就在人口增加—轰炸—疏散—繁华循环的基础上不断扩大。1939年3月，国民政府行政院指定"沿成渝公路自老鹰岩至北碚一段"为国民党中央各机关迁建区，1939年5月5日，国民政府改重庆为行政院直辖市，随即改组重庆市政府，于5月11日明令原重庆行营代主任贺国光为重庆市市长，同时扩大市区，将巴县、江北两县政府迁出市区办公，市属"区"级行政组织也由原来的6个增加到12个。1939年6月14日，蒋介石手令："沙坪坝、磁器口、小龙坎等处，均应划归重庆市政府"，重庆市政府即于8月设立"沙磁区临时办事处"对之进行管辖。与此同时，重庆直辖后的省市界限划分，也在紧锣密鼓地进行，经过四川省、重庆市以及巴县、江北两县代表的长时间磋商，至1940年2月基本划定并得到了国民政府内政部、行政院及国防最高委员会的批准，并于1941年6月基本接收竣事，"所有接收市区，均经分别布部，计设区署4，下辖分驻所16，另直属分驻所1，办理各该管区警卫治安事宜"[2]，其面积在原有市区面积的基础上增加了1倍以上。这以后，重庆市区面积又经过不断调整，到抗战胜利时已形成"北达北碚，南至南温泉，东迄大兴场，西达大渡口，而市廛所及，

---

[1] 张瑾."城市研究的新疆域内陆与沿海城市的比较研究"国际学术会议论文选编[G].重庆：重庆大学出版社，2016:280.
[2] 重庆市档案馆.重庆市政府为省市划界交接情形呈国民政府行政院文稿[A].全宗号：0053.1941.

法定区域约达 300 方公里；迁建所及，则约 1940 方公里"①的直辖市。

二、抗战时期重庆工业经济的发展

因特殊的地理位置和便利的交通条件，战前的重庆，无论在工业、商业或金融业、市政建设诸方面，在西南地区乃至整个中国西部地区，都处于领先地位。但若将它与工业经济发达的华东、华北、华南诸城市相比，它又显得十分落后。据统计，战前全国 20 个省市共有符合《工厂法》的工厂 3935 家，资本 3733594 千元，工人 456973 名；其中四川全省只有工厂 115 家，资本 2145 千元，工人 13019 人。以四川所有工厂"十之八九是设立于重庆或其附近的"来计算，那么，重庆也只有工厂 92 家，资本 1716 千元，工人 10415 人，分别占全国总数的 2.33%、0.45%、2.27%。这种落后一直持续到抗战爆发前的 1937 年，重庆工业除一家水泥厂、一家炼钢厂稍具规模、具有现代化工业特征，煤炭及航运业有一定基础外，其他方面都显得相当落后。所以有学者在谈及战前重庆的工业时说，重庆"虽是西南诸省中一个最优越的城市，可是它在战前几乎是无工业可言的"。

又是战争的巨浪将集中在东部沿海地区的工矿企业卷向以重庆为中心的中国内陆广大地区。1937 年抗日战争爆发后，为了保持国力以支撑长期抗战，也为了避免东部沿海地区的工矿企业资敌，国民政府本着"密而疏之"的政策，以专门的人力、物力和财力来组织和帮助沿海地区工矿企业的内迁。广大的爱国人士和民族资本家，出于爱国报国的热情和民族大义，也纷纷将自己经营多年的企业迁移到内地各省。在整个工矿内迁过程中，国民政府所采取的系列方针政策，帮助了内迁工厂；四川省政府对内迁工厂的积极态度及其在土地、税收等方面的优惠政策，使大批工厂迁移到了四川；而重庆地区所独具的便利的交通、丰富的资源、广阔的市场以及因国民政府迁都重庆所带来的人事、资金等方面的优势，则将内迁工厂的绝大多数吸引到了重庆及其附

---

①重庆市档案馆.陪都十年建设计划草案 [A].全宗号：0075，1947.

近的川东地区。据不完全统计，到1940年底内迁工厂暂告一段落时，由战区各地内迁大后方的民营工矿共452家，物资设备12万吨，其中迁入四川的工厂有250家，物资设备9万余吨。[①]而在所有的迁川工厂中，"则90%以上均在川东，靠近重庆巴县一带"。除此之外，国民政府兵工署、资源委员会所属的一大批国营重要工矿企业亦多因政治、经济、人事上的原因迁到重庆，仅兵工署所属各兵工企业就多达11家，占此时期整个兵工企业内迁厂家总数18家的60%强。这些内迁的国营和民营工厂，一般具有生产规模大、资金雄厚、设备先进、技术力量强等特点。它们迁入重庆后，与重庆原有的各种优势结合，不断得到发展壮大，重庆近代化的工业基础也于此战争的环境中奠定。

沿海工矿企业的大批迁渝，不仅向重庆移植了数万吨的新式机器、数千名熟练工人和数以亿计的工业资本，更主要的是给重庆带来了沿海地区数十年积累起来的丰富且先进的经营经验和管理技术；而战争爆发后重庆市场的巨大以及重庆与四川地区丰富的资源、人力，又为工矿企业的发展提供了广阔的前景；而战争初期各工矿企业所获得的丰厚利润，则对官僚资本、商业资本、金融资本和土地资本产生了巨大的吸引力。这样，在1941—1943年，重庆各地就掀起了一股工业建设的热潮，此间，"经营工厂成为一个最时髦的运动，不单是资本所有者、有经验的技工，亦多有合伙的或独立的设立工厂者，一时小规模之工厂，风起云涌，对于机器、原料和技工的争夺，造成过空前的工业繁荣"[②]。据不完全统计，在重庆遭受轰炸最为频繁、残酷的1939—1941年，重庆开工的工厂为528家，为战前45家的11.73倍；而在空袭减少的1942—1943年两年间，重庆开工的工厂则多达702家，为战前的15.6倍。[③]其在战争环境下的突飞猛进显而易见。而在整个大后方的工业经济中，重庆的工业也在全国处于举足轻重的地位，据资

---

① 周开庆.四川与对日抗战 [M].台北：台湾商务印书馆,1987:52.
② 李紫翔.抗战以来四川之工业 [J].四川经济季刊,1943,1 (1).
③ 李紫翔.胜利前后的重庆工业 [J].四川经济季刊,1946.3 (4).

料统计，到抗战胜利前夕，整个大后方有工厂 5266 家、工业资本 4801245 千元、职员 59246 人、工人 359663 人、动力机 5225 部、各式设备 8727 部，以上各项重庆分别为 1518 家、1408125 千元、14517 人、89630 人、2302 部、4320 部，各占总数的 29%、29%、19%、25%、44%、50%。[1]而战时重庆工业的生产能力，绝大多数产品占着整个大后方生产的一半以上，重要的工业设备和产品如发电机、发动机、各式车床、工具机、轧钢机、蒸馏塔、高压裂化炉、大型纺纱机、毛纺机、炼钢炉等，重庆的生产能力更在 80%以上。因此，重庆被誉为战时中国的"工业之家"，其一举一动，都大大地影响着整个中国大后方的工业和其他事业。特别是战时重庆在军需民用方面所表现出来的巨大生产能力，使之成为支撑中国长期抗战最大的经济堡垒和最为重要的物质脊梁。

抗战时期重庆工业的发展，还表现在工业结构的变化上。在战前，重庆的工业除重庆炼钢厂、四川水泥厂稍具重工业的性质外，其余的都是一些轻工业。抗战爆发后，一大批重要的国防兵工企业和东部沿海重要厂矿迁到重庆，很快便在重庆地区形成了以兵工、机械、钢铁、煤炭、纺织、化工、电器等部门为主体的工业体系，使重庆成了战时中国工业部门最齐全、工业种类最多、工业规模最大、工业产品最丰富的唯一的综合性工业生产基地，战前重庆以轻工业为主体的工业结构得到彻底改变。

抗战时期重庆工业经济的发展和工业结构的改变，是在战争这一特殊的历史背景下进行和完成的，同时又反过来支撑着伟大的抗日民族解放战争。它在满足战时军需民用、为抗日战争的胜利做出巨大贡献的同时，也奠定了日后重庆工业经济的发展基础和格局，是重庆经济中心地位形成过程中不可或缺的重要一环，也是重庆经济纳入全国经济体系与格局并发生巨大作用的一个重要时期。

---

[1] 李紫翔.四川战时工业统计［J］.四川经济季刊,1946.3 (1).

三、抗战时期重庆文化教育的繁荣

作为意识形态的文化教育，是一定时期社会政治经济的反映，同时又反过来给社会经济以巨大的作用和影响。重庆于战前在西南地区所处的优越地位，对重庆的文化教育事业起着相当的推动作用，重庆也因此成了战前西南地区文化教育比较发达的地区。到 1935 年，重庆一隅，即有日报 8 家、晚报 7 家、通讯社 1 家、杂志社 6 家、印刷机关 18 家，[①]大小书店 40 余家。此外，重庆还有大学 2 所、中学 20 余所。如果我们只局限于西南的范围，用重庆当时的地域面积来衡量，那么，重庆的文化教育也算是较为发达的了。倘若我们突破西南一隅，将之纳入全国的范围来考察，那么，重庆的这些又显得微不足道。以抗战爆发前夕的 1936 年为例，当时全国共有高校 108 所，重庆仅 2 所，占 1.85%；全国共有中等学校 3200 所，重庆仅 25 所（包括市立中学 1 所，私立中学 12 所，私立补习学校 8 所，公、私立职业学校 4 所），占全国总数的 0.78%；全国共有私立小学 39565 所，重庆只有 26 所，占全国的 0.065%。而重庆的 10 余家报纸，也全属地方性质，除《国民公报》《新蜀报》《商务日报》存在时间较长，在四川境内有一定的影响外，其余存在的时间既短，印数亦少，影响甚微。

抗战发生后，作为我国文化教育精华荟萃之地的华北、华东相继沦为战区并很快陷入敌手。为了减少日寇的破坏、避免日军的蹂躏并摆脱日军的奴役，保存我国传统文化教育的命脉，使之不因战争的破坏而中断并能于战争的恶劣环境下保持、发扬和光大。在国民政府的组织、领导下，一些国立、省立和私立的大专院校纷纷内迁，从而形成了我国教育史上有史以来第一次最大规模的自东向西的大迁徙。据统计，战前全国专科以上学校共有 108 所，战争爆发后被迫迁移的有 52 所，其中先后迁入四川的有 48 所；在迁川高校中，又以迁往重庆的最多，共为 31 所，占整个战时高校内迁总数的 28.7%，

---

① 四川新闻调查 [J] 四川月报，1935，6 (2).

占迁川高校总数的64.5%。[①]而且内迁重庆的高等院校，大多是当时中国的著名学府，如国立中央大学、中央政治学校、国立交通大学、私立复旦大学等，同时还有国内著名的专科学校，如国立中央工业专科职业学校、国立北平艺术专科学校、中央国术体育专科学校、私立南开大学经济研究所等。此外，政府当局为适应战争的需要又相继在重庆创办了数所高等院校。这样，内迁、新建再加上重庆原有的高校，重庆高校最盛时多达38所，约占战时全国高校总数的三分之一左右。如此众多、知名的高等院校集中在重庆这一狭小的范围内，这不仅在重庆历史上空前绝后，而且在中国教育史上也还是第一次。而聚集在这些著名学府里的各行各业的专家、教授和学者，又大多是当时乃至随后一个时代的精英，他们在重庆著书立说，传道授业，教生授徒，不仅推动了战时中国教育与学术的发展进步，壮大了当时民主运动的力量和队伍，为日后"第二条战线"的开辟奠定了坚强的思想、理论和组织基础；同时也保存了我国教育事业的精华，使中国教育不因战争的发生而中断，在为抗战培养大批专门人才，为抗战的最终胜利做出应有贡献的同时，还改变了重庆乃至整个西部地区原有教育的落后面貌，促进了人们传统思想的解放和进步，有利于今天重庆教育事业的发展，也有利于整个中国历史的进步。

高等院校的增多、重庆政治经济的发展，促使重庆本身的教育事业也得到相应的发展和进步。中等学校到抗战胜利后的1946年，已增至71所，较抗战前的1936年增加了46所，平均每年增加4所还多；国民学校在1940年还只有42所，到1945年时则增加到294所，5年间增加了7倍多；职业学校在战前只有7所，战时则大量增加，抗战胜利后虽然复员、停办了一些，但到1947年上期仍多达23所，为战前的3倍多；[②]民众补习教育最多时（1940年第4期为316班、1946学年度第1学期为310班）比战前的21所（班）增加了15倍，最少时（1943学年度第2学期为93班），也比战前增加了4倍有余。

与抗战时期重庆教育的进步相适应，战时重庆的文化事业也得到了很大

---

① 抗战中48所高等院校迁川梗概[G]. 四川文史资料选辑, 1964, 13.
② 中国教育年鉴[Z]. 1948.

发展并呈现出相当的繁荣。这种发展与繁荣主要表现在两个方面：一方面是一大批全国性的文化机关、学术团体、新闻出版、报纸杂志、书社书店等纷纷迁聚重庆，如中华全国文艺界抗敌协会、中华全国戏剧界抗敌协会、中华全国美术界抗敌协会、中苏文化协会、中国电影制片厂、《新华日报》、《中央日报》、《大公报》、《扫荡报》、《新民报》、《时事新报》、中央广播电台、中央通讯社、远东新闻社、路透社、美联社、塔斯社、国立中央图书馆、上海杂志公司、生活书店、中华书局、商务印书馆、正中书局、世界书局、开明书店等。另一方面则是一大批全国性的文化机关、学术团体、报纸杂志等在重庆如雨后春笋般地创办和新建，这主要有中华全国音乐界抗敌协会、中华全国漫画作家抗敌协会、中美文化协会、中英文化协会、中缅文化协会、中法比瑞文化协会、东方文化协会、中国著作人协会、中国历史学会、军委会政治部文化工作委员会、国民党中央文化运动委员会、中国文化事业协进会、中华交响乐团、中国万岁剧团、国立礼乐馆、国立中央美术馆、《西南日报》《南京晚报》《中国学生导报》等。

迁来、新创的文化机关、学术团体、新闻出版、报纸杂志、书社书店等与重庆原有的文化事业交相融合、相互作用的结果，便共同汇集成了重庆乃至中国文化史上有史以来第一次最为繁荣、昌盛、发达的局面，从而促使战时重庆成为中国抗战大后方的文化活动中心、舆论宣传中心、对敌精神作战中心和保护、传承中华民族优秀文化遗产最为重要的阵地。据不完全统计，抗战时期，在重庆先后出版的报纸有113种（包括各种日报、晚报和导报），其中最盛时一同出版的多达22种；先后设立的通讯社有36家，其中最盛时一同发稿的多达12家；先后出版的杂志有604种，包括周刊67种，旬刊30种，半月刊101种，月刊299种，双月刊32种，季刊68种，不定期刊物7种；先后设立的书店有146家，印刷社、所160余家；活跃在重庆的各种全国性文化学术团体，也多达130余个。[①]而且这些文化机关、学术团体、新闻出版、

---

① 笔者根据重庆市档案馆馆藏重庆市政府、重庆市党部、重庆市社会局、重庆市警察局等全宗内的有关材料统计。

报纸杂志、书社书店等，大多为战时全国一流且最具声望和代表者，其内容涉及当时社会的方方面面，仅以期刊为例，政治方面有《中央周刊》、《群众》周刊、《民主》半月刊、《中山月刊》、《政治季刊》等；军事方面有《军事杂志》《中国的空军》《中国军人》《陆大季刊》等；经济方面有《中行经济汇报》《西南实业通讯》《中国农民银行通讯》《财政评论》《贸易月刊》《四川经济季刊》等；文化教育方面有《抗战文艺》《文艺月刊》《文艺阵地》《欧亚文化》《中苏文化》《新闻战线》《新闻学季刊》《战时教育》《教育阵地》《教育旬刊》等；国际问题方面的有《世界政治》《外交研究》《日本评论》《国际舆情》《国际编译》等；青年问题方面的有《中国青年》《青年杂志》《青年月刊》《文艺青年》《学生之友》等；妇女方面的有《妇女生活》《妇女月刊》《时代妇女》《妇女共鸣》《妇女新运》等。

而作为文化事业繁荣发展重要标志之一的图书出版，在战时重庆也相当著名。抗战爆发前，重庆只有中西书局、新文化印刷社等17家以机械印刷为主的印刷厂，另有商务印书馆重庆分馆、中华书局重庆分局等大小书店40家，[①]其出版的图书不仅数量凤毛麟角，其影响也是微乎其微。抗战爆发后，随着大批著名印书馆、出版社、书局的迁移重庆以及为适应抗战需要的新创，使得重庆的图书出版，不仅在数量上在战时中国占有首屈一指的地位，起着举足轻重的作用；而且在编辑、校对、印刷特别是图书类型等方面，都有明显的提高和进步。战时重庆因此成为中国出版业的中心：全国七大书局中，商务、中华、正中、世界、大东、开明6家将其总管理处迁到了重庆；国民党中央所属的6家书店——正中书局、中国文化服务社、独立出版社、青年书店、拨提书店、国民图书出版社，也全部集中在重庆；中国共产党领导的出版机构则有生活书店、读书出版社、新知书店、中国出版社等。据不完全统计，在1938年1月至1940年12月的3年里，仅重庆的中华书局即出版各类图书282种，中国文化服务社出版28种，世界书局出版22种，正中书

---

① 重庆市新闻出版局编.重庆市志·出版志 [Z] 重庆：重庆出版社，2007：3.

局出版 263 种；①又据国民党中央宣传部出版事业处的统计，在 1941 年，国民党中央所属的 6 家书店即出版有各类图书 305 种，其中正中书局 100 种，青年书店 53 种，独立出版社 51 种，中国文化服务社 49 种，国民出版社 48 种，拨提书店 4 种。而正中书局在 1938 年至 1944 年 9 月 10 日出版的各类图书就多达 636 种。另据有关方面统计，抗战时期重庆有出版社和兼营出版的书店 300 多家，共出版各类图书 6000 多种。战时重庆出版界的这些数字，不仅在重庆历史上前所未有，而且在战时整个中国大后方出版界也是独占鳌头，无与伦比。所以 1943 年 10 月，重庆市图书杂志审查处代处长陆并谦不无自豪地对外宣称："1943 年 3 至 8 月，重庆出版图书 1974 种，杂志 534 种，约占全国出版物的三分之一。"②即使到了抗战后期、重庆文化渐趋衰落的 1944 年，在重庆出版的各种图书仍多达 1450 种，平均每月为 120 种。③而其中一些著名作家、学者、教授的作品，不仅在当时产生了巨大的影响和作用，而且泽被后世，彪炳史册，至今仍被当作传世佳作，如郭沫若的《屈原》《甲申三百年祭》，老舍的《四世同堂》，巴金的《寒夜》《憩园》，梁实秋的《雅舍小品》，茅盾的《腐蚀》，夏衍的《法西斯细菌》，翦伯赞的《中国史纲要》，阳翰笙的《天国春秋》，张恨水的《八十一梦》等，无一不是各位作家在抗日民族解放战争大背景下呕心沥血、含辛茹苦，为中华民族苦难和重生创制的鸿篇巨著，同时又共同汇集成了中国抗战文化史和世界反法西斯文学史上辉煌且永恒的篇章。所以，著名文学家王平陵当时即著文称赞说："抗战时期重庆出版事业之发达，一般著作家之努力，较之战前尤有过之而不及。更足称道的就是，那时期陪都新闻纸的进步，无论哪一家报纸，都充满着第一流的作品，无不是流寓此间的名作家所执笔。……而印在土纸上的材料，甚至是发表在副刊上的散文小品，却不是土货，可说是斐然成章，无美不具，随时可以发现中国的文化已在抗战中获得长足的进步，中国精华的凝聚，人

---

① 重庆市档案馆馆藏档案．全宗号：0060，2（102）．
② 重庆市新闻出版局编纂．重庆市志·出版志［Z］．重庆：重庆出版社，2007：23．
③ 文化界座谈会报告最近出版情形［N］．中央日报，1945-06-17．

才的集中,文化的发扬,真是有史以来第一次。"[①]

除此之外,其他如诗歌、小说、杂文、剧本、戏剧、电影等,诸如此类,抗战前后的重庆,无不发生着翻天覆地的巨大变化,就是在抗战中,这种变化也是日新月异、如火如荼、一日甚过一日的,如话剧演出,仅战时重庆城市剧场公演的话剧,就多达240余出;电影拍摄,当时大后方仅有的3家电影制片厂——中国电影制片厂、中央电影摄影场和中华教育电影制片厂,全部集中在重庆,并于物资条件十分艰苦的条件下,摄制了抗战故事片16部、新闻片80部和科教片23部。[②]至于其他的诗歌、散文、小说、杂文等,更是难以数计。当代著名话剧史研究专家石曼在其《中国话剧的黄金时代》一文中,如此评价战时的重庆:"没有哪个时代能出如此多的文坛巨匠,也没有哪个年代能出那么多的优秀文艺作品,更没有哪个城市能拥有如此灿烂的文化星空!抗战间的重庆,话剧创作和演出风起云涌,经典佳作迭出,舞台上群星灿烂……重庆创造的辉煌文化和文化的辉煌,是中国任何一座城市都无可比拟的。"[③]

与此相适应,抗战时期的重庆,全国性的各种各样的文化交流活动,诸如讲演会、座谈会、纪念会、庆祝会、招待会等,比比皆是,无日没有;文化、美术、报刊、艺术、绘画、摄影、古物等展览,也是频频举行,一个接着一个;全国性的各种各样的学术会议及其年会、会员大会、理事会、讨论会等,也大多在重庆举行;而每当文艺节、戏剧节、诗人节、美术节、音乐节、教师节、儿童节等节日来临之际,作为中国战时首都的重庆,更是有计划、有组织、有目的地举行各种各样的盛大庆祝活动,其规模、其声势、其影响,都是中国历史上的创举,也是战时中国文化进步、艺术繁荣、学术活跃的象征,如重庆的"千人大合唱"、给名人的"祝寿"活动以及热闹非凡的"雾季艺术节",迄今仍给人们一种向往不已的激情和难以忘怀的思念。此外,成千上万不同

[①] 王平陵.陪都的文化运动[J].新重庆,1939,(4).
[②] 重庆市地方志编纂委员会.重庆市志·文化志[Z].重庆:西南师范大学出版社,2005:231.
[③] 石曼.中国话剧的黄金时代[J].今日重庆,2005(4).

性质、不同流派、不同区域的作家、艺术家、思想家、画家、音乐家、诗人、戏剧家、哲学家、历史学家、翻译家、电影艺术家等文化工作者和社会名流，犹如百川归海一样，先后聚集于重庆，在重庆这个历史的大舞台上生活、战斗了八年之久，既刻下了他们个人生活中永值纪念的一页，结下了他们之间永垂青史的友谊，又总汇成了中国文化史上一个璀璨夺目的辉煌时期，为重庆、为中国抗战大后方、为整个中华民族的历史，做出了巨大且永久的贡献。

四、抗战时期重庆人口的增加与变化

由于重庆是西南地区最大的航运中心和工商业城市，也由于重庆所独具的政治、经济、军事地位，使得它一方面吸引着许许多多的官僚、政客和军阀，另一方面也吸引了大批破产农民、游民和商人。所以重庆自开埠以来，就是西南地区人口最为集中的地区之一，特别是1929年建市后，其人口增加更快，到抗战爆发前夕的1936年，其人口已从1929年的238017人增加到471018人，[①]短短的几年间，人口增加了近1倍，人口密度也高达每平方千米5037人。

抗战爆发后，随着国民政府的迁都重庆，也随着大批工厂、机关、学校的迁移重庆，更随着战争的不断升级扩大以及重庆市区范围的拓展，重庆人口不断增加，8年间竟增加了2.6倍，其变化增长情形，详见下表：[②]

---

① 汤约生，傅润华.陪都工商年鉴 [Z] .文信书局，1945.
② 重庆市政府统计处.重庆市统计提要 [G] .1945.

重庆市人口数量增长表

年别	户数（户）		人数（口）					
			共计		男		女	
	户数	指数	人数	指数	人数	指数	人数	指数
1937年	107682	100.00	475968	100.00	277808	100.00	198160	100.00
1938年	114116	105.9	488662	102.6	283259	101.9	205403	103.6
1939年	99203	92.1	415208	87.2	247203	88.9	168005	84.7
1940年	89300	82.9	394092	82.2	245112	88.2	148970	75.1
1941年	134183	124.6	720387	147.5	436636	157.1	265751	134.1
1942年	165293	153.5	830918	174.5	530096	190.8	300822	151.8
1943年	158231	146.9	932403	194.0	571533	205.7	351870	177.5
1944年	185505	172.2	1037630	218.0	626701	225.5	410929	207.3
1945年	201830	187.4	1246645	261.7	746480	268.7	499165	251.9

观察分析上表，我们可知战时重庆人口的变化，有3个节点，一是1938—1940年呈逐年下降趋势，这显然与当时重庆实际的人口状况不符。究其原因，是因为1939、1940年间日机对重庆实行野蛮、疯狂的大轰炸，政府当局为减少损失、避免牺牲，以相当的力量进行人口疏散，据不完全统计，在1939年3月以前，政府当局历次疏散的市民即达16余万人。1939年重庆"五三、五四大轰炸"后，在短短的3天内，自动疏散的市民即多达25余万人。[①]因此，在1938—1940年，虽有相当数量的人口随国民政府迁入重庆，但与为躲避轰炸而疏散的市民相较，显然是"入不敷出"。表现在人口的统计数字上，不仅不见增长，反而呈下降趋势。二是1940—1942年的增长，从1940年的394092人增加到1942年的830918人，两年间即增加了一倍有余。这一方面

---

① 周开庆. 民国川事纪要[M]. 成都：四川文献研究社，1972：74.

是因为1939年5月重庆市区范围扩大,到1941年市县区域划定时,重庆的市区面积已由原来的12万市亩(约87平方千米)增加到45万市亩(约328平方千米),先前被疏散到市郊的人口再次被纳入统计之列,市区范围的扩大,必定带来人口数量的增加。另一方面则是因为1941年底太平洋战争的爆发,日本帝国主义停止了对重庆的轰炸,市区相对安定,先前被强迫疏散的市民开始回流市区。再一个原因就是先前迁到重庆的工厂、学校相继复工,复校并得到一定程度的发展,这也吸引了一定数量的人口到市区就业、就学。虽然如此,但因市区范围扩大,此时重庆的人口密度反较战前的低,大约每平方千米为2533人。三是1944—1945年的猛增,一年之间增加了20余万人。这主要是因为1944年日本帝国主义发动了对国民党正面战场的战略性进攻,即豫湘桂大战役,并于1944年12月攻占了贵州的独山和八寨,先前宁静的西南大后方开始受到战争的直接威胁。在此条件下,湘桂黔诸省的机关、工厂、学校再度内迁,涌入四川,奔向重庆;而此前逃到这些地区的难民以及当地居民,也再一次向四川迁徙,且因地界相接,更加容易。而重庆,则因其首都的特殊性质,成了人们聚集的中心和最终的落脚点。

抗战时期重庆人口数量的增加,外来移民的增多,同时也改变着重庆人口的结构。首先,在人口的年龄结构上,据《重庆市警察局1941年统计年鉴》的统计,在1941年12月,重庆共有人口702002人。其中,0—15岁者为170276人,约占总数的24%;16—65岁者为437829人,占总数的62%;66岁以上者为8206人,占总数的1.16%;年龄不详者85691人,占总数的12.2%。这表明,战时重庆从事社会劳动的人口要远远超过无劳动能力而需要由他人供养的人口,也符合人口迁移变动以成年人为主体的特征。其次,在人口的职业分布上,在1941年的702002人中,除其他类(应该主要是指幼儿和学生)107101人(约占总数的15.25%)不计外,从事农业的有102473人,占总数的14.59%;矿业的有1720人,占总数的0.24%;工业的有89756人,占总数的12.78%;商业的有106083人,占总数的15.11%;交通运输的有39725人,占总数的5.65%;公务的有22880人,占总数的3.25%;

自由业的有 10051 人，占总数的 1.43%；人事服务的有 164468 人，占总数的 23.42%；失业及无业的有 57745 人，占总数的 8.21%。这表明，作为中国战时首都的重庆，一方面是一座生产城市，另一方面更是一座消费城市，所以从事第三产业的人口（服务业、商业、自由职业、交通运输等）远远超过从事第一、二产业的人口。第三，在人口的籍贯分布上。1937 年，重庆共有人口 483697 人，其中本籍人口为 209510 人，占总数的 44.2%；外籍人口为 239469 人，占总数的 50.65%；籍贯未详者 24718 人，占总数的 5.2%。在外籍人口中，由四川省各县迁入重庆的为 216705 人，占总数的 45.7%，占全部外籍人口的 90.5%；而由四川以外各省迁入重庆的仅 22764 人，占总数的 4.8%，占全部外籍人口的 9.5%。[①]这表明，抗战爆发前的重庆，外省人口在重庆所占比例极少，重庆仍是一个以本地人为主体的城市。抗战爆发后，在重庆迅速增加的数十万人口中，虽然也有部分人口的自然增殖及少量从四川各县迁入的人口，但其绝大部分是从外省迁来。我们以 1942 年 11 月为例，当时重庆的人口总数为 765564 人，除籍贯未详的 32998 人不计外，其中本籍为 267052 人，占总数的 34.83%，比 1937 年下降了近 10 个百分点。而在余下的 40 余万外籍人口中，四川省各县迁入的人口为 283496 人，占总数的 37%，虽然人口绝对数量有所增加，但所占比例却下降了约 8 个百分点。而四川省以外的外籍人口，则由 1937 年的 2 万余人增加到 18 万余人，增长了近 9 倍，在全市人口总数的比例，也由 1937 年的 4.8% 上升到 23.77%。嗣后，因受战争的直接影响加大，从外省迁入重庆的人口也会越来越多，所以有学者指出，战时进入重庆的移民多达 80 万以上。[②]除此之外，战时重庆人口的变化还体现在教育程度、家庭结构以及男女性比例等方面。

德国著名的战争史专家卡尔·冯·克劳塞维茨曾在其经典之作的《战争论》中指出："战争是迫使敌人服从我们意志的一种暴力行为。"那么，作为暴力行为的战争，其破坏性既是显而易见的，也是首位的；但战争对社会进行巨

---

① 四川省政府编.四川统计月刊 [J].1939，（1）.
② 隗瀛涛.近代重庆城市史 [M].成都：四川大学出版社，1991：387.

大破坏的同时,又随时随地催生着许多新生事物的产生和出现。而对于因"抗战"而成为中国战时首都长达8年之久的重庆来说,催生的事物既多,其变化也是巨大、全面与持久的。正是因为有抗战时期重庆城市发展进步的这个基础,重庆市政府才能在战后短短的80余日中,组织专家学者于此基础上编制出规模宏大、内容全面、理念先进的《陪都十年建设计划草案》,并使之成为民国时期特别是抗战胜利后全国最具代表性的城市发展规划之一。

唐润明

重庆市档案馆副馆长、研究馆员

编辑说明

1. 本书选取陪都建设计划委员会1947年出版的《陪都十年建设计划草案》为底本，进行校注。

2. 原书虽有标点，但并不符合现有标点符号的使用规则，本书按标点符号使用规则对之进行了重新标点。

3. 原书中计数的数字使用较为混乱，有用阿拉伯数字"12345"者，也有用汉字数字"一二三四五"者，还有用汉字"壹贰叁肆伍"者，既不符合现有出版标准，也不方便读者阅读和使用，本书统一改为阿拉伯数字"12345"。原书篇章用汉字"壹贰叁肆伍"者，则按现今习惯改为"一二三四五"，其他章节序号不变。

4. 原书中有许多繁体字、异体字，本书在点校时统一更改为规范汉字。

5. 因种种原因，原书中的错别字、漏字、衍生字较多。本书在点校过程中，纠正错别字、增补漏字、衍生字等均以脚注说明；残缺、脱落、污损、无法辨认的字用"□"代替。

6. 原书中的如左如右，一律按现代排版要求，直接改为如上如下，第一次出现用脚注，后不再做说明。

7. 原书中的附图，如清晰，则采用原图，如不清晰，则采用2005年重庆市规划展览馆与重庆图书馆联合翻印中重新编制的图，并在图后进行

说明。

8. 在点校过程中，凡是需要向读者解释和说明的地方，一律采用脚注方式。

9. 原书中的年号纪年和民国纪年，均附括号注明公元年。

目录
CONTENTS

总序◎1

凡例◎1

序言◎1

编辑说明◎1

重庆市十年建设计划序◎1

《陪都十年建设计划草案》序◎3

《陪都十年建设计划草案》序◎5

PREFACE◎6

陪都建设展望◎9

序◎10

陪都十年建设计划初稿题词◎13

总论◎18

甲　沿革◎18

乙　地形◎ 20

丙　现状◎ 20

丁　未来展望◎ 21

戊　计划原则◎ 21

己　计划要点◎ 22

庚　计划实施及初步基本建设◎ 22

人口分布◎ 24

甲　本市成长史实◎ 24

乙　人口增减◎ 25

丙　分布情形◎ 29

丁　职业分析◎ 33

戊　土地分析◎ 35

己　陪都人口预测及分配◎ 39

工商分析◎ 47

甲　引言◎ 47

乙　腹地资源◎ 48

丙　以往情形◎ 63

丁　目前状况◎ 66

戊　将来展望◎ 81

土地重划◎ 87

甲　计划原则◎ 87

乙　市区面积◎ 88

丙　空地标准◎ 91

丁　区划办法◎ 91

戊　"土地重划"推行办法◎ 101

绿地系统◎104

- 甲 需要与功用◎104
- 乙 种类与分布◎104
- 丙 绿地标准◎105
- 丁 本市绿地鸟瞰◎106
- 戊 本市公园系统◎107
- 己 十年内公园发展步骤及分年预算◎110
- 庚 今后公园发展及管理之改革◎115

卫星市镇◎118

- 甲 社会组织重要性◎118
- 乙 社会组织理论◎119
- 丙 陪都市社会组织标准与实用◎119
- 丁 市中心区卫星母城◎120
- 戊 郊卫星市镇◎120
- 己 卫星镇设计原则◎125

交通系统◎135

- 甲 交通概况◎135
- 乙 计划原则◎136
- 丙 计划◎136

港务设备◎206

- 甲 港务之重要与改善◎206
- 乙 机力码头◎208
- 丙 仓库◎212
- 丁 高水位沿江堤路◎213
- 戊 低水位堤路◎214

公共建筑◎218

 甲 原则◎218

 乙 计划◎218

 丙 概算（以战前平均单价为准）◎220

居室规划◎231

 甲 居室之需要◎231

 乙 现有各种房屋概述◎231

 丙 居室标准◎233

 丁 市民住宅计划◎234

卫生设施◎246

 甲 自来水◎246

 乙 下水道◎256

 丙 医院◎260

 丁 垃圾◎267

 戊 本市一般环境卫生之改善◎271

公用设备◎278

 甲 电力◎278

 乙 燃料◎284

市容整理◎294

 甲 市容之重要性◎294

 乙 本市自然环境之优点◎294

 丙 本市市容之缺点◎294

 丁 今后改进办法◎296

 戊 咨询与监督机构◎297

己　本市市容改进实例◎297

教育文化◎299
　　甲　概况◎299
　　乙　教育之设计与重点◎301
　　丙　国民教育◎302
　　丁　中等学校◎303
　　戊　补习教育◎304
　　己　社会教育◎304

社会事业◎305
　　甲　合作事业◎305
　　乙　救济事业◎312

计划实施◎315
　　甲　实施原则◎315
　　乙　最近十年之进度与概算◎317
　　丙　实施办法◎317
　　丁　计划实施之利益◎318

计划跋言◎331
行政院审核意见◎334
编后记◎341

重庆市十年建设计划序

中国西南部，古为神州隩区，四川在西南各省中，自然条件尤最为雄厚，自二十年（1931年）九一八事起，中国对日之战事势已无可回。元首睿谟深算，预想最险恶之战局，而先为不可胜之战略，早料到平汉粤汉线以东之地区，可能皆为日本军力所控制。制胜之道，惟有把握西南以支柱中国，更把握四川以提挈西南。而重庆襟带嘉陵、扬子两江，上溯川、陕、滇、黔，下达武汉、上海，由水陆交通线之联络，所控之腹地达一百350,000方①公里，人口达6,700余万。依往昔形势之说，四川为首，荆、襄为胸，吴、越为尾，则重庆又适为此整个地理系统中之神经中枢。七七战发，国府西迁，重庆被择定为战时中国政治、军事中心所在地。八年之中，战局屡变而国步不倾，固由民族精神之坚强，亦足证中央国策之正确。兹者战争既了，政府东旋，重庆自战时首都，转为大西南经济建设之枢纽。三十四年（1945年）十二月，主席蒋公特令市府研究重庆十年建设计划，伯常市长承命延揽专家及社会贤达，穷三月之力拟定此本。其轮廓以半岛为中心，沿江两岸60方公里为本体，傍及300方公里之全市。其项目首为交通，次为卫生，而次以一般平民之福利为依归。至其主要目的，则在求平时工商业之健全发展，战时国防之灵活调度。立意深长，亦不远于今后十年国家地方可能支付之财力，实不失为一博大平实之计划。回想50年来重庆人口自100,000递增至1,200,000，市区范围自34方公里扩展至300方公里。八年战争时期，因首都地位所发生之需要，市区道路及公用事业亦日有增进。但此种种进步，半由于自然发展，半由于因应战时之经营，皆非完整有系统计划之产物。而此种无计划的畸形进步，愈后将愈给计划建设以无谓之耗费与困难。今日国家百年建设，方将

---

① 指平方，后同。

开始，一切经济上的发展，皆足加重重庆建设之要求。而长江水闸大计划之完成，尤将使重庆在西南经济上改变其地位。重庆十年建设计划，惟有在今日始能产生，亦必须自今日即行开始。如何使明日之重庆能名实无愧，为川、康、陕、甘、滇、黔之吞吐港，为扩大腹地之制造工业中心，乃至为全国重工业建设之策源地，皆将视此计划之执行程度以为衡。瞻望方来，实不胜其期伫矣。

民国三十五年（1946年）五月　张　群

《陪都十年建设计划草案》序

产业革命以还，文明之机运大启，社会之蜕变方殷。科学昌明，既日新而月异，工商发达，尤绝足而超尘。于是由货运之繁颐，促人口之集中，厘肆累增，舟车辐辏，现代都市，于以勃兴。

第夷考各大都市发展之历程，大抵肇始于交通，而植根于经济，合时空人物之因缘，为滋长发皇之依据，其表象之演变，虽若异常剧烈，而扩展之步趋，毋宁近于迂缓。盖成长纯出乎自然，滋生不假乎外烁。是以一切管理之部署，物质之配备，乃至文化，教育，公用，保健等设施，皆系适应当时当地经济发达之程度，人口增殖之比率，及市民福利之需要，以有目的之规划，为有步骤之经营，用能于循序渐进之中，获致稳固健全之发展。如义①之罗马，英之伦敦，法之巴黎，德之柏林，其成长建置之历史，远逾千禩，近亦亘数世纪。即如新大陆之费城，华府，其兴起亦在百年以前，舆图所书，游踪所及，典章文物，盖犹有彰彰可考者。

若我陪都重庆，僻在蚕丛，山川攸阻，战前人口，才30万，盖一普通之省辖市也。洎②乎七七战起，枢府播迁，政治重心，全部西移，所有政府机关，友邦使节，避地义民，内迁工厂，及其它文，教，工，商等事业团体，先后集中荟萃于兹。陪都人口，遂于短短数年之内，骤增至130余万，院辖市地位，于焉确立。此种急骤空前之发展，纯由战争与动荡，特殊情势所造成，与其它都市之自然成长者，大异其趣。当时久受封锁，物力维艰，中枢悉力应战，建置未遑。兼以需求紧迫，时限仓卒，更不容有从容部署之余裕。是以一切公用事业之设备、住行乐育之措施，多系临时因应，倥偬急就，事前之准备，既未许充分，事后之改进，自难于周妥。其中竭蹶艰窘捉襟见肘之情，有非当代市政专家所能想象。

---

① 即今意大利。
① 原书误作"泪"。

抗战胜利，政府还都，重庆虽已不复为国政中枢之所在，然衡以大西南地理，人文物资种种固有之凭藉，益以本市吞吐长江，绾①毂西南，种种优越之条件，就令不假外烁之因素，亦可保证其远大之发展。一旦建国计划中之长江水闸及西南铁路系统，一一宣告完成，则本市将由华西工商交通之重镇，一跃而为大西南物资吞吐之港口，繁庶之象，或且甚于战时。商旅当更频繁，人口当更密集，而战时偬遽急就之设施，显不足以适应此一方新之要求。

主席蒋公有鉴及此，特于三十四年（1945年）十二月政府还都以前，手令饬拟建设陪都十年计划，并指示以交通卫生及平民福利为目标。笃伦适于此时继任重庆市长，奉命之余，深懔于端绪之繁颐及使命之重大，因延集国内外专家及社会贤俊，组织陪都建设计划委员会，会内计分城市计划，交通，卫生，建筑，公用，教育，社会等组，由黄宝勋，张继政，王正本，张人隽，陈伯齐，吕持平，张锜，车宝民，段毓灵，罗竟忠诸先生分任各组调查设计编纂之责，而以周宗莲先生总其成，并承美顾问毛理尔先生 Arthur. B. Morrill 及都市计划专家戈登先生 Normon. J Gorden 参加筹划，多所贡献，历时80余日，成此草案。其中斟酌取舍之准则，在谋确树宏远之规模，以适应未来之需要，同时顾及所需之费用，为战后10年内国家与地方财力之所能胜。经呈奉行政院修正核定，并奉准先行兴筑两江大桥、市区下水道及北区干路三项工程。所有施工计划均经拟定，重蒙重庆行辕张主任岳军先生殷切督励，提挈有加，感奋之余，遂不计所需经费之支绌，挹注不足，继之以举债，北区干路及下水道之工程，业于去冬开始，黾勉以赴，期于观成。惟是本草案完成之期，未逾三月，凡所筹虑，自难周详，而国家与西南之交通经济以及国防建设诸端，所资以决定本计划之内容者，亦容有因时之变。此帙②之印行，意在集更广泛之心力，作更长时间之切磋，俾得肆应曲当，因时制宜，成为更完善之定本。此则所殷切企望于海内之贤达者也。

民国三十六年（1947年）四月 重庆市市长 张笃伦

---

① 原书误作"管"。
① 原书误作"帙"。

《陪都十年建设计划草案》序

重庆为古巴郡，梁益锁钥，天府咽喉，实军家胜负必争之地。东汉末叶，刘璋不能守，先主得之，卒以联吴制魏，成三分鼎足之势。李严欲变江州地形，而诸葛亮不之许，足征重庆系于国家之安危者至巨。

方今轮轨交通，华洋互市，秦、陇、滇、黔、康、青、藏、缅、印、越之产物罔不由此司其吐纳，亦西南之重镇也。自七七事变，倭寇横侵，毁我藩篱，扰我腹地，河山变色，井里为墟，国将不国，朝野危疑。惟我主席蒋公，毅然迁都重庆，以为长期抗敌之计。乃利其地势，以抵抗立体战争，用其物资，以供应军事需要。敌虽空陆交袭，亦难以破此铁瓮石城之固。迨至四国联盟，战胜德、日，櫹枪尽扫，国土重光。中枢特颁明令，定重庆为陪都，纪复兴胜迹也。

国府还都之日，主席复颁陪都十年建设之令。市长张公伯常，兢兢业业，延聘专家，精心臂划，必使巍然重庆，屏障西南，绾毂四方。有所谓上下水道之沟通，两江铁桥之建造，市民住宅之兴修，公园绿地之布置，水陆空之联运，以及卫生设备，等等，均并力以赴，俾期化为近代之都市。近复有纪功碑之树立，图书馆之扩充，学校之增设，人才之培养，务期以十年之工作，成百年之懋绩。斯则复兴重庆市之任重道远，不可不积极以求宏效，用副中枢睠睠[①]之意也。

当计划草案告成之日，计划委员会诸同仁，问序于余。因忝与其事，义不敢辞，爰就所知，以志其概云。

中华民国三十五年（1946年）十月　辜达岸识

---

① 同"眷"。

PREFACE

Although the idea of planning cities is not new to China, many of the old cities showing signs of conscious planning, it is symbolic of the new era in Chinese development that the more recent concepts of planning are being used. These considerations make planning today as different from planning in the past as the new period in China's development differs from its past history. For planning after all, is but a reflection of the times.

How then does planning today differ from that in the past? The present era is an industrial one. We must therefore plan for the automobile, the airplane, the railroad. We must plan for industry.

The present era is a healthy one. Life expectancy has been increased from twenty odd years to sixty or seventy odd years in some areas. This means we must plan for health and sanitation, for education, for development of sound bodies and for enjoyable living.

The report following is one of the first planning studies to be prepared in China based on these newer considerations. As such it is an important report. I hope that ist comprehensiveness will serve as a model for future reports which will then go perhaps even further. Board should have complete access to all the stat istics and data of the various departments. And in coming to a decision it should consult with the department heads. In this way the various departments are kept in touch with what is going on and the special technical knowledge of the departments is available to the Planning Board.

The importance of cities in the future of China cannot be overestimated. It is ebually important that they be planned properly so that economic and social activities can be carried on effectively and efficiently. This calls for technicians and at present china is short of planning technicians. The city of Chungking Was fortunate in having such able men to draw up the present lpan .

The study is so long that this preface should not add to the burden of the reader. There are, however, several important points, general in character, which I feel must be stressed.

First, the job of planning a ctty is never complete. New problems are constantly arising and conditions are constantly changing. To the extent that it is impossible to see accurately into the future, the plan as drawn up must be considered flexible.

Planning then, if it is changing requires a continuing Planning Board. The Planning Board will make studies continuously, to refine details and propose new elements. The master plan will thus constantly develope.

Secondly, the Planning Board serves as adviser to the Mayor to help him on the many problems always arising which require an answer based on the development of the city. The Mayor should use the Planning Board constantly on these questions. Often problems will arise which will require special study. These should be referred to the Planning Board. The recommendations of the Planning Board, however, are not to be considered as final. The final decision rests with the Mayor.

Finally, the mistakes that have been made in America an Europe should not be made in China. In the last fifty years that America and Europe have developed many mistakes have been made from which China can profit. To state but a few of these railroads must never be permitted to run through cities, the density of population must be kept down to desirable levels by means of legal measures if blight and slums are to be prevented, streets must be planned of the correct width and material from the very beginning to avoid the costs of future widening. The list could be made a hundred times as long.

In order to carry on its work effectively the Planning but other cities are in much less faverable positions. There are solitions to this puoblem of technicians shortage.

First, set up a City Planning Advisery Section in the Department of Construction and Planning of the Minister of Interier which would have a panel of Chinese planners with the proper trainning and experience. These planners would be available to cities all over China to act as consultants in advising and directing planning programs. In this way a few technicians could be used most effectively.

Secondly, enlarge the planning and architectural curriculum in Chinese unversities and give scholorships to deserving students for study and observation abroad. This will increase the number of Chinese Planning technicians.

I fear that I have already written too much in general and not eonugh about this plan for Chungking. I think however, that the plan with its excellent maps, drawings and reports is elequent enough. There is no doubt that if these proposals are carried out, the Chungking of 1965 will be much place to work in, to live in, and to invest in.

Norman J. Gorden
City Planner Adviser to
Department Head
Chungking April 21,1946, Ha Hsiung-Wen, Minister of Interior

陪都建设展望

吴华甫

本市自国府西迁后，人口由47万，一度增至130余万之最高纪录，辖区面积亦由数十方公里，扩至300余方公里。再就地理形势而论，本市襟带双江，控驭南北，地位重要，在国防建设上，为西南川、康、滇、黔、陕、甘等省之吐纳港；在全国经济上，亦为扩大腹地制造工业之中心。基于上列使命，大规模之建设，实属刻不容缓。然如何逐步实施，使其步调一贯，自需缜密计划之订立，以作今后建设之蓝本。兹者陪都建设计划委员会，已集专家数十位，拟订本市十年建设计划，赖其悉心规划，得于数月之短期内完成，洵属可贵。笔者对工作同志，尤致无限钦佩。

都市物质建设，自非旦夕可竟全功，其最要者，莫如经费问题。而其筹措方式，又不外量入为出与量出为入两种。前者易于推行，但以经费限制，进度必较迟缓，甚或格于经费，功败垂成，半途废弛，衡诸以往情形不乏事例。近据陪都建设委员会调查统计所得，本市因交通不便，候车候轮，每年所耗时间，约1084年，以每人平均寿命30年计算，即等于36人毕生生命。而经济方面，因市内建设尚待开展，起卸运输困难，水电供应不足，房屋建筑简陋，火灾水灾等损失，年达840亿元，而其它生命及无形损失，尚未计入，诚足惊人。设能先期筹划财源，实施量出为入原则，循序推进，如期完成，则各种损失，当必逐年减少。质言之，各项建设延迟一年，即多一年之损失。且建设事业，具有连续性，一经完成，必须经常维持，每项工程，固应一气呵成，整个方案，亦需相互配合，亦步亦趋，继续不断，庶可完成使命，发挥最大效能。

当兹十年建设，计划完成，即将付诸实施之际，深信我陪都人士，必能以精诚合作之精神，在建设陪都之大势下，完成此一艰巨任务，而达富强康乐之境。

序

周宗莲

群聚而居，人类天性，游牧时代之部落，农业时代之村镇，其理则一。自近代科学昌明，技术进步，而踏入工业时代后，人口集中，更有进无已。全世界人口过百万之大都市，百年前，为数仅5个[①]，今则已达46个[②]，纽约伦敦之人口，均超过千万。最大城市之极限何在，至今尚无人敢断言。虽对此过度集中趋势，于人类之健康舒适等妨害甚多，学者每多怨怼，但无法制止，而只能谋所以避灾就利之道，故都市之计划尚焉。

古今大小都市，在其设立及成长时，有意无意中，均有相当计划，尤以近百年因近代都市中卫生，居室，公用设备各严重问题发生后，计划之说，更风起云涌。惟都市在继续增大中，问题亦随之而繁杂严重，计划之技术与范围亦进步不已。昔之言计划者，多注重于街道布置，市区之开辟，乃进而谋及土地区划，绿地设施，及居室规划。然而都市之不便如故，盲目发展之事实，仍方兴未艾。现在学者之深切了解者，近代都市乃有生命有其自然长成趋势及个性之有机体，非分门别类专家，凭简单学理与机械方式，以一纸计划书，或数项法令所能范围。必须由各方面研究环境，而制成富有弹性之计划，以为之干，且须随都市生生不息之有机动态而继续计划。进一步言之，近代都市如婴儿然，在其成长发育过程中，贤明父母，必须襁抱携提，身心兼顾，不可以斯须离，此则为近来都市计划中之要旨也。

迩年欧美各大都市所困扰者，为大市中之市民，居无定址，邻无往来，自视如沧海一粟，比邻有天涯之感，无故园乔木之思。有摧毁文化思想之恶势，故起而提倡社会组织，其意为以往各大市如一脓包，有容积而无结构。挽救

---

①②"个"为编者加。

之道，应按一二千人组成一居住单位。在布置上，使之炊烟相接，宅径相通，守望相助，疾病相扶持，藉以医治大都市之混杂散漫。此则恰与我国春秋时代管子甌里连乡，宋王荆公与现在保甲编制甚近，现已为欧美城市改革专家所重视，而为我国急须因革损益，以求实施者也。

我国在经济组织上，完全未脱农业典型。然因地广人众，远在60年前，即被誉具有全世界百万人口以上五大都市之三。近者沿海各地之百万人口以上者达10处。抗战军兴后，内地各市，人口激增，重庆人口突出百万大关。而近海如上海，如北平，天津，人口或过200万或近200万矣。倘复员完成，经济建设纳入常轨，都市人口集中，乃极自然之趋势。在将来发展上，都市建设，必日趋重要。顾今之云建设者，多趋重于直接利益之制造工业，尤喜侈谈重工业建设。至于都市建设，因其利益分散无形，且多属间接，故被漠视，有时竟摒诸经济建设之外。其实不然，我国今后建设宝典，当推国父之《实业计划》，其在"中国实业当如何发展"一段中云，"予之计划，首先注重于铁路道路之建筑，运河水道之修治，商港市街之建设。盖此皆为实业之利器，非先有此项交通运输囤集之利器，则虽具发展实业之要素，而亦无由发展也"。且在其每一计划中，交通开发与市政建设，相提并论。况今后都市人口，益趋集中，倘不为之计划设建，则日常生活中，时间金钱，均多浪费，精神物质，交受损失，使朝野上下，贫病交加，遑言建国！

重庆乃长江上游之一山城耳。五十年前，世鲜注意。自长江航运开辟后，即逐渐发展。抗战中，首都暂驻，遂跃而为举世名城。说者或推之政治，或委诸抗战，但其天然形势，足以担负时代要求，而因之名世，则非任何争论所能动摇。今后果何如，因非凭一己成见或臆度所可预断。要之，现已为人口百万以上之大市！其所有问题，亟待研究改正，则毫无疑义。至于居水道之要冲，扼双江之辐辏，吐纳之势尚在据有广大腹地及富庶之成都平原，生活必需品之制造，必集中本市。有此数端，重庆市之必须建设，必须计划，已成定论。况撙以过去偏重沿海之积弊，及八年抗战中所受之血肉教训，并以及近百年美国人口与工业重心，向内地推进达400余英里之史实，今后我国在平汉与粤汉铁道线之西，必须发展，而重庆适居领导地位，亦为中外人士所其认。如何挽救目前紊乱之局面，如何适应将来之需要，在此争战与和平动员与复员交替之时，固为难违之良机也。

惟此次计划委员会成立，适在全国复员政府还都声中。人思故土，动荡不安。而本市之需要计划又甚迫切。故自工作开始，即揣知如草案，不能在二三个月完成，则最近一年几无完成之望。此点为本会全体所共认，故昼夜加工，全力以赴。而在渝地方及中央机关与各学术团体资料之供给，与夫各学者专家之讨论协助，此皆本草案能早日脱稿之主要推动力，必须提出感谢者。一市之规划，必须各种专家之共同努力，此区区十余万言，皆本会专任及兼任各同仁之心血结晶，如有可采，乃全体同仁之功，宗莲不敢妄居百一。一市建设，乃全市市民智慧财力及决心三者之总和。陪都市民之智慧与财力，在抗战中均已有卓绝之表现。现在全局攸关者，顾为全市同胞之决心如何耳。昔在平时，自来水电力公司之创立，抗战中数十公里公路之开辟，大隧道之穿凿，当时物力之艰，处境之难故远在今日之上，此皆过去决心之表现。若推此而广之，则两江桥梁码头等之建设，亦非不可能。况全部计划，均以切合需要，并按本市人力物力之可能而草拟。苟行之以果断，持之以恒毅，则三年小成，十年大成，固在意中，否则任市政之自由发展，岁月蹉跎，此十年远景，等于过眼烟云，斯册亦废纸耳，为彼为此，惟我全体市民是赖。在草案全部十六章中，对全市各项问题，均曾涉及，而均无刚性规定，一方为目前环境所限，不得不如此，一方又为此种草案之性质所限，未便缕析毫分。在久经变乱，历尽艰难之读者观之，或以为立意太高，难于实施。在洞彻近代动态文化而充满朝气者观之，或以为立意卑卑，无可采取。且草拟时期数十次会议中，本会同仁亦持此二议，而本草案之折衷于间者，对前者之解说，吾人以为果事无可为，而诸事仍紊乱无章，则根本无明日之打算，非人类生存之大道。况数十年实事之证明，吾人处境，并未如此绝望。对后者之解说，则本草案必须以现在环境为出发点，必须使现实与理想相衔接，且宜富有弹性。果需要突变，则十年者可缩为三年，而方法式样之不合时宜者，可随时改革之，最后真实环境，固有待于将来事实之证明也。

陪都十年建设计划初稿题词

　　陪都建设，期以十年，范畴之广泛，性质之重要，皆具见于本计划书。虽属初稿，已足征参与设计同人，努力匪浅。窃以创作一事，每不难于事后执行，而难于事前周密之计划。一般缺点，适得其反，往往计划甚多，一付实施，则困难百出。然后知研究未详，征询未广。临时补救转滋纷错。本会同人，既慎重行事之不足，犹复旁征博采，以期充实。足见虚心求备之雅。本计划关系西南重镇基础之奠定，与百万市民福利所在。本人衷心希望，计划已难，实施较易，缜密完善，无稍遗漏。则按图索骥，十年犹弹指耳。岂惟地方之幸，亦同人呕心沥血之一伟大结晶也，谨附数言，聊备参证。

胡子昂　十一月四日

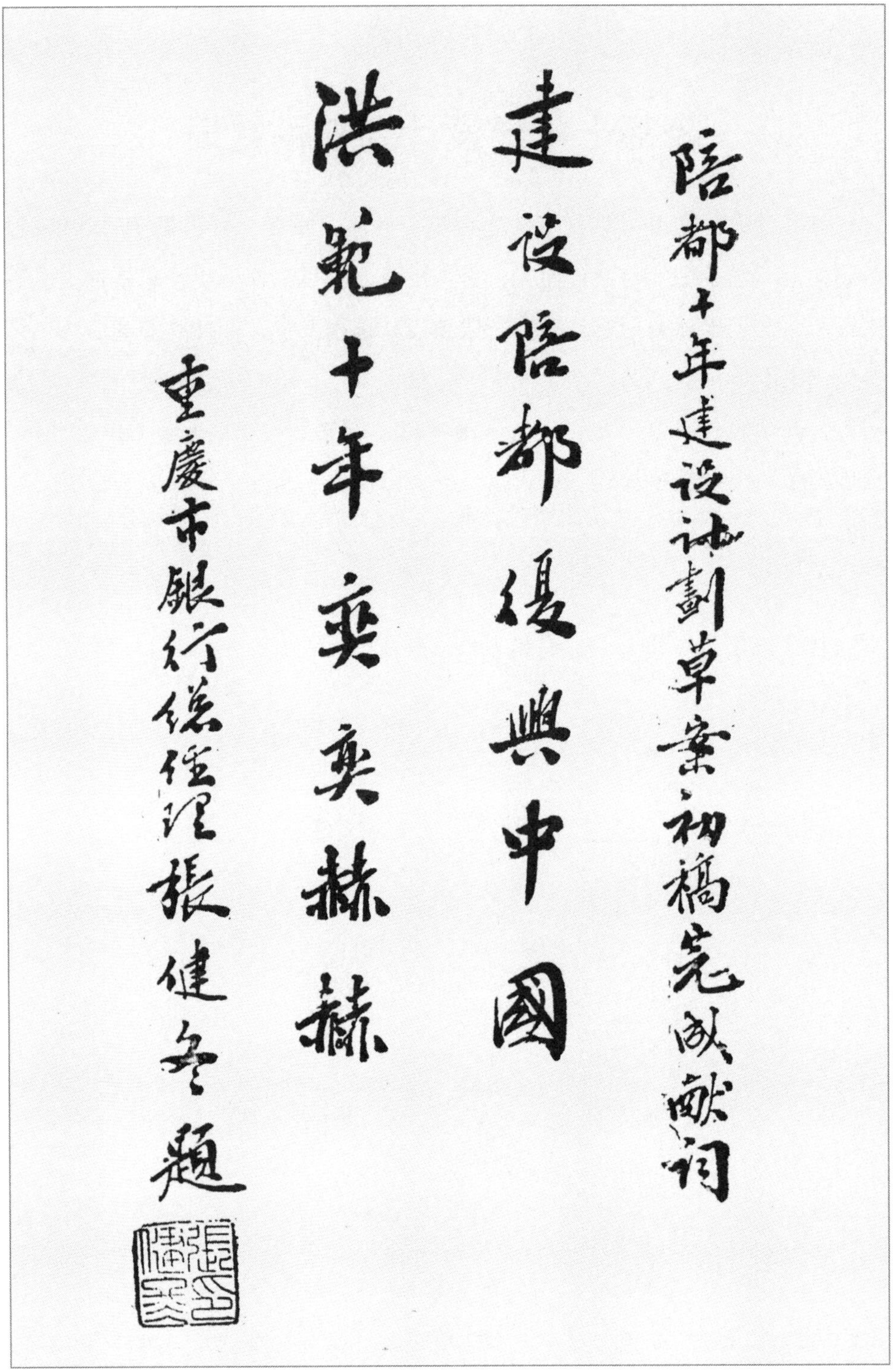

陪都十年建设计划草案

陪都十年建设计划草案初稿完成献词

建设陪都复兴中国

洪范十年奕奕赫赫

重庆市银行经理张健冬题

天寶物華 取精用宏

巴蜀為天府之國抗戰時之陪都伯公市長綰轂茲邦以蔚為現代壯麗之市以完成西南重鎮有助國防民生建設之任務所與民同享特約事家遵令執定計劃草已呈報拙名于實施者件擇尤正其郡人君子黃委員志公巳擬法眾全致力無負寄為題詞建城亦為委員證書教誼欣附驥市立策勵以成之

民國三十五年十一月 程選城 題

陪都十年建设计划草案

陪都十年建設計劃
建設陪都最高決策
殫精竭智斐然成冊
利盡以興弊無不革
十年為期名實綜覈
沈瑩清敬題

陪都建設計劃委員會

「陪都十年建設計劃」草案初稿完成獻詞　傅光培

抗戰陪都　聞名全球　十年計劃　式啟宏猷
方案確定　逐步推行　年年不懈　必克觀成
媲美美英　紐約倫敦　端賴羣力　建此都城
異日考績　諸公之功　草案初刊　獻詞以頌

总论

甲　沿革

本市中心区，原为巴县县城，历史甚久。两汉迄今，均在两江汇流之处，蜀汉李严所建旧址，周围约十方华里。现遗旧城，乃明洪武初所建，周围约十二里六分，与嘉陵江对岸之江北县城相对峙。以人口及贸易论，过去均远在成都之下。自清末通商后，长江通行轮船，商业猛晋。迄至民国十六年（1927年），改辟公路、拆城垣、修码头，渐入近代都市之初阶。截至抗战前止，其正常成长中可注意者：贸易额由光绪十七年（1891年）之关银280万两，而增至民国十九年（1930年）之8,600万两，39年中增加30倍。市区面积，由民国十二年（1923年）之10平方公里，而增至二十二年（1933年）之93.5平方公里，六年中增加八倍有余。而本市人口亦随之由20万增至28万。迨至二十六年（1937年）人口增至47万有余。自二十八年（1939年）大轰炸后，纷向四郊疏散，于是北达北碚，南至南温泉，东迄大兴场，西达大渡口，而市廛所及，法定区域约达300方公里，迁建所及，则约1,940方公里。人口一项，截至三十五年（1946年）止，为125万，乃本市人口增长之顶点。

本市市政计划之倡议，肇端于清末民初，而市之成长，则始于清末通商之后。此数十年来，道路之开辟扩充，码头之增设修治，虽有相当计划，但多属局部零星之拟议，缺乏通盘之筹措。自国府明令宣布本市为陪都之后，曾专设机构，从事全市计划，惜为时仅年余，即告结束。而本市之一切设施，因战时之需要，不免任其自由发展，致酿成现在若干不合理之现象。

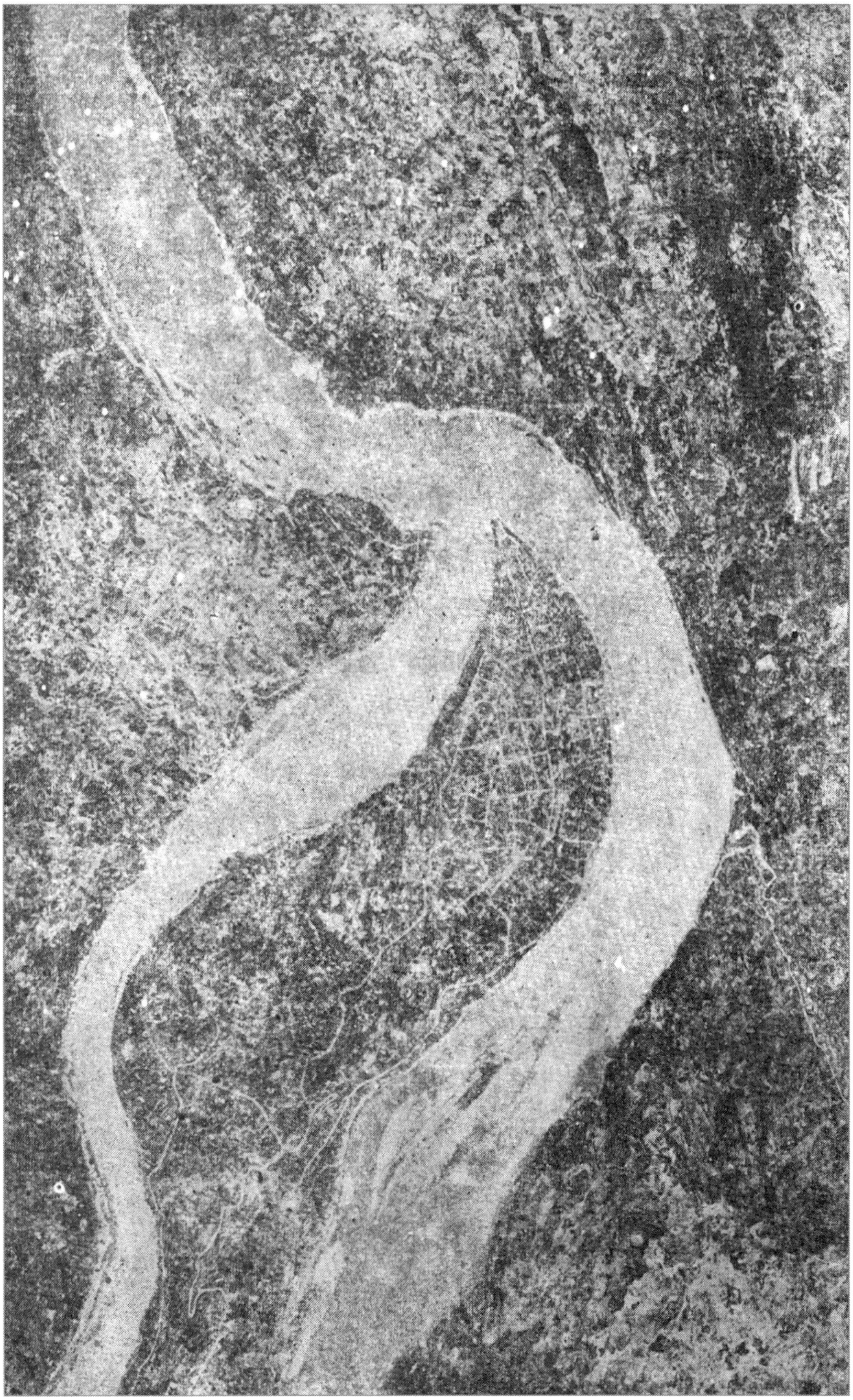

第一图 重庆市鸟瞰图

乙 地形

本市中心区，在巴县城旧址之半岛上，而郊区所及，东至大兴场，南达九龙坡，西迄金刚坡，北至马厂。市区全部，为歌乐山、黄桷垭二大背斜层所围绕，而交错其间者，有沙坪坝小背斜层，北碚向斜层，磁器口向斜层，及其它小向斜层。其间地势较平坦者，有沙坪坝、复兴关、南岸之铜元局、长江大湾上和尚山等台地，及黄桷垭高台地。市核心之半岛，为复兴关台地之尾端。由复兴关东行止于朝天门江岸。河滩平地海拔约170公尺，朝天门为195公尺，大樑子青年会附近为269公尺，西部五福宫为280公尺，仙人山区约310公尺，至复兴关则370公尺，为半岛之脊点。南岸黄桷垭为被侵融后之背脊，而山峰海拔约在五六百公尺之间。江北区平均为230公尺，和尚山台地约230公尺。铜元局台地约为260公尺。全部地形，在久经风蚀之后，土石相间，构成极端复杂之丘陵。

丙 现状

本市在发展过程中所遭遇之困难甚多。在陆路上，地形复杂，起伏错综，在水路上，两江高低水位，相差过甚，竟达30公尺以上。在地形上，市区为两江分隔，交通中阻，发展局阻于半岛一隅。更以抗战期间，人口突增，国库支绌，因而一切设施，因陋就简，勉应急需。既乏通盘之发展筹措，遑论配合之计划实施，以致酿成现在之畸形状态。其最严重者：

一、交通之设施不足。以云公路，则无整个之系统，绕城之环道未通，贯通市中心之干道仅中正路一线，其它各路，线道分歧，宽窄不一。江北及南岸沿江，只有崎岖之人行道。以云水道，则无停靠巨轮之现代码头，及客货上下之起卸设备，短途转运，费用大增。以空运言，近市之珊瑚坝飞机场，只容小型机起落，且与公路不相衔接。九龙坎则限于地形，扩充不易；白市驿距市区过远，来往不便，且水陆空运之联合终点，尚付阙如。

二、卫生上，则全市尚无有系统之上下水道，公厕垃圾，迄无适当管理。

医防设备，犹待增设充实。

三、建筑上，因物力财力不足，更多未合标准。竹笆篾棚，触目皆是。总之全国大都市中如今日重庆之破碎支离者，实属罕见。

丁　未来展望

本市在盲目成长中，深感精神与物质损失之重大，今后必须明了未来趋势，以为计划之准则。目前政府还都，工商中心，渐移长江下游。本市繁荣，是否将随之衰退乎？以常理论，未必尽然。先以政治论，本市已定为永久陪都，则今后任务，在平时为华西重镇，一旦有事，仍可为指挥策划之中心，此因其天然地理位置使然，并有抗战之史实佐证，毋庸赘述。以经济论，则为华西之唯一吐纳口及贸易之中心。在交通上，则长江下达荆、沙、武汉、上海，上溯四江以达川、康、滇、黔为重要运输水道。倘成渝、天成两铁路通车，则可与西北广大之区域相连接。而未来之川黔线，则与西南各经济中心相贯串，水陆称便，为华西各省市所少有。总之本市将为华西政治、经济、交通、商业之中心，即在还都完成之后，本市恢复抗战前之普通正常发展，其重要性远在成都、贵阳、昆明等市之上，迨无疑义。

然本市今已为人口超过百万之全国要镇，苟仍不将上列各项困难，予以解除，大之则妨碍川、滇大区域内之经济发展，小之则阻止本市之成长，其影响所及，均非本市之福，亦非国家建设之利也。

戊　计划原则

一、扫除目前所遭遇之困难，并谋本市展望之实现；

二、本市以往长期无目的成长及过度膨胀后，各种不规则发展，必须纠正。今后政府还都，本市人口将行减少，各项设施，必须予以调整。

三、本计划以提高市民生活水准，增进市民工作效率为最高原则。凡有减少市民经常之负担，与增加工商业之繁荣者，应尽先着手。

四、应着重各项实施配合之效用，尽量防止市民正常生活之阻碍。

五、整饬市容，铲除污垢，以兴建示范，代替拆毁与改造，为计划第一步中心工作。

六、本市未来发展，整个应有轮廓之规定。一经决定以后，一切措施，应以此为依据。

己 计划要点

本计划遵照主席指示，首重交通，次为卫生及平民福利，使国计民生，事无偏废。分言之，使工商业，交通，社会组织，居室，空地，公用六大项得平衡之发展。以计划本身论，分为根本计划与局部计划两种。前者为长期计划，以本市之需要与可能实现者为主，只作弹性之提示，与广泛之规定。后者为短期计划，以针对现时切要可立即付诸实施者为对象。

在短期计划上，以主席手令以十年为期，要点有三。

一、属于交通者

完成交通系统，发展交通工具，

建立港埠设备，兴修两江大桥。

二、属于卫生者

完成上下水道，改善环境卫生，

增强医防设施，推广卫生教育。

三、属于平民福利者

兴建平民住宅，彻底迁移棚户，

削减平民负担，救济失业人民。

庚 计划实施及初步基本建设

一市之计划，不仅在交通线公共建筑物之规划，必须涉及全市精神物质两方面之整体，此为近代都市计划之新趋势，亦为本草案制拟之基本原则。惟其所包甚广，牵涉至大，则实施时，非一朝一夕一手一足所能竣事。其中若干部分，固可于十年内先后完成，而有大部，因人力物力之限制，非延长至数十年不可。在此悠久岁月中，因局势之推移，彼此利益之冲突与涨落，难免无牵就更改情事。且为适合常变之环境计，各部分建设，实需要因地因时之修正。但原计划之主旨，则须固执而贯彻之。实行计划之三大推动要素，为法规、经济与技术。我国于二十八年（1939年）所公布之市计划法，甚为简略。而执行此母法之计划规程，尚待颁布。本计划经通过批准后，作为今后陪都永久建设之依据。关于经济方面，现在市财政既不能独立，我国一般人民之生产力又太低，故本市建设，目前只有仰赖于中央之补助。揆以过去八年抗战，本市之贡献与今后陪都之需要，中央似有当仁不让之义。至技术方面，更为推行计划主要因素之一。市府今后立使陪都建设计划委员会或类似之组织成为永久机构。一方面对于是项计划，督导实施，更可随时改进，一方面备市长咨询。必要时，并延揽国外专家，作技术上之顾问。如是实施与计划，方不致脱节。未来建设，亦不致因人而兴废。

至于计划之实施，主持大计者，固为市政府，但如何加强此三大要素，减少阻力，则各级民众团体及各界市民，均须通力合作，始克有济。其详细办法见后列计划实施一章中。

目前最需要之初步基本建设，为下列八项：

一、半岛中之上下水道系统，

二、长江中正桥，

三、公路——北区干道，通远门、和平路衔接线，菜园坝、珊瑚坝衔接线，

四、黄桷桠电缆车，

五、千厮门、太平门码头及起重设备，

六、沿江平民住宅，

七、标准住宅，

八、绿面系统。

上列八项中二、三、四、五四项为交通要务，一、八两项为全市卫生所关，而六、七两项为一班市民福利所系。倘能即予兴工，不独为解决目前困难，抑且有倡导之作用存焉。

人口分布

甲　本市成长史实

　　陪都核心，由两汉迄今，均在两江汇流处。最初时期，城市中心，偏居今日陕西街、林森路一带，以其接近江边，有航运及取水之便利，故居民聚集甚密，此为本市发展之第一期。嗣后城内外开辟公路，自来水厂建立。人口重心，乃渐向城中移动。今之都邮街遂取城南之中心地位而代之，此为发展中之第二期。民国十五年（1926年）修筑通远门公路，选定市区。十七年（1928年）划定新市区范围，西起化龙桥，顺江而下，至黄花园，天心桥，与旧城孤老院接界。右滨扬子江，由鹅公岩，黄沙溪，向下顺流至燕喜洞，与旧城南纪门接界，后又沿复兴关拓展至关外之福建茶亭，共计纵长约四公里半，面积达八平方公里。新市区之开辟系由沿江趋向内陆公路，车站与轮船码头，互争雄长，此为发展之第三期。民国十八年（1929年），市政府正式成立，二十二年（1933年）重划市区，以巴县城郊，江北附郭，及南岸五塘，划归市政府管辖。计巴县自红岩嘴起，经姚公场，山岩洞，至扬子江边，南岸自千金岩沟起，经南坪，海棠溪，龙门浩，弹子石，至苦竹林，大河边止。江北自溉澜溪，德棠庙起，经县城，刘家台，廖家台，简家台，至香国寺，嘉陵江边止。合计水陆面积为93.5平方公里。此为发展之第四期。二十六年（1937年）国府西迁，复于民二十九年（1940年）将市区扩大，计面积约300平方公里，此为发展之第五期。而迁建区则北达北碚，南至南温泉，东起广阳坝，西抵白市驿，此大陪都之面积约 1,940 方公里。可预期为发展之第六期，其发展程序可参阅第二图。

乙 人口增减

在十六年（1927 年），本市人口无详细记载可稽，然以当时全国情形，及本市范围推测，应在 10 万左右，自十六年（1927 年）以后，由 20 万逐年递增至三十五年（1946 年）一月之 120 余万。其逐年增减情形见第一表及第三图。

第一表 陪都逐年人口增减表

年代	人口总数	年代	人口总数	年代	人口总数	年代	人口总数
16	208,294	22	280,299	27	528,793	32	890,000
17	238,463	23	309,877	28	401,074	33	920,500
18	238,071	24	310,584	29	417,379	34	1,049,470
19	248,586	24	408,178	30	420,514	35	1,245,645
20	256,569	25	445,888	30	702,387		
21	268,864	26	473,904	31	781,772		

附注：又陪都户与口及男与女之比例见第二表，户与口类别百分比见第三表

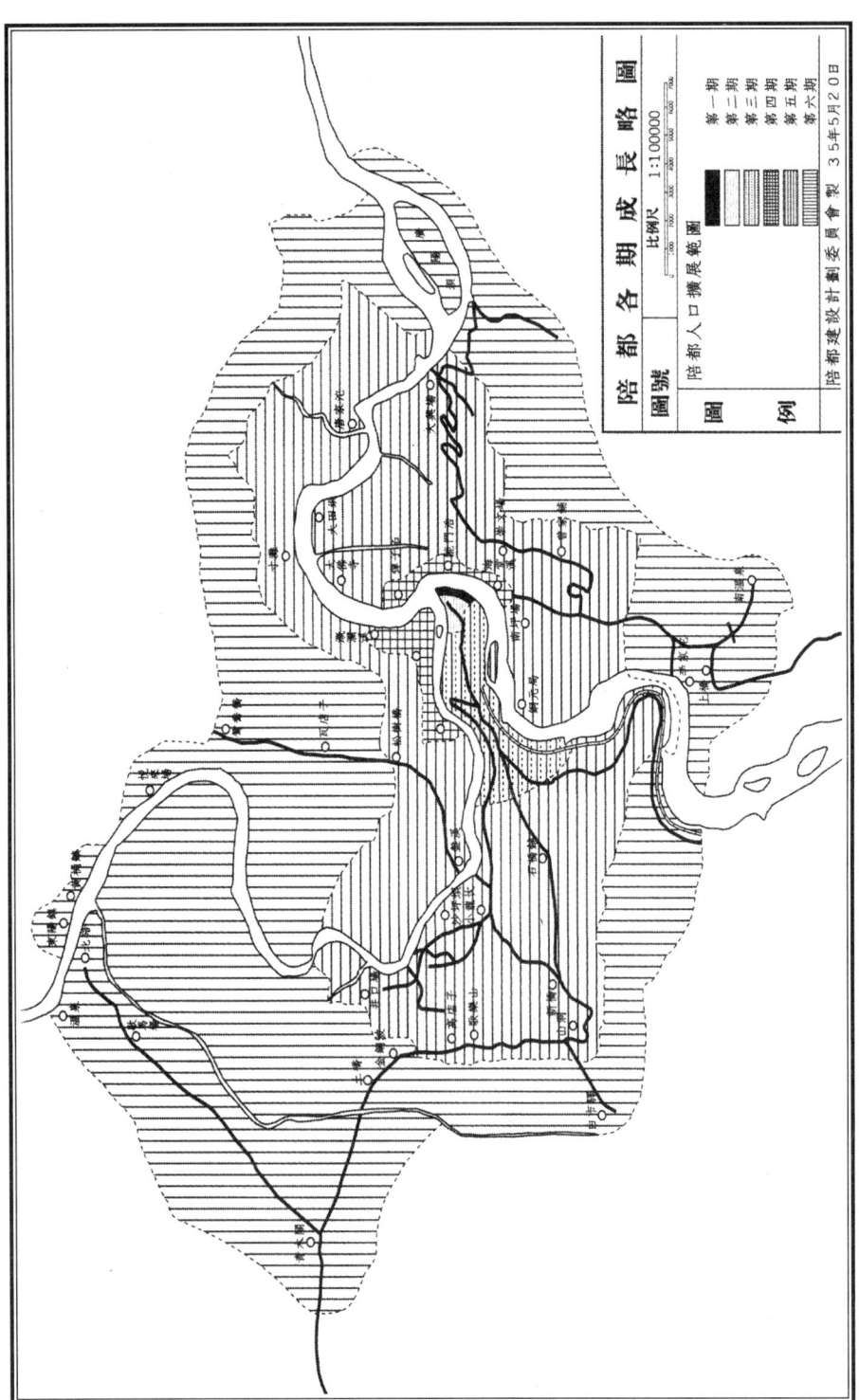

第二图 陪都各期成长略图

人口分布

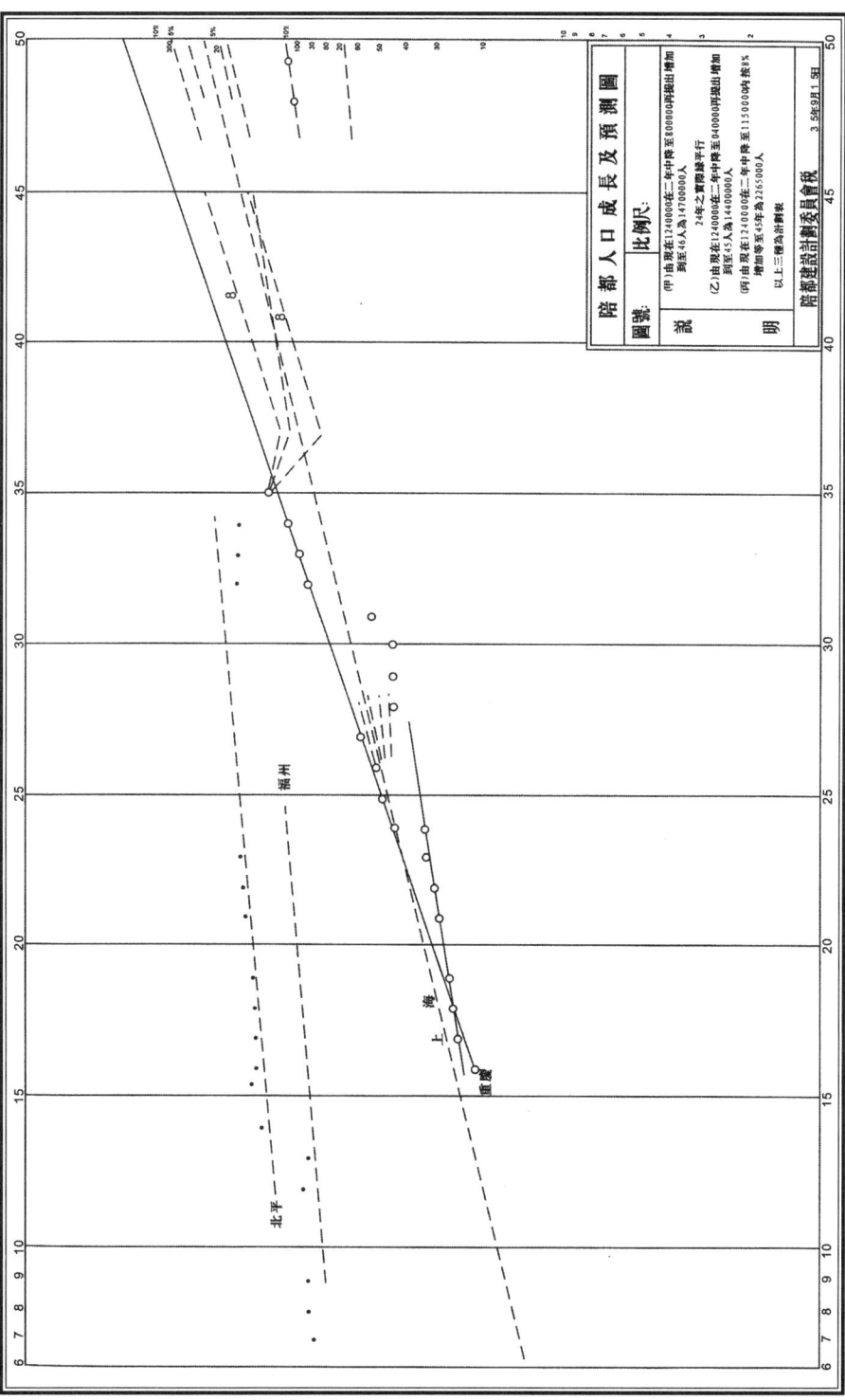

第三图 陪都人口成长及预测图

第二表　陪都历年户口总数统计表

年 度	户 数	口 数	每户口数	男 数	女 数	男女比例
26	110,120	473,904	4.30	273,361	200,543	1∶0.73
27	117,893	528,793	4.48	305,783	223,010	1∶0.73
28	93,903	401,074	4.26	244,708	156,366	1∶0.64
29	92,301	417,379	4.52	259,276	158,103	1∶0.61
30	134,183	702,387	5.23	436,636	265,751	1∶0.61
31	144,545	781,772	5.41	488,742	293,030	1∶0.60
32	150,994	890,000	5.90	529,465	360,535	1∶0.68
33	157,443	920,500	5.87	570,188	350,312	1∶0.61
34	185,505	1,049,470	5.66	634,628	414,842	1∶0.65
35	201,832	1,245,645	6.18	746,701	498,944	1∶0.67

附注：1. 二十八（1939年），二十九（1940年）两年因空袭关系，故人数减少

2. 材料来源——警察总局户政科

第三表　陪都户口类别统计表

户口别	普通住户	棚户	商店	工厂	旅栈	乐户	公共处所	寺庙	外侨	总计
户数	102,120	9,219	18,157	1,219	923	79	1,264	225	120	133,326
百分率	76.60	6.91	13.62	0.91	0.69	0.06	0.95	0.17	0.09	100%
口数	432,555	42,691	66,807	81,775	5,067	134	77,101	1,393	445	707,968
百分率	61.09	6.03	9.44	11.55	0.72	0.02	10.89	0.20	0.06	100%

附注：材料来源——重庆市警察局三十年（1941年）统计年鉴

丙　分布情形

本市市区面积约300平方公里，依行政区划，共分为十七区，另加水上一区，共计一八区。根据警察局三十四年（1945年）之调查报告，当时总人口为1,049,470人。半岛上一至七区之总人口为42万，其余各区则分散全境。兹将各区平均密度（各区总人口数与总面积之比）列如第四表，其分布情形见第四表。

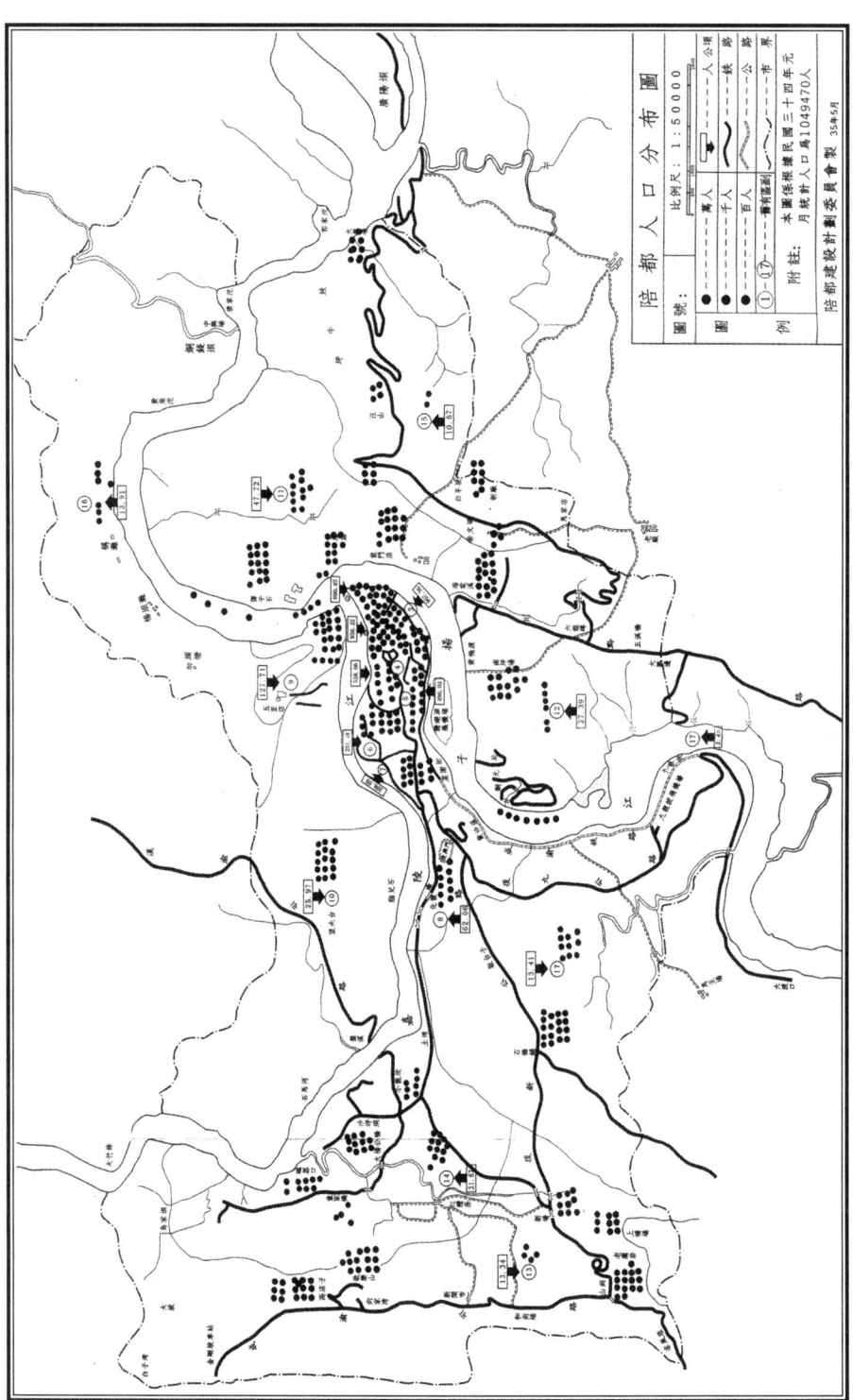

第四图 陪都人口分布图

四表　各区人口面积及居民平均密度表

区　别	人口数	面积（公顷）	平均密度（人/公顷）
第一区	68,473	76.865	890.82
第二区	69,872	74.632	936.22
第三区	62,687	69.087	907.36
第四区	55,163	98.741	558.66
第五区	65,321	131.687	496.03
第六区	49,346	195.909	251.18
第七区	47,320	118.869	398.09
半岛上一至七区	418,182	765.850	546.04
第八区	41,471	668.256	62.06
第九区	48,875	395.089	123.71
第十区	77,141	2,970.377	25.97
第十一区	120,147	2,517.846	47.72
第十二区	65,866	2,404.511	27.39
第十三区	55,166	4,124.903	13.37
第十四区	103,301	3,262.078	31.67
第十五区	33,307	3,113.004	10.67
第十六区	33,234	2,388.685	13.91
第十七区	44,083	3,286.055	13.41
水上区	8,697	3,534.268	2.46
总计	1,049,470	29,430.922	35.66

附注：1.人口数——根据三十四年（1945年）一月本市警察局调查表

2.面积——根据三十三年（1944年）十二月本市地政局测量队统计表

惟半岛上之一至三区，为本市商业核心，人口至为密集，经实地调查，其建筑地段内净密度（即各建筑地段内总人口与实际建筑面积之比）如第五表。

第五表 陪都一、二、三区人口净密度

实地调查时间：三十五年（1946年）二月

区 别	街 名	人口总数	建筑面积（公顷）	人口密度（人/公顷）	附 注
第一区	打铜街段	2,811	17	1,650	四五层房屋
第一区	曹家巷段	3,936	307	1,280	多为五层
第一区	过街楼段	1,492	66	930	三四层房屋
第二区	都邮街1段	984	0.67	1,470	二三层房屋
第二区	都邮街2段	66	0.61	770	二三层房屋
第二区	都邮街3段	1,692	1.62	1,050	三四层房屋
第二区	都邮街4段	1,562	1.46	1,080	三四层房屋
第三区	文华街段	3,049	2.16	1,410	三四层房屋

由第五表所示，人口最密者首为第一区内之打铜街段，房屋高度，大半为五层，其建筑地段内净密度为每公顷1650人。次为第二区都邮街第一段内，房屋高度大半为二层至三层，其净密度为每公顷1470人。

在本市历年人口剧烈变动之下，上列各项数字，亦随时均有变动，故各项图表所示，甚难代表一般绝对现象，其中大堪注意者，即半岛上人口密度太大，尤以打铜街、曹家巷、都邮街及文华街等处为最显著，其每公顷人数，实超过近代大都市如伦敦、柏林各市中最拥挤区之上，此为本市亟待解决之问题。

惟半岛上在抗战时为敌机轰炸之主要目标，旧有房屋，大半摧毁。现存

者多为新建之二三层临时房屋，有效期将满，复员后之再建，乃自然趋势，允宜乘此作合理处理，以免错误之重复。半岛西端之四至七区，原为近年所发展区域，建筑物更多紊乱而无系统者，亦须调整。就半岛上一至七区全体论，其总人口太多，而半岛尖端，人口过渡集中，有与其它各区调剂之必要。至于半岛外之其它各区，图表所示之平均密度，乃近似现象。因战时需要，实际分布，亦不平均，且多盲目发展，漫无系统可言。

丁　职业分析

根据本市历年调查统计，可知本市市民就业状况及其增减情形。以从事商业与工矿业者为多，其增长亦最速，其变动情形见第六表及第七表并第三图、第四图所示

第六表　陪都第一至七区人口职业统计表

职业别		人　口			百分率（%）
		男	女	共计	
农　　业		4,239	1,383	5,622	1.19
工　矿　业		27,705	15,692	43,397	9.17
商　　业		107,981	57,312	165,293	34.93
服务人事	家庭管理	5,474	51,566	57,040	
	侍从佣役	10,921	13,374	24,295	
	小　计	16,395	64,940	81,335	17.19
交通业	邮　电	4,221	2,489	6,710	
	路　政	1,968	20	1,988	
	航　务	2,027	17	2,044	
	转　运	10,353	300	10,653	
	堆　栈	2,051	404	2,455	
	挑　挽	16,943	2,016	18,959	
	小　计	37,563	5,246	42,809	9.05

续表

职业别		人口			百分率（%）
		男	女	共计	
公务业	党　务	4,609	1,573	6,182	
	政　治	10,553	3,006	13,559	
	军　事	12,729	316	13,045	
	警　察	3,485	61	3,546	
	小　计	31,376	4,956	36,332	7.68
自由业	教　育	1,163	954	2,117	
	国　医	796	136	932	
	西　医	376	173	549	
	药剂师	468	77	545	
	律　师	87	9	96	
	会计师	447	73	520	
	工程师	167	22	189	
	新　闻	695	42	737	
	僧侣教徒	435	156	591	
	社团服务	1,836	670	2,506	
	小　计	6,470	2,312	8,782	1.85
无职业	不事生产	1,579	785	2,364	
	非法生活	157	148	305	
	老弱病废	10,458	6,775	17,233	
	小　计	12,194	7,708	19,902	4.20
职业不详		7,728	2,103	9,831	2.08
其　它		36,443	23,495	59,938	12.66
总　计		288,094	185,147	473,241	100.00

附注：上表系根据市警察局三十五年（1946年）二月调查统计

第七表　陪都全市人口职业统计表

职业别	三十一年（1942年）人口数	百分率（%）	三十四年（1945年）人口数	百分率（%）	三十五年（1946年）人口数	百分率（%）
农　　业	110,000	14.47	80,944	7.71	94,428	7.58
工矿业	112,400	14.79	157,157	14.98	172,716	13.87
商　　业	111,900	14.73	195,232	18.60	262,074	21.04
人事服务	84,500	11.12	183,542	17.49	222,299	17.85
交通业	77,000	10.13	73,393	6.99	64,694	5.19
公务业	61,500	8.09	67,483	6.43	88,360	7.09
自由职业	169,500	22.31	23,191	2.21	29,098	2.34
无职业	14,600	1.92	222,318	21.19	242,201	19.44
职业不详	9,250	1.22	44,087	4.20	34,421	2.76
其　　它	9,250	1.22	2,123	0.20	35,354	2.84
总　　计	759,900	100.00%	1,049,470	100.00%	1,245,645	100.00%

由上可推知本市乃工商并重之都市，其次最堪注意者即本市无业一项之人数，占最大比例。以无业一项，大半为旧式大家庭中及旧社会中之专恃祖业或他人之收入者，并包括一部分失业人数，此确为本市严重之社会问题。又棚户苦力，竟与年俱增，大半因四郊农村衰败，壮丁乃入市操人力车船夫等业，以资糊口。此为近代人口集中之常态，亦可反映我国一般社会经济情形也。

戊　土地分析

本市各区土地面积，利用种类及各项利用百分比参见第八表及第四图，及第六图。

第八表　陪都各区土地面积分类统计表

区域	宅地 面积（公顷）	宅地 百分率（%）	农地 面积（公顷）	农地 百分率（%）	荒地 面积（公顷）	荒地 百分率（%）	道路 面积（公顷）	道路 百分率（%）	总计 面积（公顷）	总计 百分率（%）	人口 口数	人口 百分率（%）
第一区	61.00	79.73	—	—	0.01	0.01	15.50	2.26	76.51	0.29	68,473	6.58
第二区	61.00	82.20	—	—	0.01	0.01	13.20	17.79	74.21	0.28	69,872	6.71
第三区	56.80	82.55	—	—	0.02	0.03	12.00	17.42	68.82	0.26	62,687	6.02
第四区	60.00	61.23	15.60	15.91	9.90	10.10	12.50	12.76	98.00	0.37	55,163	5.30
第五区	66.00	50.35	20.50	15.65	32.40	24.70	12.20	9.30	131.10	0.49	65,321	6.28
第六区	93.00	47.50	66.60	34.00	25.00	12.77	11.20	5.73	195.80	0.73	49,346	4.75
第七区	57.90	48.80	25.20	21.30	24.20	20.50	11.00	9.30	118.30	0.44	47,320	4.55
第八区	110.00	16.46	370.00	55.40	166.90	24.86	21.90	3.28	667.90	2.52	41,471	3.99
第九区	666.00	58.55	218.00	19.14	92.00	8.08	162.00	14.23	1,138.00	4.29	48,875	4.70

续表

区域	宅地 面积(公顷)	宅地 百分率(%)	农地 面积(公顷)	农地 百分率(%)	荒地 面积(公顷)	荒地 百分率(%)	道路 面积(公顷)	道路 百分率(%)	总计 面积(公顷)	总计 百分率(%)	人口 口数	人口 百分率(%)
第十区	328.00	11.13	2,300.00	77.99	298.00	1.10	23.10	0.78	2,949.10	11.13	77,141	7.41
第十一区	865.00	34.30	1,265.00	50.26	357.80	14.21	29.40	1.17	2,517.20	9.49	120,147	11.54
第十二区	160.00	6.69	1,670.00	69.80	530.00	22.15	32.60	1.36	2,392.60	9.03	65,866	6.32
第十三区	224.00	5.48	2,800.00	68.61	1,020.00	25.00	37.00	0.91	4,081.00	15.41	55,166	5.30
第十四区	1,005.50	30.98	1,760.00	54.20	449.00	13.86	31.00	0.96	3,245.50	12.25	103,301	9.93
第十五区	76.00	2.45	2,570.00	83.00	420.00	13.57	30.40	0.98	3,096.40	11.69	33,307	3.20
第十六区	96.00	4.50	2,020.00	85.10	244.00	10.28	13.60	0.57	2,373.60	8.96	33,234	3.19
第十七区	284.00	8.67	2,800.00	85.47	147.00	4.49	45.00	1.37	2,276.00	12.37	44,083	4.23
总 计	4,270.20	16.12%	17,900.00	67.52%	3,815.34	14.42%	513.60	1.94%	26,500.04	100.00%	1,040,773	100.00%

由上列二图，可知各区人口分布，极不平均，而半岛上土地缺乏，亦可了然。其问题最严重者为第一至第三区，全部面积，几全为建筑物及道路所占，无喘息周旋之余地，其它各区，农地与各种空地尚多，故整理分划，以求合理使用，亦为要端之一。兹将国内外各市面积与人口统计列如第九表。

第九表　国内外各大都市人口与面积比较表

市　名	现在人口数	计划人口数	现有面积（平方公里）	平均每千人所得面积（公顷）	将来面积（平方公里）	将来平均每千人所得面积（公顷）
伦　敦	2,487,100					
旧　城	5,040					
市　区	2,482,060		302,908	12,203,9		
大伦敦	8,879,943		6664.1	79.5		
柏　林	4,300,000		883.0	20.5		
纽　约	10,901,000		767,538	7561.1		
巴　黎	4,963,000		474.0	9.6		
上　海	3,703,430		893.0	24.1		
南　京	1,019,000		115.0	11.3		
重　庆	1,245,645	1,500,00	294.31	23.6	1940.0	129.3
北　平	1,500,000	2,500,000	718.0	47.9		
青　岛	524,425		552.0	105.3		

己　陪都人口预测及分配

城市人口之预测，实为一极端困难问题。盖人口之增减，咸与政治、经济、交通、文化各方面有密切关系，复以我国统计资料残缺不全，差异甚大。他日工业化完成之后，都市人口增加率，自较农业经济时代为速。故欲根据以往脱落不全之人口统计，从事推测未来人口，殊难望其数字之正确。惟都市人口之增加，其容量宜有一定之限制，如超过此限制，则非向外移殖或改造市内环境不可；否则将因生计上之困难，以及卫生之不适，致死亡率与增加率平衡，而人口数量之终止于某种限度。兹将我国上海、北平、广州、及美国温哥华[①]等城人口增减情形，分析于下，以为推测陪都未来人口之资料。

子、上海市人口增减状况

上海市人口，自民国前二十七年（1885年）至民国前二年（1910年）之二十五年中，由129,000人增至371,000人，其每年增加率为4.3%。但至民国元年（1912年）津浦、津沪、沪杭甬三铁路通车后，人口骤增，迄民国二十八年（1939年）已增至3,480,000，其增加率为20%。

丑、北平市人口增减状况

北平市在民国二年（1913年）与民国十三年（1924年）间，人口增加数为204,000人，每年平均增加百分率为2.78，民十五年（1926年）之人口为1,224,000人，二十六年（1937年）之人口为1,504,000人，此十一年间平均每年增加百分率为1.89。二十六年（1937年）战争发生后，人口骤增。直至三十年（1941年），此四年间平均每年增加百分率为4.8，已较正常时之增加百分率大一倍有奇。日人于三十年（1941年）时曾作北平市计划，估计二十年后全市人口将增至250万人。以现在之150万为基数，则此后每年增加率为2.59%。

[①] 指温哥华市（Vancouver, Washington），是美国华盛顿州的一个城市。

寅、广州市人口增减状况

广州市民国九年（1920年）人口为780,000人，民国十七年（1928年）人口为805,000人，八年内人口增为25,000人，平均增加百分率为0.40%。在民国十七年（1928年）至民国二十四年（1935年）共七年间，人口增至1,095,000人，每年增加百分率为4.5。

卯、美国温哥华城人口增减状况

美国温城民国前二十八年（1884年）至民国前二十四年（1888年）因横过美境之铁路通车，人口增加特速，四年间，人口由2,000增至14,000，平均年增加百分率为62.7，民国前十一年（1901年）至民国前一年（1911年），十年内因通大洋轮运开放，人口增加亦速，此十年内平均每年增加百分率为31%。[①]又于民国四年（1915年）巴拿马运河开放后，民国十年（1921年）至民国二十年（1931年），此十年内平均年增加百分率为5.1。

辰、陪都人口增减状况及预测

陪都市民国十六年（1927年）之人口为208,000人，民国二十四年（1935年）增至310,000人，八年内人口增加102,000人，平均年增加百分率为5.1。又民国二十四年（1935年）后，因市区扩大，人口增至408,000人。至民国二十七年（1938年）时，继续增至528,700人。三年内人口增加120,000人，平均年增加百分率为9.02。民三十年（1941年）市区再扩大，其时人口为703,000人。至民国三十四年（1945年）达1,245,000人，平均年增加百分率为15.4，详见第十表。兹又将各国10万以上城市人口与总人口百分率之比较列如第十一表，华北各大都市人口估计表列如第十二表。

---

① 民国前十二年（1900年）至民国前一年（1911年）应有十一年，但根据前后文叙述的时间节点来看，应是误把民国前十一年写成了民国前十二年，所以据此改。

第十表　都市人口各种情形增长百分率表

地点	正常情形	交通发达	战事关系
上 海	4.3%	20%	
北 平	2.78%—1.89%		4.8%
广 州	0.40%—5.81%		
温哥华		62.7%—31%—5.1%	
陪 都	5.1%—9.02%		15.4%
注			

第十一表　各国十万以上城市人口与总人口百分率比较表

国别＼年代	1850	1900	1910	1920	1930	1935
美	6.0	18.6	22.1	23.7	29.7	30.0
英	17.5	37.6	38.6	38.7	38.7	38.7
德	4.0	16.2	21.8	22.7	27.0	30.0
俄	—	4.5	6.0	6.8	7.0	7.2
日	—	10.4	11.2	14.8	17.1	17.5
中	—	1.6	1.7	2.0	4.2	5.6

第十二表　华北各大都市人口估计表

地　点	现在人口	将来人口
石家庄	7万余	可达50万
徐　州	18万	可达50万
太　原	16万	可达50万
天　津	120万	三十年（1941年）母市250万，其它约50万，合300万
塘　沽	6万	三十年（1941年）可达30万
济　南	40万	可达70万
新　乡	6万	可达30万
海　州	10万	可达40万
北　平	170万	十年后可达250万人
备　考		本表系根据日本伪都市计划局华北计划

综观上列各表，可知在正常情形下，人口增加百分率，大约在百分之二左右。至上海与重庆大于百分之二者，则以此两城为商业性之城市，同时此两城市区之面积，一再扩大，故人口之增加，自属特殊。上海之4.3%，与重庆之5%至9%，即有市区之扩展原因存在。又观因交通发达之影响，在温哥华城其后二段之平均值，近于20%，尚较上海为小，以上海为东方有数商埠，长江七省人口均有一部分趋向该地集中。倘陪都能及时利用其天然优点，先行改进为近代都市，则其邻近吐纳所吸之腹地，如成都平原，

如康、黔、陕、甘之人口，因工商业及金融之吸引，无由限制其绝对不向本市逐渐聚集。

据上推述，则陪都于政府还都后，人口仅有 81 万，故可假定在此后正常情形下，人口以年增百分率[为]①2.0% 增加，可能于五年后增至 90 万人。又在此五年内，因成渝、川黔两铁路完成，工商更形发达，人口自急剧增加，此时假定以 10% 逐年增加，十年后陪都人口可达 150 万人左右。见陪都人口年增加预测数量表，则现有之 300 平方公里，实嫌不足。

第十三表　陪都人口年增加预测数量表

年 代	年增率 20%	年 代	年增率 10%
36（1947 年）	831,000	41（1952 年）	990,000
37（1948 年）	847,000	42（1953 年）	1,090,000
38（1949 年）	864,000	43（1954 年）	1,200,000
39（1950 年）	880,000	44（1955 年）	1,320,000
40（1951 年）	900,000	45（1956 年）	1,500,000

至其发达情形，可参阅《陪都人口成长与预测图》（附图二）。惟遇特殊情形，陪都人口突增至 300 万时，市区发展，更形踢促，本计划应有所准备。似宜将市区扩充，包括抗战期中迁建所及之 1,940 方公里不可。

巳、陪都人口分配标准及可能发展之区域

本市半岛为母市中心，因过去交通及成长历史关系，实难强迫疏散，兹按拟定分配标准如下：

---

① 编者加。

第十四表　人口分配标准表

公路宽度（公尺）	统计建筑之房屋层数	每公顷建筑地段人口总密度	建筑段面内应留之空地面积，总建筑面积百分率
22	5	1,000	30%
18	4	800	30%
15	3	600	30%
10	2	400	30%
9	1	200	30%
附　注			

兹估算旧城一至三区内面积为 210 公顷，可供建筑四层、五层之面积约 140 公顷，平均以 900 人计算，可容纳 130,000 人。另加其它面积约可容纳 50,000 人。四至七区内面积为 545 公顷，约可容纳 220,000 人，合计半岛上最多能容纳 400,000 人。其余应向各卫星市作有计划之分布。其卫星市区域为：

1 化龙桥。

2 小龙坎。

3 沙坪坝。

4 磁器口。

5 大坪。

6 黄桷垭。

7 海棠溪。

8 龙门浩。

9 弹子石。

10 大佛寺。

11 铜元局。

12 江北。

等十二处，每处规定容纳 5 万人至 6 万人为限度，则共可容纳 72 万人。

又卫星镇之区域为：

1 香国寺。

2 溉澜溪。

3 石桥铺。

4 新桥。

5 山洞。

6 新开寺。

7 歌乐山。

8 杨家坪。

9 称①滩。

10 黑石子。

11 中兴场。

12 清水溪。

13 冯家店。

14 大兴场。

15 南坪场。

16 木家咀。

17 盘溪。

18 高滩岩。

此十八处暂以 5,000 人至 10,000 人为建设范围，则共可容纳 18 万人。

再预备卫星镇之位置，暂规定下列各处：

---

① 今作"寸"。

1 高店子。

2 红糟房。

3 歇台子。

4 九龙坡。

5 松树桥。

6 猫儿石。

7 董家溪。

8 王溪桥。

9 大龙碑。

10 汪山。

11 杨坝滩。

12 桂花园。

13 黄各沱。

14 鸡么石。

15 鸡么嘴。

16 五里店。

17 金岗坡。

18 曹家岗。

此十八处亦可容纳18万人。预计十年后人口增至150万时，除卫星母城，12个卫星市，18个卫星镇，共可容纳130万人外，余均分布于市区内各小村镇。至若特殊情形，陪都人口增至300万时，可将18个卫星镇及18个预备卫镇渐次扩大至卫星市。同时将其它村镇，亦逐次改为卫星镇，以能容纳所增加之人口，而使其作合理之分布为原则。

工商分析

甲　引言

近代工商之要素，为制造交易之货品，供给制造之原料，生产所需之动力，从事生产之劳工，销售货品之市场，转运货品之交通，厂场设置之环境。七端之中，原料、动力、市场、劳工四者，视腹地情形而异。货品中之原料，交通中之水道，亦为必备之天然条件。而成品货物，与陆空交通，以及厂场设置之环境，则完全赖人力改进。故一都市能否促其工商之成长，决诸天然者占十之六，得诸人谋者仅十之四。地之蕴藏不富，人类之聪明智慧，虽予为力，天然之经济条件备矣，一经人力开发，必可顿然改观。以本市而论，居两江汇流，控制广大腹地，多天然通航之河道，有丰富之原料，大量之劳工，潜蓄之动力甚巨，销售之市场亦广，如能尽量利用开发，再以现代技术，完成现代建设，使长短途交通，水陆空联运，起卸货物码头，设置厂场环境，均各就需要，改善完备，则本市固我西南惟一工商重镇也。

次就国家立场言，工业区位择抉，除上述之经济条件外，更当注意于国防上之安全。本市为我国复兴基地，内陆良港，在国防上居于安全地位，经济条件亦备，诚我国武汉以西惟一工业重镇，在抗战期间，已有显著之事实表现，勿待赘述。至于商业方面，本市所控腹地，拥有丰富之特产，如桐油、猪鬃、生丝等原料，占我国出口贸易之重要地位，此外尚有牛羊毛皮、药材、茶叶等，均可加以整顿改良，争取海外市场。同时以出口贸易所得之外汇，购进各种工业器材，发展本市民生工业，奠定自给自足基础。由此更进一步，扩大工业规模，以丰富之原料，谋大量之生产。更可以工业产品争取国内外市场，抵制外货输入，则今后挽回国家利权，转我国为一出超国家，本市当肩负一部分重任也。

乙 腹地资源

一港一市，对于腹地之控制力，取决于货物运输之经济距离，故集散吐纳之趋向，恒视交通与运输为转移。而腹地内之资源，又视腹地面积之广狭，土壤之肥瘠，宝藏之丰啬，人口之多寡，财力之贫富，所谓原料、动力、劳工、市场等项，悉系于此。兹将本市所控腹地情形分析于次：

子、水陆交通与运输

本市当两江汇流，居水陆总汇。自清光绪十七年（1891 年）开为商埠，凡陕、甘、川、滇之商货出入长江者，皆以本市为转运之总枢，河道以长江为主流，嘉陵江、沱江、岷江等河自北来注，乌江、綦江、赤水河、永宁河、长宁河、横江等河，自南流入，其它小河南来北汇者甚多，直接间接均与本市通航。现在各河通行轮船者，除长江外，岷江已通至乐山，嘉陵江已通至合川，将来可能扩充通行小轮之航道，尚有岷江由乐山至成都段，沱江由泸县至内江段，嘉陵江由合川至南充段，涪江由合川至遂宁段，乌江由涪陵至江口段，金沙江由宜宾至屏山段。抗战期间，通行渝万、渝涪、渝叙、渝嘉、渝津、渝白、渝木等定期航线，计共有轮船 220 余艘。战事结束后，行使宜昌、武汉、南京、上海间之轮船，尚未并计在内。至木船竹筏，除通行于各干河外，举凡上游大小各河，均可加以整理，通行木船。

总计通行各河之大小木船，约有 3 万余艘，共 30 余万吨。本市在抗战期间，对于军用民食及日常消耗物品，能供应裕如者，均赖各河大小木船为之运输，其经常出入吨位，远在轮船之上。而各河本支流域，大都为重要农矿产品之出产地，散布既广，质复笨重，在将来铁路、公路未能普及以前，欲图运向本市，以谋出路，则各河大小木船之运输力量，仍未可轻视，而于本市工商业之发展，借重尤多。

在陆运方面，公路已成者有川陕、川黔、川滇、川湘、成渝五线，与本省及西南、西北各重镇相连。拟建之铁路有成渝、渝昆、川黔、川汉四线，均以本市为辐集点，而成渝路即将开工。倘将各河水道改进，铁道及其它公路完成，市内短途交通与起卸货物码头，逐一改建完善，连贯水陆交通各线，上溯陕、甘、川、康、滇、黔，下达武汉、南京、上海，则货物之集散吐纳，仍以本市为总枢，本市实一内陆良港也。

丑、腹地面积与人口

就上述水陆交通状况，本市所控腹地，有主要区之川、康，及辅助区之陕、甘、滇、黔，其辖地面积与人口，可由第十五表计出。

第十五表　中国川、康、陕、甘、滇、黔六省土地面积及人口统计表

省别	土地面积（平方公里）	人口数	备注
四　川	375,450	51,235,355	面积根据张肖梅《四川经济资料》，人口根据内政部统计
西　康	500,836	2,439,042	面积根据曾世英统计，减去宁、雅二属，人口根据内政部统计
陕　西	195,076	9,779,924	面积根据曾世英统计，人口根据内政部统计
甘　肃	380,863	6,716,405	同　前
云　南	398,583	12,042,157	同　前
贵　州	176,480	9,918,194	同　前

一、主要区之川康，面积为876,286方公里，人口为53,674,397，其中之成都平原面积6,000方公里，人口密度，每方公里在500人以上，与江南太湖流域相近。

二、西北辅助区之陕、甘，面积为575,939方公里，人口为16,496,329。

三、西南辅助区之滇、黔，面积为575,063方公里，人口为21,960,351。

本市因兼有长江水运之便，并有河流沟通西北、西南，而水运费又常低于铁路、公路之陆运费，则此三区中，川、康之吐纳口，自为本市所独占。西北假定有半数为陇海路所吸收而集于西安，西南假定有三分之二为西南各铁路所吸收而集于贵、柳，则以本市为吐纳口之面积，尚有1,355,934方公里，人口有69,242,679，而俗称天府之成都平原，正居本市之西北300公里以内。

寅、腹地农产与矿产

本市所控腹地之农产，自以号称富庶之川省为主，其特点为种类多而分布密，矿产之蕴藏，亦较丰富，兹分述之。

一、农产：主要区之川省农产品见第十六表，第十七表，第十八表。

第十六表　四川省二十八年（1939年）至三十四年（1945年）历年夏季作物产量估计表　（川农所资料）

年份 品名	二十八年 (1939年) 全省共计	二十九年 (1940年) 全省共计	三十年 (1941年) 全省共计	三十一年 (1942年) 全省共计	三十二年 (1943年) 全省共计	三十三年 (1944年) 全省共计	三十四年 (1945年) 全省共计
籼　稻	130,247	60,779	77,308	82,761	78,172	95,466	98,151
糯　稻	12,552	7,059	6,786	7,488	1,621	8,986	9,466
玉　米	26,845	18,039	21,143	21,764	19,719	27,514	25,046
高　粱	9,185	8,751	7,446	8,110	7,318	11,080	9,739
黄　豆	6,161	5,066	3,380	4,339	4,059	4,363	4,597
绿　豆	2,083	1,666	1,263	1,331	1,393	1,529	1,752
红　苕	51,402	46,444	58,714	47,319	47,248	51,734	54,148
洋　芋	3,247	2,760	2,561	2,571	2,129	3,446	3,707
花　生	2,302	2,545	2,363	2,194	2,029	2,310	2,229

续表

年份\品名	二十八年(1939年)全省共计	二十九年(1940年)全省共计	三十年(1941年)全省共计	三十一年(1942年)全省共计	三十二年(1943年)全省共计	三十三年(1944年)全省共计	三十四年(1945年)全省共计
芝 麻	463	552	405	320	301	388	430
棉 花	409	316	211	215	318	354	358
甘 蔗	17,246	24,338	14,115	9,288	2,542	15,004	13,307
伏 荞	335	295	214	180	212	229	334
小 米	377	316	274	349	324	327	281
烟 叶	1,434	1,312	952	884	923	1,084	1,206
麻	408	449	344	300	288	344	383
饭 豆			569	526	638	614	600
蓝 靛			727	676	813	1,165	1,526

第十七表　四川省二十八年（1939年）至三十四年（1945年）历年冬季作物产量估计表（川农所资料）

年份 品名	二十八年 (1939年) 全省共计	二十九年 (1940年) 全省共计	三十年 (1941年) 全省共计	三十一年 (1942年) 全省共计	三十二年 (1943年) 全省共计	三十三年 (1944年) 全省共计	三十四年 (1945年) 全省共计
小 麦	16,544	15,251	16,824	20,141	17,890	17,201	7,287
大 麦	10,953	9,872	9,689	9,847	9,485	10,051	9,665
燕 麦	1,246	1,274	1,232	1,019	1,037	1,063	1,082
冬 乔	991	1,005	740	1,028	805	880	846
青 稞	396	498	453	509	319	373	419
蚕 豆	9,272	8,788	9,318	9,229	9,217	9,765	9,233

续表

年份\品名	二十八年(1939年)全省共计	二十九年(1940年)全省共计	三十年(1941年)全省共计	三十一年(1942年)全省共计	三十二年(1943年)全省共计	三十三年(1944年)全省共计	三十四年(1945年)全省共计
豌豆	10,325	9,170	9,669	9,575	9,774	9,503	9,210
油菜籽	8,380	12,625	8,919	6,757	6,795	6,957	6,526
苕子	1,210	1,420	1,449	1,232	1,398	1,190	1,546
蔬菜				406	376	302	327
其它	262	572	735	190	244	200	279
休闲田地	24,476千亩	23,697千亩	25,027千亩	24,122千亩	26,715千亩	26,570千亩	27,735千亩

第十八表 四川省夏、冬两季作物外其它农产略计表

品名	年产量	出产地点	运输地点	备注
桐油	900千担	下川东，下川南及中北部	除内销一部分外，运销国外	二十五年（1936年）海关贸易报告输出约达70万担，占全国输出总量30%
蚕丝	90	川东，川南，川北各县	同前	年产量与江苏同居于第三位，仅次于浙江、广东
猪鬃	30	各县均有出产	同前	中央农业实验所调查年产3万担，出口18,000余担，约占全国产量五分之一
药材	10,000至20,000千担，约值2,000余万元	集中本市出口（康省出产并计在内）	除内销一部分外，运销各省	华西大学文廷山君调查川康两省出产较为著名，药材不下50余种，年产1500余万斤
茶叶	200至300千担	川东川西各地	除内销一部分外，运销康藏	
牛皮羊皮	4050千担	松潘，成都	除内销一部分外，运销上海国外	以成都嘛羊皮为上海市场之上选
羊毛	2,500千斤	松潘	除内销一部分外，运销上海国外	
夏布	790千匹	荣昌，隆昌，内江	广东，河南	
柑橘	202,070千个	合川，江津，巴县，简阳等廿三县	除内销一部分外，运销沙市，宜昌	二十五年（1936年）建厅技士杨定伦调查报告
榨菜	51千担	涪陵，鄷①都	京沪平津及粤闽诸省	川东其他各县亦产，但不如治、鄷二县之多

① 今作"丰"。

续表

品名	年产量	出产地点	运输地点	备注
银耳	110千斤	通江、万源①	京沪平津	产量不如黔省之多
纸	21,600吨	川东、川南、西南	除内销一部分外，运销鄂陕	曲仲湘君调查
白蜡	4.72②千担	峨眉等六县		各县农业技士调查见《建设通讯》一卷八九期
漆器	20千担	汶川、黔江等十余县		各县农业技士调查
蔗糖	36,019千斤	内江、资中等三十二县	除内销一部分外，运销滇黔鄂	上系三十四年（1945年）度产量无糖税稽考之县份尚未计入
牛	5,974千头	全省农户		根据川农所农情报告
马骡驴	992千匹	一部分农户		根据川农所农情报告
猪	15,331千只	全省农户副业		同前
羊	60千只	同前		同前
鸡鸭鹅	40,425千只	同前		同前
兔	4,371千只			

① 原稿作"无"。
② 原稿作"四、七二"，据《建设通讯》一卷八九期改。

就上列三表，川省夏季作物计有十八种，冬季作物计九种，而菜蔬及其它零星作物尚不在内，足征品类之多。就产量言，稻居第一位，红苕居第二位，麦居第三位，玉米次之，甘蔗又次之，高粱、豌豆、蚕豆、油菜籽等同居第六位。如与各省比较，稻居全国产稻各省第二位，麦居产麦省份之第六位，高粱居第七位，棉花居第八位。甘蔗产量在广东、福建之上，而仅次于台湾。烟草产量为全国之冠，为总额26%。蚕丝与江苏同居第三位，仅次于浙江、广东，占本省出口贸易之首位。桐油输出量二十五年（1936年）达70万担，占全国输出总量30%。猪鬃质量特佳，占全国产量五分之一。特产中有榨菜、银耳、白蜡、黄蜡等，为国内他地所罕有。此外药材、纸、麻等亦均有可观。至川省西部与西康东部之天然林木，产量之丰，超过东北，实为吾国不可多得之木材化学工业原料。

二、矿产：主要区之川省矿产，见第十九表。

第十九表 四川省矿产略计表

产品	产地	储量	每年生产量	备注
煤	全省产煤区可分重庆、成都、川南、川北、沱江、渠江、乌江、秀西等十区	5,986,000,000 公吨	2,500,000 公吨	本省煤的储量居全国第六位，而以重庆区产量为最丰，约占全省产量之三分之一
铁	全省产铁区可分綦江、涪陵、彭水、洪雅、广元、雷波、巫山、万源等八区。	196,000,000 公吨	38,000 公吨	本省铁的储量，居全国第十位，连同西康储量，约占全国总储量10%，而涪陵、彭水三区距本市不远，足供发展工业用
盐	分川东、川南、川西、川北、川中五区，而以川中自贡市为主要产区		9,735,000 市担	盐之产量年有增减，上系二十九年（1940年）产量，自流井五通桥之盐因为重要化工原料
石油	资中罗泉井、巴县石油沟、达县税家漕、江由油泉、富顺自流井、彭山河洱坎		92,000 公斤	据张其泽君研究，就四川岩石性质、地质构造及动物化石推测四川出产石油，希望甚大
天然气	主要产地有巴县石油沟、威远臭水河、隆昌圣灯山、自流井郭家坳			除自流井为煮盐之用外，余皆未有利用
铜	彭县	85,270 公吨		连同西康储量，可能有 888,295 公吨，与云南铜矿同居全国铜业上重要地位
硫磺	主要产地为合川、南川、古蔺、乐山、广元、巫山、奉节、开县、琪县	790,100 公吨	2,000 公吨	另据张其泽君报告，全川出产硫磺之地，可分六区，总储量约为 6,526,000 吨。
芒硝	彭山、眉县、丹陵、洪雅等县		5,500 公吨	
其它矿产	有石墨、石棉、石膏、萤石与重晶石、银、锌、汞、锰、铅土、沙金等			

本区煤矿分布甚广，储量亦相当丰富，所处位置，多有水道航运之便，且有三分之一在重庆所属之巴、江、合三县，而乌江区涪陵、彭水之煤，亦距本市不远。铁矿则与煤矿及交通线接近，是其优点。此外尚有特种矿产之盐矿，石油与天然气，而丰富之盐卤，则为发展化学工业之重要原料。

国内谈工业者，每以本区煤铁资源不丰，不能发展重工业，即淡然视之，实则品类丰富之农矿，与夫天然水道之畅便，乃促成消耗工业之主要条件。

卯、腹地之动力

川省河道纵横，河床之倾斜度甚大，最利于水力发电，据专家估计，四川与云南两省之水力蕴藏，即占全国半数以上，而以四川之蕴藏尤为丰富。兹将现在准备兴建之水电工程，略举如次：

一、由中央兴建之水电工程：计有扬子江三峡水电工程，大渡河黄丹水电工程，岷江灌县水电工程，及长寿龙溪河水电工程等四处，预计共可发电12,363,000千瓦。以上四处，以扬子江三峡水电工程为最大，据萨凡奇氏最初估计，可发电1,056万千瓦，该项电厂完成后，凡半径500哩（即804.7公里）以内之地带，均可引用该处电力，四川是在受惠区域以内，而受惠最大的，当然要算本市。

二、由政府指导协助人民经营之水电工程：计有南充青居街，阆中七里坝，绵阳齐窑子，内江三元井，合江高洞，铜梁小安溪之高坑，沱江转龙埧等七处中型水电工程，预计共可发电15,700千瓦。

三、由人民经营之水电工程：此项小型水电工程，计有十四处，预计共可发电8,950千瓦。

此外尚有合川水电工程，利用渠、嘉二河之落差，在渠河丈八滩建筑拦河坝，约可发电15,000千瓦。二十九年（1940年）四川省经济建设三年计划，曾列为重庆区之力源。

以上各项水电工程如兴建完成，则发展本区重轻工业所需之动力，自属不成问题，何虞本区煤矿之储量不丰。

辰、腹地之劳工

影响工业成品之价格，除原料、运费、动力外，劳工亦为重要因素。如一产品之制造，付出工资过多，即使原料、运费、动力均属低廉，亦难减轻产品之成本而获得优利，尤其在许多轻工业方面，需要劳工较多，影响于产品之成本亦较巨。

本市在劳工方面所备之优越条件为：

一、腹地内主要区之川省，拥有 5,000 余万之人口，在农村人口过剩之状况下，不仅足供工业上之吸引，且可解决过剩农民之就业问题，安定农村社会。

二、川省农民生活水平不高，工资向极低廉，引向工业途径，即使所付工资增多，仍属比较低廉。

三、川省农民向以手工为副业，自可仿照瑞士钟表工业，以若干工业之一部分工作，移就农村，利用农民于农隙时作为副业。

四、利用工资较廉之童工、女工，更可减轻产品之成本。川省各项农工工资统计，见第二十表。

第二十表　四川省历年农工工资统计表

根据农情报告（单位：元）

工别	年别	二十八年(1939年)全省平均	二十九年(1940年)全省平均	三十年(1941年)全省平均	三十一年(1942年)全省平均	三十二年(1943年)全省平均	三十三年(1944年)全省平均
年工	男工	32.14	104.22	381.59	860.30	3,143.00	10,104.00
	童工	15.19	47.27	167.06	384.60	1,541.00	4,606.00
月工	男工 平时	3.96	13.29	46.12	85.85	351.00	1,276.00
	男工 忙时	5.75	2.27	69.28	138.50	533.50	1,890.00
	女工 平时	2.20	7.15	25.36	42.75	196.00	749.00
	女工 忙时	3.29	11.36	37.75	66.20	295.00	1,062.50
	童工 平时	1.75	6.07	20.52	36.30	164.50	569.00
	童工 忙时	2.64	8.99	30.43	58.75	241.50	818.00
日工	男工 平时	0.21	0.69	2.36	4.05	16.00	62.00
	男工 忙时	0.35	1.22	3.97	7.10	28.00	103.00
	女工 平时	0.13	0.40	1.43	2.45	10.00	41.50
	女工 忙时	0.20	0.66	2.24	3.85	15.50	62.00
	童工 平时	0.10	0.33	1.07	2.20	8.50	32.00
	童工 忙时	0.16	0.55	1.63	3.35	32.00	48.00

按上表所列历年川省农民工资，已算十分低廉，而女工又低于男工，童工又低于女工，平时又低于忙时。故欲求最低廉之工资，最好将一部分相当工作，利用童工、女工为之，而利用男工，最好在农隙时。至于技术工人，可招选农民优秀者加以训练。川省农民，大都体强而耐劳，质敏而耐思，倘就各种需要，予以技术上之训练，不难获得大量优良技工，而工资低廉，因以减少产品成本，促进工业发展，则又本市特具之优越条件。

巳、销售之市场

工业之发展，除有赖于产品之优良与成本之低廉外，更赖有广大之销售市场。争取国外及本市所控腹地以外之其它各省市场，除维持原来几种原料及特产外，一时恐不易与人竞争，而卧榻前自有之市场，实不应轻言放弃，否则不必设工业建设，而商业亦目无独立发展之望。所谓自有之市场者，即拥有100万人口之本市，及6,000余万人口之腹地内各城镇农村是也，而其主要市场，则仍为本市与主要区之川、康两省各城镇农村。但川省向为一入超省份，本市亦为一入超商埠，其出口与进口数字之比例，恒为四与六之比。战前每年入超平均皆在2,000万元以上，此项进口货类若为具有生产性之器材工具，尚有助于本区之经济建设，乃大量进口货品，均为直接消耗品，甚至奢侈品，而以棉纱之进口值为最大，约占进口总额31%，匹头次之，约占29%，纸烟居第三位，亦在9%以上，而带有生产性物品如机器及其零件，石油制器，五金材料，化学药品等，反仅各占1%。出口则多属原料，工业产品绝少。似此情形，本区已完全成为消费市场，而此消费市场，亦即他人工业产品之推销市场也。今言工业建设，第一步应将本区由消费变为生产，而以优良廉价之产品推销本市及本市所控腹地内之城镇农村，使之自给自足。第二步再谋扩展，争取国内外市场。总之有销售市场，工业产品始有出路，否则工业无法立足，商业亦无由发展，本市自有之广大销售市场，实发展本市工商业所特有之优厚条件也。

丙　以往情形

本市商业，在抗战前以吐纳商品为主，其出口大宗为桐油、蚕丝、山货、药材等项，进口者为棉纱、匹头、纸烟等类。工业则颇幼稚，且多属手工业。自清光绪末叶，纺织业采用铁轮机以后，缫丝，冶铁，印刷，造纸以及交通各业，始逐渐采用近代工业设备。改元以还，四川军需工业颇为发展，同时机器工业亦日趋发达，本市创设之机器工业，已达六七十家之多，但设备均极简陋，规模较大者，仅有民生、天成、华兴等机器厂及武器修理所，铜元局数家而已，至于含有工业基础性之重工业，可说绝无。迨至抗战军兴，本市进出口贸易日益减少，尤其在国际交通线被敌寇封锁以后，本市之进出口贸易，几完全停顿。但工业之发展，则较战前特速。因川省资源丰富，地位又比较安全，东部若干工厂因受战争影响，不得不作西迁的打算。同时因战争的需要，更促成本市若干新工业之发展。兹根据统计数字，将战前战时之工商业情形，分述如次：

子、工业

主要区川省战前战时工业之统计数字，见第二十一表。

第二十一表　四川省战前战时工业统计表

类别	厂数（家）战前	厂数（家）战时	资本（千元）战前	资本（千元）战时	工人（个）战前	工人（个）战时
总　计	583	2,380	6,458	2,542,522	18,710	154,402
冶炼工业	1	65		618,988		28,836
机器工业	5	494	500	376,252	210	20,706
五金工业		155		96,602		6,110
电气工业	2	85	35	90,843		3,367
化学工业	86	670	2,873	704,022	7,708	34,697
纺织工业	483	332	2,660	307,725	10,646	42,346
服饰品工业		58		16,628		2,920
饮食品工业	6	408	390	231,790	128	9,370
印刷文具工业		58		45,192	18	3,146
杂项工业		55		54,480		2,904

注：战前为二十六年（1937年）以前，战时为截至三十三年（1944年）底之数字

根据上表统计数字，川省战时各类工业，均较战前大量增加。惟纺织工业，战前已有的483家，而战后反减为333家，似川省之纺织工业，在战时无甚发展，其实不然。若干大规模之棉、毛、麻、丝等纺织厂，均系战时新建或由东部迁川，而为战前所未有。不过战前统计数字，系将一部分小规模作坊及家庭工业并计在内，而战时统计数字，未将小规模工业列入，故厂数虽然减少，而资本总额及工人人数，仍增加甚多。总计战时各类工业，厂数较战前约增308%，工人约增725%，资本约增39,270%，足征川省工业，在战时已有空前的发展。而此类新建或迁建之工业，大部分均建于本市或本市附近区域以内。

丑、商业

本市在抗战前以吐纳商品为主，其进出口贸易之统计数字为：

年　度	进出口总额
光绪十七年（1891年）	2,800,000两
十八年（1892年）	9,200,000两
民国六年（1917年）	34,000,000两
十九年（1930年）	86,000,000两

就以上各统计数字，可见本市进出口数额增进之速。又据二十四年（1935年）之统计如次：

内地入口	44,800,000元
内地出口	25,000,000元
直接入口	1,143,319元
直接出口	68,000元

而二十五年（1936年）之数额为：

内地入口	51,294,000元
内地出口	37,558,000元
直接入口	2,446,000元
直接出口	57,236元

是年进出口之货物分配如次：

进口

棉纱	16,616,000 元
匹头	15,569,000 元
纸烟	5,000,000 元
苏货	4,323,000 元
五金	3,762,000 元
汽油	3,239,000 元
煤油	2,858,000 元
颜料	1,871,000 元
干菜	1,100,000 元
连其它	共为 54,338,000 元

出口

桐油	14,081,000 元
山货	5,919,000 元
药材	5,500,000 元
干菜	1,700,000 元
蔗糖	774,000 元
丝类	839,000 元
连其它	共为 37,600,000 元

综上所述，本市进出口贸易自光绪十七年（1891年）起，即年有进展，而以进口数字之增加为尤速。工业之进步，则甚觉迟缓，此为促成入超之主因。至抗战军兴，进出口贸易减少，而工业则突飞猛进。迄至胜利前夕，进出口贸易几完全停顿，而工业则已达最高点。

丁　目前状况

本市在胜利后之工商业动态，又与战时截然不同，因交通逐渐恢复，使久已停滞之进出口贸易，日趋活跃。而工业则一泻千里，始则减产，继则停工，终至倒闭者甚多。并且因工人之失业，引起社会之不安，又为目前最堪注意之现象。在二十二表本市人口职业分析中，商业占18.8%，工业占13.4%，兵工工人在外，交通运输占6.5%，而无业人民竟占20.6%。此项无业游民之造成，其原因虽不只一端，而工厂倒闭，工人失业，未始非一重要因素。

第二十二表 重庆市人口职业分析统计表

职业别	人数（人）	百分比（%）	备注
商　　业	234,278	18.8	
工　　业	168,065	13.4	兵工业未计入
交通运输	80,732	6.5	
矿　　业	4,813	0.4	
农　　业	102,485	8.1	
公务人员	67,483	5.4	
自由职业	23,191	1.9	
学校教职员	9,117	0.7	
学　　生	118,079	9.5	
宗　　教	1,524	0.1	
药　　户	1,474	0.1	
五岁以下儿童	79,495	6.5	
六岁至十五岁失学儿童	88,241	7.1	
无　　业	255,910	20.6	
其　　它	10,767	0.9	
总　　计	1,245,654	100.0	

注：三十四年（1945年）十二月统计数字材料来源为警察局、教育部、教育局

兹再就目前商业与工业状况，分论如次：

子、商业

据社会局统计，分为公司与商店两种，见第二十三表，在公司一类，以公司数目论，进出口贸易居首，银钱业次之，建筑与纺织业又次之。以就业人数言，进出口贸易亦居首，而化工业次之，银钱业又次之。在商店类，以店数论，饮食业居首，第二为服饰业，第三为纺织业，第四为百货业。以就业人数言，饮食业亦居首位，第二为服饰业，第三为烟酒业，第四为纺织业。故在商业方面，可推知主要商业为进出口贸易，饮食、银钱、化工、纺织及百货数者。

第二十三表　重庆市商业分类统计表

（类别及户数采自社会局，人数由推算得来）

公司类

业别	公司数 家数（家）	公司数 百分比（%）	就业人数 人数（人）	就业人数 百分比（%）	备注
银钱业	90	6.2	450	5.3	
保险	69	4.7	394	4.6	
纺织	87	6.0	579	6.3	
粮食	21	1.4	124	1.5	
运输	59	4.1	364	4.3	
进出口贸易	151	10.3	1,057	12.4	
电工	66	4.5	366	4.4	
建筑	89	6.1	445	5.2	
矿	80	5.5	322	3.7	
油	20	1.4	170	2.0	
化工	82	5.6	748	8.7	

续表

业别	公司数 家数（家）	百分比（%）	就业人数 人数（人）	百分比（%）	备注
文　化	61	4.2	305	3.5	
医　药	43	2.9	268	3.1	
房地产	6	0.6	39	0.5	
农林牧畜	43	2.9	215	2.5	
其它企业	493	33.6	2,758	32.0	
总　　计	1,460	100.0	8,604	100.0	

商店类

业别	公司数 家数（家）	百分比（%）	就业人数 人数（人）	百分比（%）	备注
纺　织	3,388	7.1	13,840	6.1	
服　饰	7,540	15.8	28,640	12.7	
百　货	4,113	8.6	14,981	6.6	
粮　食	2,089	4.4	10,332	4.6	
饮　食	11,954	24.9	65,108	28.8	
旅　栈	1,160	2.4	8,725	3.9	
交　通	917	1.9	4,749	2.1	
五　金	2,772	5.8	11,646	5.2	
电　料	10	0.02	39	0.02	
木料瓷器	1,968	4.1	8,944	4.0	
建　筑	1,253	2.6	5,344	2.4	

续表

业 别	公司数 家数（家）	百分比（%）	就业人数 人数（人）	百分比（%）	备注
油 漆	102	0.2	401	0.2	
化 工	109	0.2	853	0.4	
文 化	1,418	3.0	6,842	3.0	
美 术	206	0.4	836	0.4	
医 药	1,211	2.5	5,045	2.2	
娱 乐	16	0.03	402	0.2	
代 理	874	1.8	4,617	2.0	
烟 叶	347[①]	7.3	13,908	6.2	
燃 料	1,378	2.9	6,129	2.7	
修 理	28	0.05	192	0.08	
其 它	1,912	4.0	14,040	6.2	
总 计	44,765	100.0	224616	100.0	

丑、工业

本市工业，自抗战胜利，即突呈不景气象，就下表胜利前后四川工业生产指数中，即可查知各种工业减产情形。三十四年（1945年）较三十三年（1944年）生产总指数仅减8.57%，似不甚坏，实则因胜利后之不良情形，为八月前之较佳状况所调整。如分季比较，七至九月对四至六月，减6.19%，十至十二月对七至九月减15.64%，四至十二月对四至六月减20.86%，即可看出每况愈下的减产情形。

[①] 原稿作"三,四七"，疑有误。

第二十四表 胜利前后四川工业生产指数比较表

项目	三十四年(1945年)较三十三年(1944年) 增或减	增减百分数	三十四年(1945年)七至九月对四至六月 增或减	增减百分数	三十四年(1945年)十至十二月对七至九月 增或减	增减百分数	三十四年(1945年)十至十二月对四至六月 增或减	增减百分数
总指数	减	8.57	减	6.19	减	15.64	减	20.86
(一)生产品	减	2.19	减	6.31	减	16.12	减	23.41
电　力	减	9.20	减	4.29	减	6.36	减	10.37
煤	减	3.45	减	8.08	减	5.34	减	12.99
白口铁	减	48.25	减	22.62	减	12.16	减	32.03
灰口铁	增	23.23	增	19.37	减	32.27	减	12.38
铜	增	35.32	减	10.06	减	45.83	减	51.28
电　铜	减	30.00	减	43.08	减	10.81	减	49.23
工具机	减	39.65	减	30.77	减	58.73	减	73.43
蒸汽机	减	59.14	减	17.05	减	46.73	减	55.81
内燃机	减	43.23	减	9.62	减	41.84	减	47.44

续表

项 目	三十四年(1945年)较三十三年(1944年) 增或减	增减百分数	三十四年(1945年)七至九月对四至六月 增或减	增减百分数	三十四年(1945年)十至十二月对七至九月 增或减	增减百分数	三十四年(1945年)十至十二月对四至六月 增或减	增减百分数
发 电 机	减	2.09	减	29.44	减	35.01	减	54.15
电 动 机	增	15.97	减	19.44	减	34.59	减	47.18
变 压 器	增	2.89	减	27.59	减	27.33	减	47.38
水 泥	增	2.27	减	33.04	减	17.36	减	44.67
纯 碱	减	27.30	减	2.3	减	20.69	减	22.86
烧 碱	减	24.56	减	20.00	减	30.56	减	44.44
漂 白 粉	增	3.03	减	6.16	减	34.43	减	38.46
硫 酸	减	64.03	减	73.08	减	14.28	减	76.92
盐 碱	减	19.08	减	20.59	减	47.74	减	55.56
(二)消费用品	减	14.24	减	6.07	减	15.14	减	20.29
汽 油	增	15.68	减	4.29	增	18.61	增	13.53

续表

项 目	三十四年（1945年）较三十三年（1944年）		三十四年（1945年）七至九月对四至六月		三十四年（1945年）十至十二月对七至九月		三十四年（1945年）十至十二月对四至六月	
	增或减	增减百分数	增或减	增减百分数	增或减	增减百分数	增或减	增减百分数
酒　精	增	117.77	减	0.08	减	30.33	减	30.67
机　纱	减	39.98	减	0.37	减	14.16	减	14.48
面　粉	减	38.52	减	30.00	减	7.48	减	35.30
肥　皂	减	38.26	减	33.33	减	13.26	减	37.66
火　柴	减	33.71	减	12.99	减	8.32	减	21.33
机制纸	增	8.80	减	3.77	减	13.36	减	16.62
皮　革	减	16.32	减	6.25	减	22.66	减	27.50
灯　泡	减	38.34	减	21.28	减	6.83	减	26.66
油　墨	减	30.55	减	3.48	增	0.56	减	2.94
铅　笔	减	64.23	减	80.98	减	62.79	减	92.92
纸　烟	减	18.76	减	8.80	减	9.54	减	17.50

73

就迁川工厂而论，见第二十五表，迁川工厂原有390家，现经经济部核准停业122家，留川者268家，亦可看出胜利后工业崩溃之危机。

第二十五表　胜利后迁川工厂停业留川厂数统计表

种　类	迁川工厂数（家）	停业厂数（家）	留川厂数（家）
机械制造业	185	98	87
化学工业	57	3	54
纺织工业	37	1	36
电工器材制造业	33	15	18
冶炼工业	20	3	17
印刷出版业	18	1	17
综合工业	15		14
建筑工程	9		9
皮革毛货及橡皮制造业	7		7
服务用品制造业	5		5
饰物文具机器制造业	4		4
总　　计	390	121	268

兹再将本市工业概况，分析于次：

一、工人数目及种类：本市工人种类之分析，见第二十六表。在普通工人中，冶炼为第一，次为纺织，再次为机器，再次为化工。

第二十六表　重庆市工业工人分类统计表

业　别	人　数（人）	百分比（%）
冶炼工人	22,079	14.67
机器工人	16,896	11.21
五金工人	3,101	2.06
电器工人	2,608	1.74
化学工人	15,274	10.15
纺织工人	20,169	13.40
服饰工人	2,340	1.56
饮食工业	2,276	1.51
印刷文具工人	2,359	1.57
水泥工人	698	0.46
玻璃工人	602	0.40
电力工人	652	0.43
自来水工人	152	0.10
缫丝工人	1,826	1.21
船舶制造工人	3,820	2.53
石灰工人	1,989	1.32
陶器工人	720	0.48
泥水工人	7,468	4.96
石工人	5,090	3.48

续表

业　别	人　数（人）	百分比（％）
竹篾工人	1,100	0.73
油漆工人	1,320	0.88
针线工人	100	0.06
染整工人	954	0.63
成衣工人	3,035	2.02
鞋帽工人	3,718	2.47
皮革毛骨制造工人	8,822	5.86
碾米工人	1,501	1.00
面粉工人	2,456	1.63
制糖工人	925	0.62
制烟工人	1,002	0.66
苏裱装潢工人	735	0.49
砖瓦工人	2,198	1.46
杂项工业工人	2,582	1.68
其　它	10,126	6.57
总　计	150,693	100.00

如就运输工人分析之，见第二十七表，挑挽，民船夫，肩舆，人力车夫，板车夫等居最前五位，占全体运输工人75.1%，而汽车夫仅居3.5%，轮船工人仅占3.9%，可见本市短途交通运输，完全为人力也。

第二十七表　重庆市交通运输工人分类统计表

业　别	人　数（人）	百分比（％）
挑挽业	18,634	
肩舆业	7,498	
人力车业	6,900	11.10
板车夫业	3,200	5.20
民船夫业	10,305	16.60
船渡业	1,477	2.40
拨船业	3,143	5.10
汽车司机业	2,192	3.50
轮船业	2,422	3.90
其　它	6,200	10.00
总　计	61,971	10.00

二、工厂种类：本市工厂种类见第二十八表，其中机器工厂占首位，次为锯木染整，印刷，碾米，造船，再次为化工，再次为日用品。

第二十八表 重庆市工厂种类分析表

种 类	厂数（家）	百分比	备 注
电器厂	90	6.64	包括电工、电池、无线电器料等工厂
机器厂	398	29.40	包括五金、铁工、火砖、水泥、炉灶、机器、磅秤等厂
修理厂	37	2.73	包括机器修理、汽车修理、电焊等厂
化工厂	323	23.80	包括烛皂、陶器、玻璃、火柴、牙刷、煤球、制烟、面粉、鞋帽、文具及食产品等制造厂
日用品及食产品制造业	131	9.65	
锯木、染整、印刷、碾米、造船等厂	342	25.20	
兵工厂	8	0.59	
其它	27	1.99	
总计	1,356	100.00	

三、工厂地域：以厂址论，首为半岛，次为弹子石，再次为小龙坎，龙门浩，海棠溪，江北，化龙桥，溉澜溪，沙坪坝，见第二十九表及第五图。

第二十九表　重庆市工厂地域分布表

地域	厂数（家）	百分比	备注
半　岛	389	28.70	
菜园坝	27	1.99	
化龙桥	61	4.50	
李子坝	20	1.47	
小龙坎	122	9.00	
沙坪坝	53	3.91	
磁器口	15	1.11	
香国寺	32	2.36	
江　北	61	4.50	
溉澜溪	53	3.91	
弹子石	152	11.20	
玄坛庙	27	1.99	
龙门浩	95	7.01	
海棠溪	68	5.07	
其　它	181	13.28	
总　计	1,356	100.00	

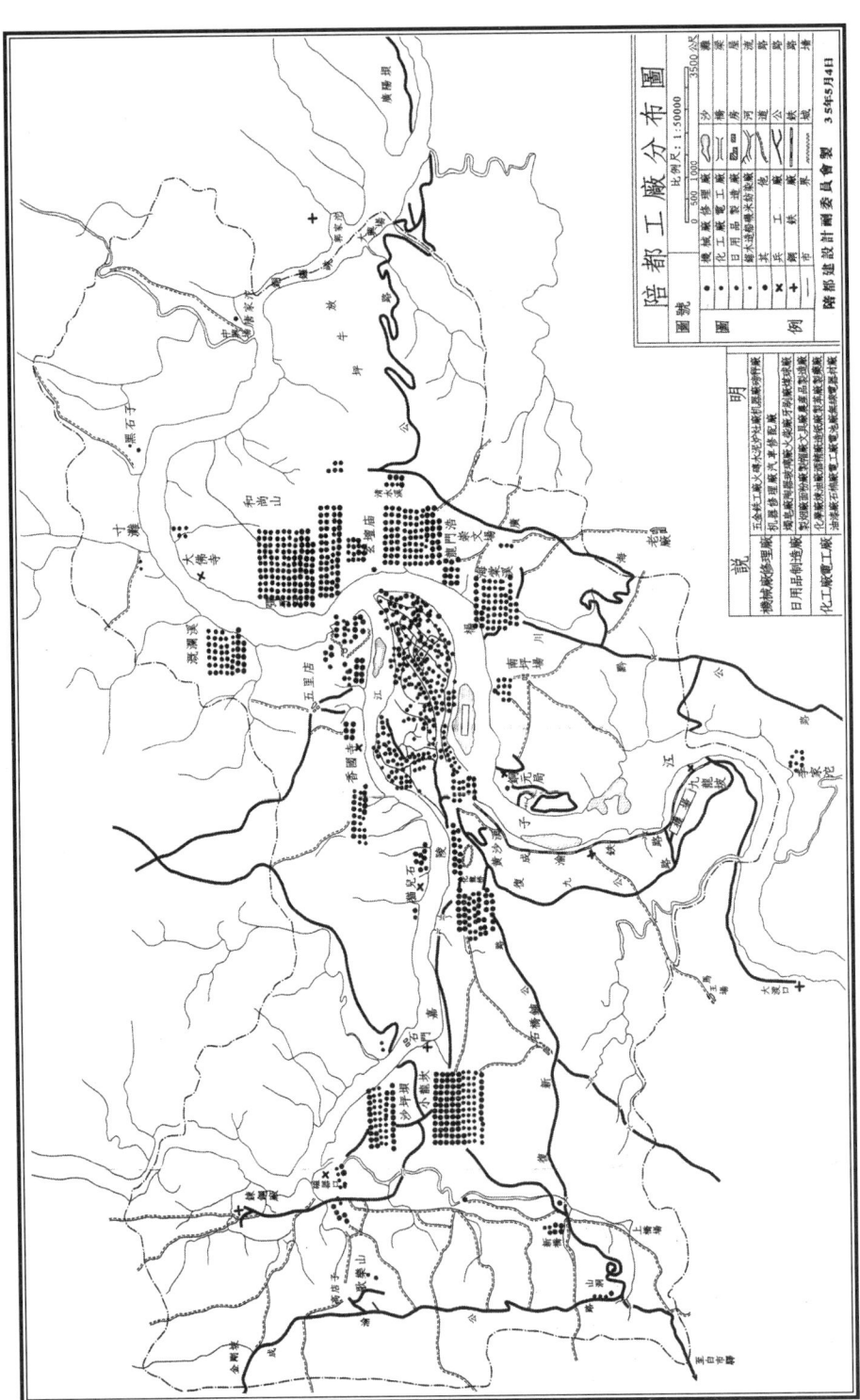

第五图 陪都工厂分布图

由上列分析，可推知本市大半为轻工业，最重要者为冶炼，机器，纺织，化工及日用品等。而兵工则为政府特殊措置，未便作普通论列。就地区论，半岛上为自然集中点，次则弹子石，小龙坎，龙门浩，海棠溪，化龙桥，江北，沙坪坝，溉澜溪，均为沿江工业要点。由此可知将来本市工业区域成长之自然趋势，在两江沿岸。

戊 将来展望

综上所述，抗战前工业之发展，甚觉迟缓，而且毫无基础，商业之进步较速，但每年进出口贸易，恒入超于出。在抗战时期，因交通发生阻碍，进出口贸易日趋低落，工业则突飞猛进，而达三十三年（1944年）之最高峰。迨至战事胜利后，进出口贸易又渐形活跃，而工业则一蹶不振。截至目前止，工业仍在崩溃之途程中，商业则进口仍超于出口，外货质优价廉，益使本地产品销售困难，各种工业无法维持。论者谓本市工商业仍将回至八年前之原状，其实在时局尚未稳定，秩序尚未恢复之今日，此种不景气象，不徒本市为然，沪市工商业所感受之威胁，实较本市为尤甚。

在复员之初，倡导工业东下者，认为本市设厂条件不够，而为东南沿海之理想所炫惑，遂置此抗战八年之堡垒于不顾，毅然回到东南。乃数月以来，遭受意想不到之困难，公私双方又回头对于本市予以多方面之观察，研究，比较，认为本市之优点特多，其最要者为：

一、本市在现阶段为社会最安全之区域，且为我国复兴基地，如建设大后方，应以四川为中心，而以本市为起点。

二、本市所控腹地资源丰富，如农矿产品之多，蕴藏动力之巨，劳工工资之廉，天然水道之便，均为发展工业所必备之经济条件，本区均已具备，而为其它省市所不及。

三、本市在战时所奠定之经济基础，已有可观，如继续促其发展，自属费力少而见效巨。而工商业建设计划之确定及工商业环境之改进，则又为推进工商业之基本策略，而为目前必须研讨之问题。最近地方与中央政府之工业计划则有：

　　子、川省所宣布之建设中心

　　　　一、石油以重庆、资中为中心。

　　　　二、动力以长江为中心。

　　　　三、兵工以成都、重庆为中心。

　　　　四、冶金工业以重庆、威远为中心。

　　　　五、机械工业以綦江等地为中心。

　　　　六、酒精以简阳为中心。

　　　　七、交通器材工业以重庆、成都为中心。

　　　　八、食品工业以内江、资中为中心。

　　　　九、纺织工业以南充、三台为中心。

　　　　十、化学工业以自贡、宜宾、成都为中心。

　　　　十一、建筑工业以成都、重庆为中心。

　　丑、中央第一五年计划拟在重庆建设者，则有电机厂等 12 种，见第三十表。

第三十表 国家五年经济建设工业部门重庆工业

工业总类	厂区面积（公亩）	厂房面积（平方公尺）	职员（人）	工人（人）	职工总数（人）	需要动力（KW）
电机厂	64,870	195,597	328	1,932	2,260	1,943
无线电讯工厂	21,800	71,800	127	379	506	800
广播收音机工厂	4,000	29,370	205	1,500	1,705	300
电灯泡	8,690	23,172	73	473	546	336
电池	6,390	12,220	437	3,900	4,337	500
造船	1,800	23,900	154	1,500	1,654	1,200
工具机及工具工厂	16,500	90,000	250	2,500	2,750	5,000
压风机及抽风机工厂	10,800	56,000	200	2,000	2,200	3,000
水泥	12,000	23,950	120	296	416	1,870
玻璃	4,980	9,960	22	46	68	45
人制胶体	22,840	45,680	208	950	1,158	2,000
食业机器	6,900	34,000	150	1,500	1,650	1,500
总计	181,570	615,649	2,274	16,976	19,250	18,494

总计以上两项，本市所拟建之工业为兵工，石油，冶炼，交通器材，建筑工业，电气工业，工具机，造船，农业机械，人造胶体，玻璃及水泥等十二类，细分则有十七种，此均为在国家工业化建设途程中所厚望于本市者。

至于本市商业，无论过去及将来，自以进出口贸易为主。在出口方面，据三十一年（1942年）调查，八种土产出口总额为392万吨，见重庆市每年出口土产统计表。其中桐油，猪鬃，生丝三者为运销国外之产品，药材极少部分运销国外，其余如榨菜，夏布粮食，矿产等连同大部分药材均运销国内各省市。今后对于出口贸易，应作有计划之整顿，尤其对于运销国外之桐油，生丝，猪鬃，药材等产品应积极设法增加产量，改良品质，以期争取海外市场，增进出口数量，换进大量外汇。

第三十一表　重庆市每年出口土产统计表

物品	经渝总量（吨）	车	舟	人	兽	备 注
桐油	139,797.25	0.05	0.45	0.50		2,795,945石，每石等于100市斤，又等于50公斤
猪鬃	322.00	0.60	0.34			6,440石
榨菜	8,786.25		0.69	0.24	0.07	100,500坛又75,225石（每坛以50公斤计）
药材	1,598.70	0.02	0.58	0.38	0.02	31,974石
夏布	262.50	0.02	0.58	0.38	0.02	175,000匹
丝	1,416.00	0.27	0.47	0.36		6,320石
粮食	2,588,698.40	0.26	0.56	0.14	0.04	51,773,768石
矿	1,178,796.95	0.11	0.55	0.30	0.04	1,178,700吨又1,939石
总计	3,919,677.65	1.33	4.22	2.3	0.19	

在进口贸易方面，应以有效办法，控制进口货物之种类，其目的在使进口物品，能配合工业建设，奠定自给自足之经济基础，而其办法则为对于带有生产性之器材工具如工矿，农林，交通，水利等事业上所需各种机器、石油制品、五金材料、化学药料等，应尽量予以采购输入之便利。对于本地能以自给之工业产品如棉纱、匹头，及其它日用品之输入，应设法予以相当限制，而于一切非必需品与奢侈品则严格禁止输入。藉谋本地工业产品之出路而减少外汇之浪费。

于此可断言者，本市今后应以工商平行发展为宜，而工业尤应与农业相配合，必使产与销取得协调，然后农业与工业之产品始有正常可靠之出路。而商业之经营，亦始有正确之途径可循。至工业之种类，除将战时工矿建设，继续予以维持外，应以发展消耗品一类之中小型工业，为今后之任务。至大规模重工业之前途，目前殊难预卜也。

至改进工商业之环境，乃为发展工商业必不可少之设施，更为目前迫不容缓之要图。举其要者如水电之供应计划，长短交通之联系布置，起卸货品之码头设备，储存货品之堆栈建筑，以及工厂区域之选择，职工居室之筹建等问题，除水电、交通、码头、货栈已有专章讨论外，急应规划者为工厂区域与职工居室。

过去因避免空袭而力求疏散计，故本市各工厂均沿两江向郊外发展。同时尚力求与本市接近，然市内尚存有若干小型厂家，此皆为战时特有之畸形。居郊外者常感交通困难与水陆长短途交通均不衔接，对市内市场联系亦不密切，尤以本市上下起卸之艰难，乃为成本上之重大虚耗。此外半岛上之人口总数已嫌过多，且大半须留为居住商业及其他一切混合用途。除货栈，码头及将来就地发现天然气或石油采制外，不宜再有若干大规模工业。换言之，今后半岛上对于工业，应采严禁方法，现在郊市区之已有工业，则任其维持现状，同时与市区公路联络及起卸码头力求改良，而新工业之发展其地点如次：

一、新辟长江南岸自弹子石至大田坎沿江一带为工业区。

二、增辟长江北岸自寸滩至唐家沱一带为新工业区。

以上二区地势比较广阔平坦，且距市区不远，均拟重新建设，完成现代化公用设备及职工居室，促其发展为"工业性之卫星市"。

三、两工业区交通建设。

（一）完成两江大桥，与半岛取得密切联系。

（二）建筑两江沿岸公路。

（三）自弹子石至大田坎建筑高速电车。

（四）设川汉铁路货栈终点于弹子石。

（五）于弹子石东北平坦地带建筑飞机场。

（六）沿江建设靠船及起卸货物码头，并建筑堆栈。

土地重划

甲　计划原则

本市为四川盆地东部之山城，市郊土地，多属丘陵，偶有平地，面积不广。旧城区介于两江汇流处，形成半岛，面积狭隘，两千年来城市之生长，悉听自然，致市区土地，未能有合理的利用。且因二水中分，南北两岸，交通不便。大部市民，咸趋于半岛东端，商店栉比，拥挤不堪，江岸贫民麕集，情形更为杂乱。国都西迁以后，虽逐谋向郊外发展，然因桥渡设备不周，故市中心区之人口过密，空地与绿面不足。今后之改善计划，应先重新分布人口，着重土地整理与土地区划。土地整理重在整理地籍及土地重划，而"市地市有"又为最后之目的。土地区划，即将城郊所有土地，按其形势与地质，予以适当划分，以达到合理之分布与利用。其要点，在城区则谋人口之疏散，增辟广场与公园，所有山坡河岸，尽量培植花木，减少市尘之烦嚣，增加山城之优美。在郊区应就地势平坦，风景优美，交通便利地带，建立卫星市镇，并完成现代化设备，吸引山城市民，逐渐向郊外移住。对于工商各业，文化，行政，人民住宅，以及公园绿面等，均应各按需要条件，划定适当区域，在有计划有组织之原则下促其发展，至硗瘠荒山，亦尽量开发，从事造林，或种植果木，以达地尽其利之旨。

乙　市区面积

本市法定市区范围，东至大兴场，北至嘉陵江北岸之堆金石，西至歌乐山，南至川黔路二塘之北，总计水陆面积为 29,430.922 公顷，除去河川面积 3,534.268 公顷外，计土地面积 25,896,654 公顷。所有各区建筑基地，农林地，荒地及道路河川等面积均详列第三十二表。

第三十二表 陪都各区土地面积各分类统计表

(单位：公顷)

面积\类别\区别	陆地面积 建筑基地	陆地面积 养林地	陆地面积 荒 地	陆地面积 道 路	陆地面积 合 计	河川面积	总 计
第一区	61.308		0.012	15.545	76.865	89.280	166.145
第二区	61.312		0.006	13.313	74.631	9.965	84.596
第三区	56.882		0.019	12.186	69.087	87.709	156.796
第四区	60.547	15.669	9.934	12.591	98.741	29.741	128.482
第五区	66.234	20.583	32.556	12.314	131.687	82.362	214.049
第六区	92.273	67.114	25.257	11.325	195.969	41.788	237.757
第七区	58.059	25.381	24.366	11.063	118.869	24.295	143.164
第八区	110.279	368.673	167.276	22.028	668.256	184.388	852.644
第九区	67.186	219.259	92.379	16.265	395.089	114.310	509.399

续表

类别\面积区别	陆地面积 建筑基地	陆地面积 养林地	陆地面积 荒地	陆地面积 道路	陆地面积 合计	河川面积	总计
第十区	328.942	2,319.860	298.309	23.266	2,970.377	406.852	3,377.229
第十一区	865.338	1,265.157	357.869	29.482	2,517.846	348.611	2,866.457
第十二区	160.169	1,673.750	573.866	32.726	2,440.511	376.410	2,816.921
第十三区	224.888	2,831.933	1,030.904	37.178	4,124.903	17.370	4,142.273
第十四区	1,005.554	1,768.642	456.695	31.178	3,262.069	330.672	3,592.741
第十五区	76.150	2,584.819	42.472	30.563	2734.004	495.409	3,229.413
第十六区	96.541	2,033.806	244.675	13.663	2,388.685	343.943	2,732.628
第十七区	284.575	2,808.005	147.581	45.894	3,286.055	551.163	3,837.218
共计	3,676.237	18,002.651	3,504.176	370.58	25,553.644	3,534.268	29088.912

至市区外围土地，虽不在计划之列，但应予以调查研究，以备特殊时期之利用，其范围北至北温泉，南至南温泉，东至广阳坝，西至青木关，面积为 1,440 万平方公里[①]。

丙　空地标准

一、公园与绿面，按实际情形暂规定下列四种标准：

（一）每千人 4 公顷。

（二）每千人 2.8 公顷。

（三）每千人 1.6 公顷。

（四）每千人 0.6 公顷。

一至三区因限于狭隘地势，暂按第四种标准。四至七区按第三种标准。八、九两区按第二种标准。其它各区按第一种标准。

二、道路与广场，一至十七区均按 20% 计算，但郊区以卫星市镇及周围绿面为计算范围。农地及森林地带按 1% 计算。

三、建筑段落内空地面积，城区及卫星市镇保留空地面积，均不得少于 30%，主要街道房屋高度，不得超过五层。

丁　区划办法

土地之区划应就各地之形势，地质，气候，水文及水陆交通之状况，各按需要条件而为适当之配合与区划，一面并根据旧有之局面与设施，有可沿用者，仅予因革损益，作改建规划。其最大目的，在策进工农商各业之发展，使全体市民在住与行，工作与憩息，生活与享受等各方面，均获得便利与愉快。兹就本市区域，将所有土地，作下列之利用与区划。

子、土地使用区域之划分

一、行政区：分陪都行政中心区及市行政中心区。

---

① 从实际面积大小看，应为 1440 平方公里。

（一）陪都行政中心区：设于国府路，西至上清寺，东至大溪沟一带。

（二）市行政中心区：设于较场口。

二、商业区：中心商业区设于一、二、三区，普通商业区设于普通住宅区，作混合利用。

三、工业区：

（一）嘉陵江及长江沿岸，原设有工厂地带，仍予保留，准其继续作工业使用。

（二）增辟长江南岸弹子石至大田坎一带，为新工业区，并促其发展为工业性之卫星市。

（三）增辟长江北岸寸滩至唐家沱一带为新工业区，并促其发展为工业性之卫星市。

（四）手工业设于普通住宅区，作混合利用，但以不妨害居住卫生者为限。

四、文化区：设于小龙坎至磁器口一带，以沙坪坝为中心，并促其发展为文化性之卫星市。

五、住宅区：分高等住宅区、普通住宅区、平民住宅区三种。

（一）高等住宅区：设于歌乐山（包括山洞）及黄桷桠两处。

（二）普通住宅区：新辟大坪坝、铜元局两处为普通住宅区，并将香国寺及四德里后一带山岗，加以整理，建筑普通住宅。

（三）平民住宅区：专为特殊劳动工人如洋车夫肩舆夫、码头工人、挑贩等建筑居室之用，因此等市民以生活关系，居住地点，不能距工作地点过远，特指定下列地带作此项建筑之用。

1．牛角沱桂花园一带。

2．下曾家岩码头坡上。

3．大溪沟沿江坡上。

4．双溪沟。

5．安乐洞至临江码头。

6．临江门至千厮门。

7. 嘉陵码头至朝天门附近。

8. 大河顺城街至东水门沿城墙一带。

9. 望龙门至储奇门汽车码头一带。

10. 菜园坝沿江坡上。

11. 黄沙溪沿江。

六、混合区：为商业、手工业、住宅等混合区域。

（一）划四至七各区为混合区。

（二）无特别性之卫星市一律按混合区计划之。

七、军事区：

查陪都为西南重镇，扼川、康、滇、黔之要冲，不仅为工商业之枢纽，亦为军事上之重要据点。方抗战军兴，政府择重庆为战时首都，不无因缘。复再明令定重庆为永久陪都，更有十年建设计划之议。旨在使重庆于平时能负工商业发展之任务，于战时能负国防调度指挥之重责。因之对大重庆之区划方面，拟择三点划为军事区域，以达上项要求：

（一）复兴关——当两江之间，扼半岛咽喉，天然险要，可辟为军事区。由此而西至箭道子一带（前远征军司令部）用以分布军营，辎重，暨机械修理厂所，并将已有之道路，由新市场至美国电台，经九坑子，彭家花园，而达化龙桥。扩修为公路，则此一据点之交通线，可径趋两江。

（二）江北五里店至红土地沿汉渝公路支线一带，划为江北军事区。辟佛家岩至陈家岩口为辎重储存地带。并将由五里店至大南桠之公路扩展，以达青草坝，为赴大江通路。

（三）南岸拟选二点为军事区，其一在龙洞坡至崇文坪一带，斯处地势甚高，可以俯视全部大重庆，具有公路，以通江岸及南部各村镇。辎重之储存可沿百和嘴至东岳庙一带山地凿洞。另一区则设于沿川黔公路之六龙碑及皂角湾一带，斯处可控制南路孔道，复可沿公路趋江岸而达九龙铺之飞机场。

综上各点，以为军事区足以拱卫全部，而各点间之连络，就现有道路亦大致能完成使命，各点位置均有相当高度，择适当山头以为空防基地，全市领空均得能控制。关于机械之修理厂所，如南岸似可利用中农运输站，及西南汽车公司。江北方面或须于贾家堡一带辟之，复兴关则可得用袁家岗之旧有修理厂。

八、绿面：分城区绿面系统，及郊区绿地带分布。

（一）城区绿面系统：

1．林荫道：设林荫道两线，一自中央公园经邹容路至临江码头，接北区干路。一自小什字经精神堡垒至较场口，总宽33公尺。

2．扩大中央公园，连原有面积共76,320平方公尺。

3．扩大南区公园，由珊瑚坝飞机场码头起，利用侧坡，培植花木，直达南区公路，再向西北延伸至两浮支路，连同王园，总面积为217,600平方公尺。

4．新辟北区公园，利用四德里后山岗空地，培植林木，作一天然公园，内设运动场游泳池等，面积为220,000平方公尺。

5．新辟国府公路，由国民政府前面蒲草田至枣子岚垭一带，面积为108,000平方公尺。

6．新辟朝天门，沧白路，七星岗等处为小型公园，朝天门公园面积为20,000平方公尺。沧白公园面积为8,000平方公尺。

7．尽量利用城区内山坡培植林木，建筑别墅。

8．尽量利用两江沿岸空地，培植杨柳，点缀风景。

（二）郊区绿地带分布：

1．新辟李子坝公园。

2．扩充江北公园，加以整理。

3．新辟复兴公园。

4．大坪卫星市区四周。

5．黄沙溪与九龙坡中间地带。

6．牛角沱南桂花园至菜园坝一带。

7．化龙桥沿江至牛角沱一带。

8. 红槽房一带。

9. 沙坪坝校区一带。

10. 盘溪沿江至磁器口对岸一带。

11. 香国寺北任家花园一带。

12. 江北五里店至观音桥一带。

13. 寸滩与溉澜溪中间及北面山坡一带。

14. 黑石子与唐家沱中间及北面山坡一带。

15. 弹子石至大佛寺，环计划飞机场一带。

16. 和尚山一带。

17. 南山、涂山、黄山山脚一带。

18. 海棠溪沿公路一带。

19. 铜元局卫星市周围。

20. 其它各卫星市镇周围。

以上绿地带之用途为：

（1）布置散布草地。

（2）培植花木。

（3）培植小树林。

（4）建设公园运动场。

（5）辟作菜圃。

（6）选择交通便利地点，建筑公墓。

九、森林区：

（一）歌乐山。

（二）小龙坎山顶至马家岩南一带山岭。

（三）寸滩北山地。

（四）铁山坝南头市区部分。

（五）涂山、南山、铜锣石一带。

（六）黄山放牛坪。

（七）各区荒地，尽量开垦，培植林木。

（八）原有林木，加以整理，促其成长。

十、风景区：

（一）复兴关。

（二）歌乐山。

（三）黄山。

（四）汪山。

十一、国家公园区设于歌乐山。

十二、公地（根据社会局计划地点）

（一）羊子滩（寸滩附近）。

（二）鹤臬岩（黄沙溪上）。

（三）万寿桥（南岸黄桷渡①）。

（四）观音桥（江北香国寺）。

（五）歌乐山。

（六）其它适宜地点。

十三、农地：所有郊区土地，除划作卫星市镇区域，旧有集镇与居宅地，绿地带区域及林木区域外，余均划作农地，今后应按土壤性质，规定作物种类及耕种之改进办法。

十四、荒地：本市荒地占全市面积（河川面积在内）13%，应尽量开发，务使之充分利用。

十五、河岸之利用：

（一）最高水位以上：

1．建筑仓库。

2．建筑平民住宅。

3．种植花木。

---

① 原稿作"角度"。

（二）中水位至最高水位之间：

1．建筑码头。

2．支搭临时性之活动房屋，由政府按照预定计划统筹办理。

（三）最低水位至中水位之间。

1．建筑枯水码头。

2．规定临时堆栈。

丑、使用面积之分配

市区土地，按使用性质分配其面积。一至七区土地，仍感过于狭隘，难以按照标准，规划空地面积，兹将各项土地使用之面积及人口分布列表于后：

（见第三十三表）

至于区划图，因本市尚无市区详细地形图，仅能按照使用面积及地位作一种示意图，以为将来之参考，见第六图《陪都全市区土地利用区划图》。

第三十三表 陪都各项土地使用面积分布表

区域	土地总面积（公顷）	主要利用	建筑段落面积（公顷）	道路与广场（公顷）	绿面与公园（公顷）	改进原有农林地（公顷）	增辟新林地（公顷）	拟分布人数（人）	每公顷拟住人数（人）	每千人占绿面
一至三区	22.584	1. 商业中心区 2. 市行政中心区	16.000	44.000	16.585			160.000	1,000	0.104
四至七区	523.266	1. 混合区 2. 陪都行政中心区	343.000	109.000	93.266			240.000	700	0.389
八 区	668.256	1. 建卫星市二处	250.000	134.000	284.255			100.000	400	2.848
九 区	395.089	1. 商业区 2. 建卫星市卫星区	200.000	79.000	116.089			80.000	400	1.421
十 区	2,97.377	1. 建卫星镇大同	250.000	79.000	116.089	1,895.068	299.307	100.000	400	4.000
十一区	2,517.840	1. 新工业区 2. 建卫星市二处镇一处	400.000	221.000	64.000	898.978	319.869	160.000	400	4.000
十二区	2,404.511	1. 建卫星市二处 2. 卫星镇四处	375.000	207.000	600.000	684.645	537.866	150.000	400	4.000

续表

区域	土地总面积（公顷）	主要利用	建筑段落面积（公顷）	道路与广场（公顷）	绿面与公园（公顷）	改进原有农林地（公顷）	增辟新林地（公顷）	拟分布人数（人）	每公顷拟住人数（人）	每千人占绿面
十三区	4,124.903	1. 高等住宅区风景区国家公园 2. 建卫生镇四处	400.000	178.000	320.000	2,195.999	1,030.904	80.000	200	4.000
十四区	3,262.078	1. 文化区 2. 建卫星市三处卫生镇二处	425.000	240.000	680.000	1,440.384	456.695	170.000	400	4.000
十五区	3,113.004	1. 高等住宅区风景区 2. 卫星市一处卫镇五处	450.000	191.000	400.000	1,650.532	221.472	100.000	200	4.000
十六区	2,388.685	1. 新工业区 2. 建卫星市五处	200.000	122.000	320.000	1,602.009	244.675	80.000	400	4.000
十七区	3,286.055	1. 建卫星镇四处	200.000	131.000	320.000	2,487.474	147.582	80.000	400	4.000

陪都十年建设计划草案

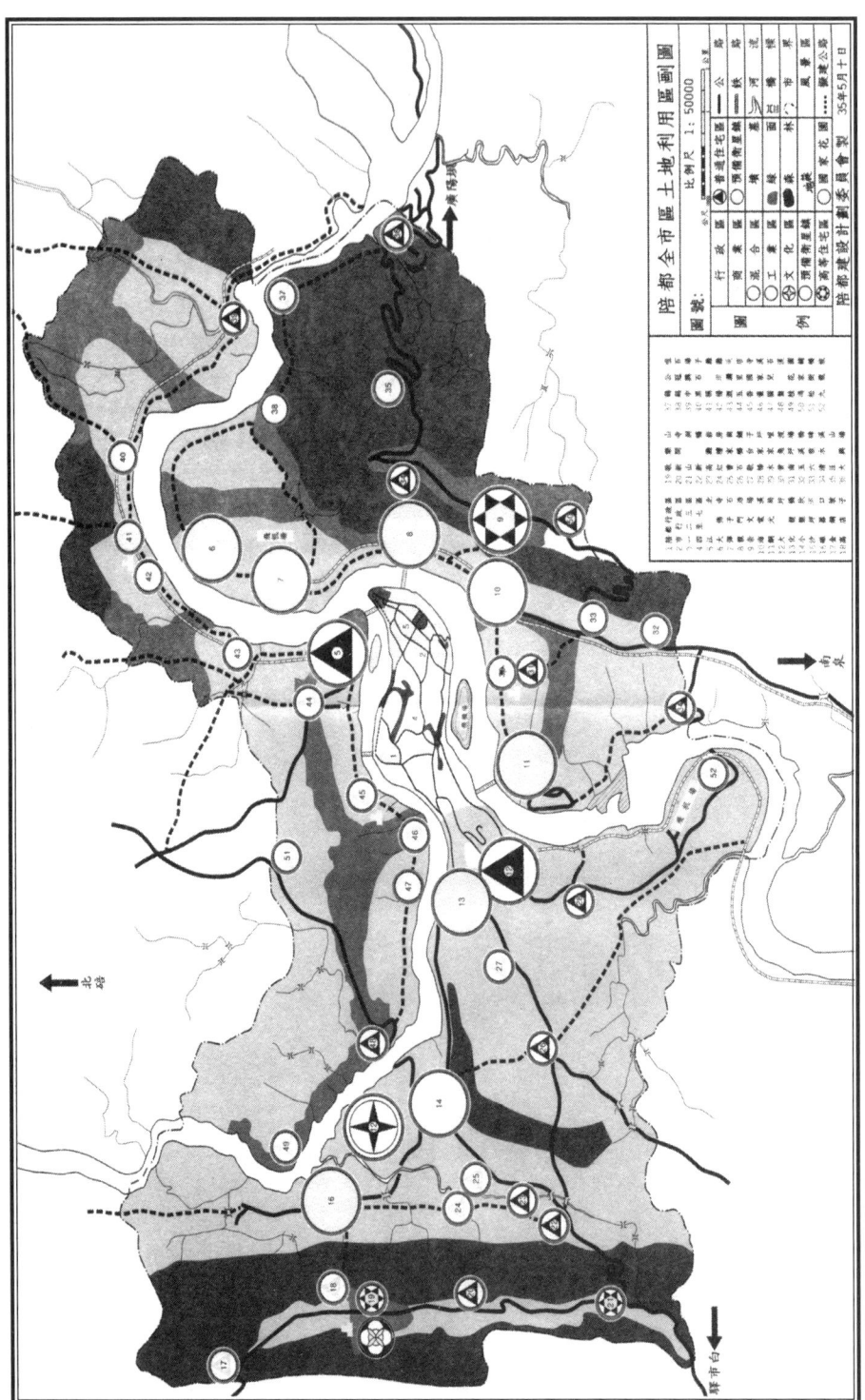

第六图 陪都全市区土地利用区划图

戊 "土地重划"推行办法

子、土地重划

为推进市政建设，力求土地经济利用起见，实有重划之必要，亟应筹划进行。

一、土地重划之先后秩序：市区土地重划，建筑用地及交通水利用地应先于直接生产用地。

二、土地重划之准备：

（一）确定重划之基本原则：在市区地面，最主要者，为各区建筑段落，建筑小块面积之规定，此项小块面积之分划，不能过小，但亦不能过大。过小难为适用布置，且有碍卫生与市容。过大又不免浪费土地。临街一面宽度及与街道垂直之深度，均应有适宜之规定作为重划之标准。在耕地方面应规定每一农户应占土地面积大小之限度。每户耕地面积过小往往使耕者金钱劳力趋于浪费，或不为经济的使用。每户面积过大，又不免市区内耕地受私人之垄断，且有失平均地权之原则。至每块耕地面积之规定，须待实地查勘，将山坡间等处之梯形田土，按其形势酌予合并。

（二）制订重划图案：按照规定之原则，在原测地籍图上，规划每户应占土地面积及四至地界，作为草图，再持此草图，分赴各地查勘实际情形，如照原拟草图重划，实不可能，即按实际情形，加以改正，制成重划案，以备执行。

（三）损益之补偿：依照土地法第一百三十六条及一百三十条办理之。

1．损失补偿：应规定由增加面积地段之所有权人补偿于减少面积地段之所有权人，并规定补偿之标准。

2．损失分担：应规定按照重划地段面积比例，由各所有权人分别负担，但划为道路公园和其它公共用地，应由市库负担。

三、重划之执行：依据上述各点，由地政局制成本市土地重划方案送由市参议会通过呈请中央地政机关核准后，交地政局执行。

丑、市地市有

"市地市有"为便利市政建设最理想之制度，在美国有泰内西河流域所建之诺利斯城，瑞典有斯托克荷尔姆城，经三十余年之长期奋斗，始底于成。在我国仅有青岛市系德国租占后所定的制度。我国现在土地法，尚无此项规定。但三十四年（1945年）五月十九日，国民党第六次全国代表大会通过之土地政策，其中第二、第三条，曾规定市区之新建或改建，得将市区土地收归市有。本市为我国复兴根据地，不妨根据上项土地政策之决议案，对于"市地市有"问题作实施之领导者，兹建议两种进行办法于次：

一、由土地资金化以达"市地市有"之目的：按土地资金化，亦系六全大会之决议案。本市可按土地报价或经过估价与评价手续之地价，对于市区之土地，以土地债券征收之。此项债券，可规定若干年摊还，每年摊还地主之金额，由市指导投资于本市区域内之国营或民营事业。地主投资后，即按照规定，享受股东之一切权利，并由市府保本保息。此项办法，不仅有利于市政计划之进行，并可促进本市工业之发达。

二、采用土地征收办法，以达市地市有之目的：依土地法第二百零八条之规定，政府为公共事业的需要，得征收人民私有土地，该条所列举的公共事业，共有九项，其中与市府有关者，共有八项，市府自可依法办理征收。

（一）进行征收之步骤：先由市府拟定公共事业建设之具体计划方案，规定收用土地之范围，面积及公平之地价。然后依照土地法第二百二十二条及二百二十七条之规定，呈经行政院核准后，由地政局公告，并通知土地所有权人，进行征收之。由土地收用，以达市地市有之目的，系属一种渐进办法，可按其收用土地范围之广狭，分为下列三项：

1. 区段征收：政府按照计划，展宽某段马路或建设某种公共事业，得按需要土地面积，按照土地法第二百十二条之规定作区段征收。

2. 保留征收：政府就举办事业将来所需用之土地，在未需用以前，预为呈请核定公布，其征收之范围，并禁止妨碍征收之使用。

至于土地之征收办法可依照土地征收程序及征收补偿之规定办理之。

巳、土地利用与区划之实施进度

土地利用与区划之实施，第一步，应详测市区地形，制成五千分一市区地形图及二千分一局部地形图。第二步，根据地形图，拟具各项利用之具体事别计划方案。第三步，根据各项事别计划所需之土地面积与地位，将市区所有土地，予以配合划分。此项划分手续，以三年完成，以备办理土地征收及各项建设工程之进行。至"土地重划"与"市地市有"应按需要情形，随时分区举办，至全部完成，恐至快非十年莫办，分年进度，另表规定（见三十四表）。

第三十四表　陪都土地利用与区划分年进度表

年度	进行事项	完成事项	备考
第一年	开始全市区地形图、地质图测绘	完成土地登记	测绘全市区五千分之一[①]，局部二千分之一地形图
第二年	开如各项建设之详细设计并继续测绘工作	完成全市区地形图及地质图	
第三年	继续各项设计工作，并按地形及地质进行全市区土地区划工作	完成土地区划及部分工程设计	一部分工程建设开始
第四年	继续各项设计工作并准备"土地重划"	完成一部分工程设计	制定土地重划图案并规定补偿办法
第五年	继续各项设计工作及办理土地征收与土地重划	完成城区土地重划及全部工程设计	按照建设所需之土地办理征收
第六年	继续办理土地征收与土地重划	完成郊区土地重划三分之一	土地征收配合工程建设计划进行
第七年	继续办理土地征收与土地重划	完成郊区土地重划三分之二	继续土地征收工程建设
第八年	继续办理土地征收并准备土地资金化之进行手续	郊区土地重划全部完成	评定全市区地价印制土地债券
第九年	继续进行土地资金化工作	完成城区"市地市有"工作	
第十年	继续进行土地资金化工作	全市区"市地市有"工作完成	

① 原稿缺"一"。

绿地系统

甲 需要与功用

市内绿地,乃全市之腑脏,为市民正常生活所必需。凡市尘密集之区,光线与空气,两感缺乏,市民健康,受害匪浅。死亡率因而加高,幼者无完善之发育,壮者无适当之运动,精神因而萎靡,道德因而堕落,社会秩序受其影响。故市内绿地所需之面积与分配,乃计划主要目标之一。

乙 种类与分布

在每一建筑地段之内应有接收光线与空气布置圆亭并供往来散步或憩息之空地,面积每千人至少有1公顷至5公顷外,其它各项绿地分别说明之。

子、3岁至5岁婴孩游戏场:此种方能步行而未就学之婴孩,除睡眠外,其惟一活动,厥为游戏,且须有成人携提管领。在高等住宅或郊外卫星市中,每家均有完美之花园者,自无须有公共设备。但在密集市区,数家连住,或楼房高耸,在邻近三四百公尺内,必须有一专用游戏场,与行车道隔绝,且有各种玩具及浅水池等游戏设备,其地点宜与托儿所及幼稚园相连。

丑、5岁至12岁儿童运动场:此类儿童,以生理需要论,应有各处轻松运动。按年龄均已就学,日间有学校运动场,兹所论者为晚间及星期日之用。其距离应在半公里内,有时可附设于大公园及学校运动场之内。

寅、学校运动场:各级学校,皆应设有作各种运动之场所。

卯、成人运动场：专科以上学生，及普通长成市民，须有专设之运动场，备业余课余之用。其距离应在1公里内，而有充分交通联络，在1刻至半小时内可到达。

辰、广场：凡密集市区，应于交叉路口及市公共建筑物附近，设立各种广场，并布置花草亭榭及凳椅，以备休息消闲之用。

巳、公园：公园内，按地形及需要，可设置花圃、动物园、散步休息、运动游息各场及划船池、游泳池、博物馆、图书馆等。其地点适中，而使利用市民能在半小时到达为主。

午、游览及风景区：凡名胜古迹，山岭悬崖，河边低地，以及各种市区之绿带，用园艺及地形设计，使之成为游览赏玩之所。在市郊之外，设深广之农林或畜牧绿带将全市区包围，形成市区之外界。绿带内禁止一切建筑物，其功用为补市区空地之不足，并为市民周末或假期旅行游憩之所。

未、林荫大道：以上各种空地之利用，均在供近代都市各级劳瘁市民修身养心之用。其距离有远有近，其使用者有老幼长年之别，其种类有运动游戏休息观赏之分。故须有一专供暇日游览，市民往来之道，贯通全市各级绿地，以至郊外。此种林荫大道与普通交通道不同者，即两旁只有园林亭榭之别墅，而大道上尤须有充分草地花木。盖由此往来者，均为工作劳碌后力求身心畅快之人士，其目的在达到各级绿地，故须宽阔，以便从容闲步。且须禁止普通车辆之通行以保持悠闲清静之雅致。

藉以上各种空地之布置联系，而构成全市之公园系统。

丙　绿地标准

近代都市绿地之布置，须随各市之自然环境而定。凡地域辽阔人口稀松者，绿地布置，较为宽裕，而接近理想。其次为发展市区，绿地受相当限制。再次则为人口密集区，其绿地面积更低。兹将各级面积及其分配表列如次：

等　级	普通运动场总数（公顷）	学校运动场（公顷）	公园花园（公顷）	总数（公顷）
甲　级	2.4	1.2	0.4	4.0
乙　级	1.2	1.2	0.4	2.8
丙　级	0.8	0.7	0.1	2.6
丁　级	0.24	0.16	0.1	0.5

丁级为第二次大战前之最低标准。甲、乙、丙三级为第二次大战后之标准。凡采用乙、丙二级者，均须设法在郊外绿带求补偿之道，盖非每千人有 4 公顷之绿地利用，不足求近代都市内市民最高工作效率之发展。

丁　本市绿地鸟瞰

我国旧习，不注重户外活动。全国除故都有池沼园亭之相当绿地外，其余各市，几无绿地可言。近数十年，虽受西方影响，各市均有增辟公园之举，但大半狭小简陋，而运动场亦然。以致大半儿童，以街道为游戏场。私人之有是项设备者惟极少数之别墅与机关耳。至如成人迫不得已，而群居室内，作不正当娱乐。此为我国各市之通病，陪都亦不能例外。本市居民，原集中半岛，故绿地最感缺乏。旧城垣所及之区域内，除狭小之中山公园外，几无任何绿地可言。较场口及民权广场，规模亦不甚大，且又久为小贩麇集之区，其总面积不过 1.8 公顷。至于四至七区原有之私人花园如张家花园、范园、李园，现均为不整齐建筑物所充塞。而尚未建筑者有枣子岚垭与张家花园间之菜地，及黄花园与杆卫新村之荒地。现在南区公园、跳伞塔、求精中学之空地，为数亦不过 3 公顷。故以半岛人口 40 万计，其所需绿地总数，按各级标准应为：

甲级	乙级	丙级	丁级
1,600 公顷	1,120 公顷	640 公顷	200 公顷

吾人尽量搜索所得，约为 100 公顷，不过丁级之半数而已。

戊　本市公园系统

为叙述便利计，兹将本市地区分为三部：第一部为一至三区，第二部为四至七区，第三部为一至七区以外之其它市区。

子、第一部

一至三区（包括四、五区一部分），由朝天门起，沿嘉陵江南岸至临江码头，经城墙上达七星岗，南折至南纪门附近，再沿长江北岸，东至朝天门。此界线所包之地区，面积仅为 210 公顷，而人口达 20 余万，平均每人约占 10 平方公尺强，每公顷面积有 957 人居住，其密度远超伦敦之上。而现有公园，仅中央公园一处，面积不过 1.8 公顷，平均每人仅占 0.09 平方公尺，与总面积之百分比，竟仅得 0.0086[①]，与西方都市，相去甚远。绿面积之重要，已如前述。则本区域之速谋增辟，实为当务之急。本区及其附近，拟设置东南西北四公园如次：

一、拟于朝天门之尖端，征地两公顷，江岸设自由神像及抗战纪念堂，以纪念八载抗战之丰功伟业。俾溯长江西上之轮船，于未泊重庆之前，即可先睹此一伟大之纪念建筑，如纽约港外者然。此为朝天公园，即北公园。

二、于行营前汽车码头一带起，沿江岸至南纪门一带江岸，辟一面积约 2.6 公顷之南公园。南北公园之间，设一宽 33 公尺之林荫大道。此线自北公园起，沿小河顺城街千厮门至炮台街之计划马路线，再接民族路，民权路，中兴路，至南纪门，与南公园相衔接。中有民权路及较场口两广场，点缀其间。如此可将整个旧市区，划分为东西两大部分，而间以绿色地带之林荫大道。对于市民卫生及防火防空等，亦当有所裨益。且于较场口周围，建公共建筑，中置抗战纪念碑。于其入口处，更建一雄伟之凯旋门。由此南北主轴干道及其中纪念物，既可以壮市容，更可明了本市在抗战建国期中之贡献，及将来之任务。

---

① 原稿为·八六，应为 0.0086。

三、将现在中央公园面积扩大为7.6公顷,使成本市较具规模之公园(东公园)。再于临江门外北区干路下坡转弯处,辟一临江公园,即西公园。放宽邹容路为林荫大道,以联贯之。有民权路广场及新辟之临江门广场点缀其间,使成东西主轴。再将市区隔分为四。其间夫子池一地,建一规模宏大之市立小学,其前面设花园及学生体育场等绿地。再于沧白路外侧城墙旧址,辟沧白公园,与南北主轴接于民权路。此为旧市区绿地系统之轮廓。本区已无广阔空地,成年人之体育场,设于新市区之杆卫新村内。将来交通稍加整理,由朝天门林森路等处至此体育场所需之时间当亦不过一刻钟耳。又区内每1小学,均附设广阔之儿童运动场,其距离当在半公里以内。至婴孩游戏场浅水池等,于上述各公园内设置之,其距离超过400公尺者,则于其附近小学游戏场内附设之。如上所述,此区绿地之总面积约有13公顷强,与总面积之百分比为6,去前述最低标准尚远,其补救之办法有二:

(一)南北两江大桥完成之后,南岸江北多建绿面积,并尽量利用枯水期间之沿江沙滩。

(二)于郊外建设新住宅区,并辅以便利低廉之交通,将旧市区人口疏散一部分。

丑、第二部

即四至七区。东起七星岗,西至复兴公园,面积542公顷。此区面积较大,每人平均可占有25平方公尺弱。但公园仅南区公园一处,面积2.5公顷。依此计算,每人占公园面积,亦仅14%平方公尺。然区内山坡与菜圃尚多,可资发展,兹分列于下。

一、北区公园:于杆卫新村及四德里后之丘陵空地上设一面积约22公顷之大型公园。内置400公尺跑道之体育场,50公尺长之游泳池,及排球、篮球、庭球等场,以供成年市民运动之用,亦作为新旧两市区之体育中心。同时利用山谷自然形势,设一露天剧场,以备夏季演剧之用。此公园北达双溪沟江岸,东沿安乐洞陡坡广植花木,与前述临江公园,连成一气。西以林荫大道与国府前之国府公园相接。其南经杆卫新村口过中一支路抗建堂,金刚塔与枇杷山后之王园相通。

二、将原有之南区公园扩大，北与山顶之王园相连接，东沿南区马路上下陡坡直达江岸，再沿江岸经飞机码头连接前述南纪门之南公园。其西沿两路口马路外侧斜坡至两浮路下，以通跳伞塔，再由此以计划开辟之林荫大道，经原交通部遗址而达苴园。

三、利用苴园旧址，辟为公园，西北直至江岸，再沿江岸斜坡，直达下曾家岩码头，其东经大溪别墅附近绿地带，与国府公园相接。

四、利用教门厅回教基地森林，作为公园，并将两浮支路放宽为林荫大道，以通跳伞塔。西沿山坡直达复兴公园。并于本区之西界，由李子坝江岸起，置一绿地带，经嘉陵新村，复兴公园，教门厅，南达兜子长江岸。藉以限制本地区之扩展。

上述各公园，彼此互相连贯，将本地区分为六部分，并可于此等绿地内就适宜地点与适当距离，设置婴孩游戏场儿童运动场等。

寅、第三部

七区以外地区之造林及绿地。此区地域广阔，兹叙述数点，以概其余。

一、于歌乐山、黄山、南山、放牛坪、小龙坎至石桥铺一带，及唐家沱附近之高山等处造林，以供市民周末远足之用。

二、江北区：江北区内，现有江北公园一处，加以整理及扩大，使与城墙外之绿地相连。再由城墙外，东起长江，沿西北城墙，至嘉陵江岸，置一弧形之绿地带，以限制本区扩展。如将来嘉陵江大桥完成，江北区人口增加，则另立新区用绿地以与现有市区相间隔。

三、沙磁区：沙坪坝文化区内，当限制其它建筑，尽量保留空地，以广植花木，使全区成一大公园。并于本区边沿，设一绿地带，与小龙坎、杨公桥、磁器口等处隔离。再由小龙坎上面之山坡，经复兴关至嘉陵新村一带山坡，种植花木，其间建筑三五成群之住宅区，背山临水，当增加景致不少。

四、大坪区：面积广阔而平坦，为近郊住宅区之理想地带。可建一容5万人口之新住宅区，四周绕以绿地带，中央置一大公园，以四道绿楔贯达内外。

再利用复兴关下，旧中训团内之体育场、游泳池加以扩充，使成为近郊之体育中心。复由此绿地带，北通复兴关，教门厅，东通黄沙溪江岸。

五、铜元局南之山岗平原，亦为新住宅区之地点，其绿地计划，与大坪区略同。

六、南岸。即海棠溪、龙门浩、玄坛庙、野猫溪、弹子石一带。此区实已形成带形城市，拟仍以绿地隔离之，使互不相连。其背后为南山、涂山之造林区。拟于龙门浩坡上山谷中辟一公园，内设体育场游泳池，以供南岸一带成年人运动之用。

七、弹子石至和尚山一带。山陵起伏不大，拟将工业及水陆空交通终点设于此区。再于中央设飞机场、车站及商店，环以绿地。其外则为工人住宅地带，再环以绿地，沿江岸则为工厂码头。

八、公园散步道。此项散步道，在经整理地区沿河一带设立之。而最理想之地带，为沿南岸各卫星都市，及北区干道沿河各地。

己　十年内公园发展步骤及分年预算

依需要之缓急，本市各公园分年实施如下：

第一年预算国币 85 万元（战前币值）。

子、新辟朝天公园。新建堤岸，石梯，园内大小道路，凳椅花木及纪念物。造价略为国币二十五万元。

丑、北区公园。其中体育场，游泳池，及其它有关之一切建筑，造价为国币 50 万元。

花园布置，大小道路，亭榭，凳椅，厕所等，造价为国币 50 万元。

第二年度预算国币 30 万元（战前币值）。

子、扩展中央公园，约需国币 10 万元。

丑、新建临江公园，约需国币 8 万元。

寅、整理及扩大沧白公园，约需国币 2 万元。

卯、国府公园（包括学田湾出水沟涵洞及其附近洼地之填土工程）约需国币 10 万元。

第三年度预算国币 22 万元（战前币值）。

子、扩展南区公园，约需国币 10 万元。

丑、辟东起行营前汽车码头经南纪门飞机码头直通南区公园之沿江带形公园，包括堤岸工程，约需国币 12 万元。

第四年度预算国币 13 万元（战前币值）。

子、苣园及曾家岩江岸公园，约需国币 8 万元。

丑、整理及扩充江北公园，约需国币 5 万元。

第五年度预算国币 15 万元（战前币值）。

子、教门厅公园，约需国币 5 万元。

丑、李子坝经复兴关至兜子背之西界公园，约需国币 10 万元。

以上五年度内公园造价，总数为国币 165 万元。而本市之歌乐山、黄山、南山等造林区，应于计划开始实施之第一年，即着手造林。南岸龙门浩公园及其体育场，复兴关下之复兴公园等，亦应于四五两年度中，分别施工。至其它郊区绿地，则须配合该区发展进度而逐步于十年内完成之。约计需国币 250 万元。

陪都十年建设计划草案
PEIDU SHINIAN JIANSHE JIHUA CAOAN

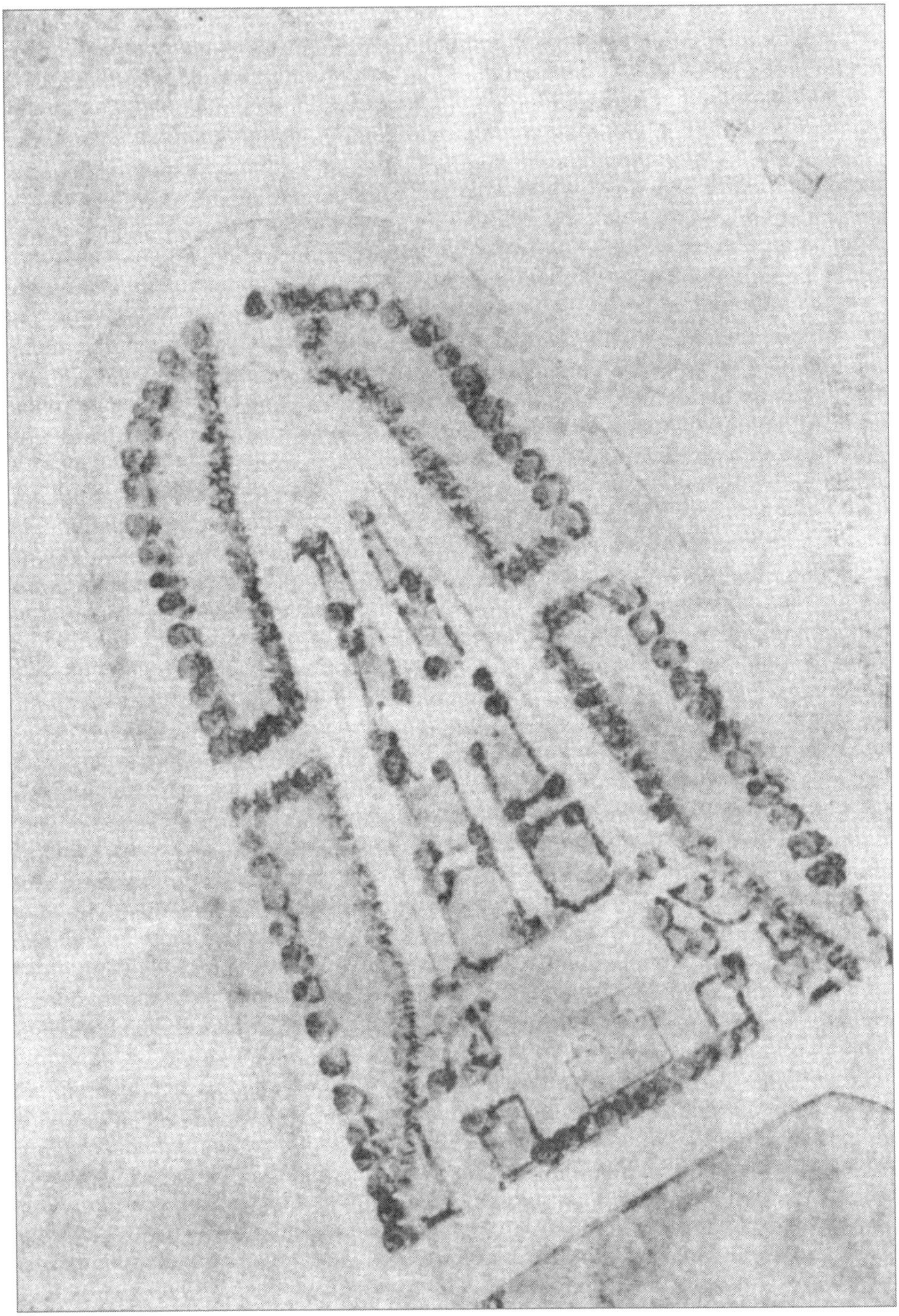

第七图 朝天公园平面图

绿地系统

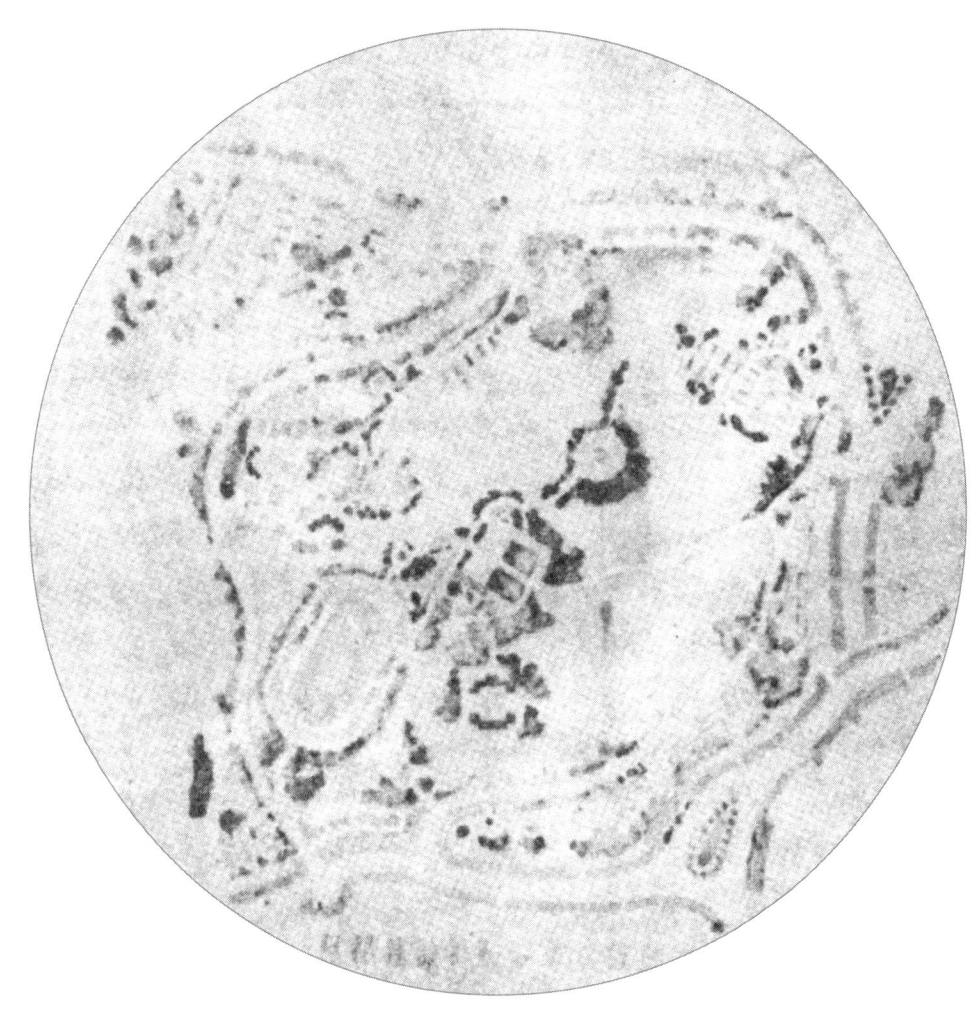

第八图 北区公园平面图

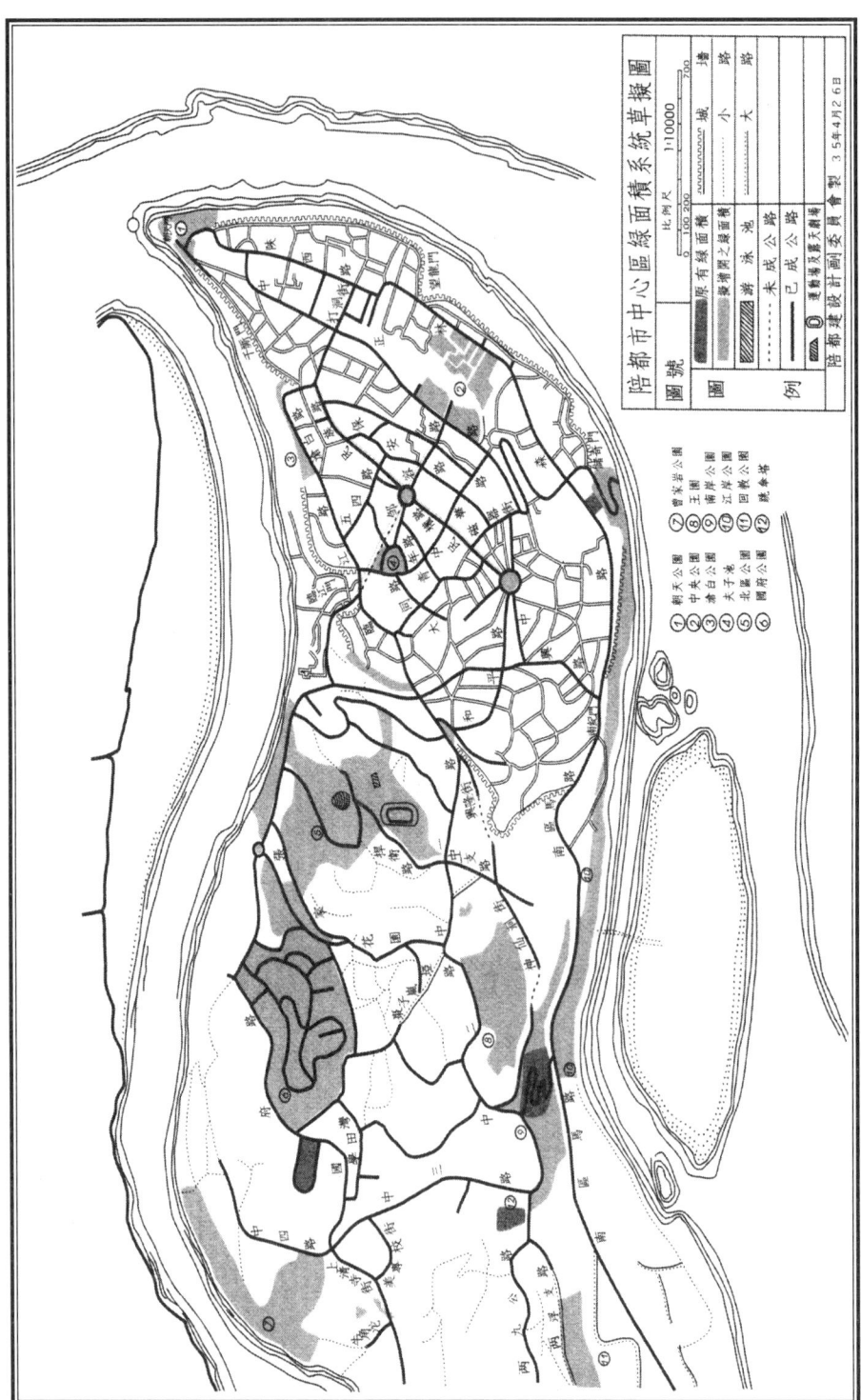

第九图 陪都市中心区绿面积系统草拟图

庚　今后公园发展及管理之改革

本市在过去发展时期对绿地保留，实为公私两方均被遗忘之憾事。据调查所得，过去旧城外荒地与坟地甚多。待市区发展，公私均欲以土地牟利。强者据为己有，而随便建筑，即政府亦往往不知公园之重要，以建筑房屋为土地之唯一途径。如江北公园，张家花园，苾园，求精中学等处，原有荒地，遂一扫而空。公园之重要如此，而本市之缺乏如彼，今后欲使本市为近代化之健康都市，必须对公园系统，大加改革。除由贤达市民，努力宣传，使各界明了空地对全市之迫切需要外，应在市政府之公用局内，设立专司任公园系统保管布置专责。此外应由市民组织一委员会，协助政府，如美国城市之公园委员会。然其重要工作为：

子、现有各空地之布置利用与保护。空地如任其荒芜，市民不能前往游憩运动，当使空地发生无用之感，而起野心家之觊觎。故现有之空地，必须即刻按其用途布置，而吸引市民朝夕利用，此其一。我国对公用物，当有一曝十寒之恶习。以为一经布置，即可永不过问。实则公用物之使用者为全市各级市民，常多有意无意之损害。此不能委诸市民道德水准太低，乃各国通常现象。但欧美各先进都市之特长，即事有专司，而负责者能朝夕从事，随毁随修且谋改进使之整齐清洁。今后本市各公园亦应如此。否则一经破坏，渐就荒芜，故必首先维持保护，使之生气勃勃，则社会风气之改正，亦不过数年乃至十年耳。

丑、法令规章之颁布。举凡河岸悬崖古迹名胜等风景区，应为公园，以供市民公共赏玩，禁止一切公私及军民建筑物。即私人所有者，亦应依法收买。此种规章，可由市政府提交参议会通过，使为本市共同遵守之法令，并由政府及人民团体监督实行。

寅、新空地之征集。据前文所述，本市空地之缺乏，以半岛为最。现在欲拆除大批房屋，以辟公园，固不可能，但任其久悬，亦必为市政发展之阻碍。应官民合作，不断努力，以求逐步改善。

以半岛空地增辟之远景论,有人必谓两江河岸尚有大批滩地可否利用?在目前论,此类滩地,均在高中洪水位之下,不能作花木园亭等布置。即在低水位时,一则因不能开辟场址,二则交通困难,故无利用之可能。但在河岸之放淤与整理工程完成以后,亦在逐步改善为绿地。惟此则有待于水利上各项问题之解决及长久之时间耳。

第三十五表 绿地系统十年建设计划分年实施概算表

单位：一元（战前币值）

年度 进度概算 工程种类	第一年	第二年	第三年	第四年	第五年	第六年	第七年	第八年	第九年	第十年	总计
	1. 朝天公园 250,000 2. 北区公园 500,000 3. 花园布置，大小道路亭树厕所等 100,000	1. 扩充中央公园 100,000 2. 临江公园 80,000 3. 扩大沧白公园 20,000 4. 国府公园 100,000	1. 扩大南区公园 100,000 2. 辟行营至南区公园之带形公园 120,000	1. 建营园及曾家岩公园 80,000 2. 扩充江北公园 50,000	1. 教门厅公园 50,000 2. 李子坝至青子界公园 100,000	郊区造林，绿面积及郊区公园修筑等 500,000	同前	同前	同前	同前	
全年工款共计	850,000	300,000	220,000	130,000	150,000	500,000	500,000	500,000	500,000	500,000	4,150,000

117

卫星市镇

甲　社会组织重要性

人类文化之产生，由于互助互调，无论古今任何种族，其文学技艺科学之产生与发达，莫不由于其邻近人士之鼓励交换，故国乔木之感，出于人类天性，爱国家爱人类之大道，亦由此而形成。迨近代大都市随工业与技术发展而产生，集合各方人士，杂处一城，原来守望相助疾病相扶之道已不复存，比房芳邻，形同秦越，而大市中之市民，自视若沧海之一粟，碌碌孜孜，咸以一己之利益是谋，殊失人生之真义。且市之成长，盲目畸形，英市政名家哥白蒂 Cobbolt 斥之为脓包。近代各大市贤达，深为不满，屡谋改革。而在第二次大战中，因防空需要前此守望之道，遂又复萌，惟过去都市设计，往往经视社会组织，一任工商业盲目发展，工商与住处混杂，社会组织极不稳固，行政区域与自然区域亦不一致，管理组织障碍横生，此种现象，以大工业城市经过巨大过度膨胀者尤为显著。最近社会专家之调查研究，认为市中社会改革之不可再缓，故孟佛特（Lewis Mumford）在其《都市文化》*The Culture of Cities* 一书中有云："吾人太忽视人类精神，及与其它事项相呼应之精神改变，吾人在物质结构上则补缀太多……，都市设计，应以社会生活为主体，尤须注意吾人今日所需之社会生活，非仅为工商业之地点区域布置而已。"此项名言，正切中时弊，改革潮流，尤以英国为最烈，英、美都市如伦敦、利物浦、普利茅斯之战后重建计划中[1]，均对此再三致意焉。

乙 社会组织理论

理想之基层组织均分为三级，其最低级为居住单位，其结构以托儿所或幼稚园为核心，其区域可近及一街或一巷，此单位区域，不必在平面图有新区划，但视实际详情予以规定；

第二级为闾里集团或卫星镇及集合若干邻近相隔之居住单位而成，系社会组织中最重要部分，其范围复视实地详情而定，其界线须显明，如主要干道河流陡坡或大块绿色地带，其大小视区域郊区之发展情形。人口以5千至1万为限，不可太少，务使每人有与其它职业人士交换意见与智识之可能，不可太大，使每人有认识其全集团之意义。其基础即接受就学儿童所需之小学，及成年人口生活必需之集会所及市场，而求得其中心点，由此以达全集团任何一部。其区域须在10分钟[2]至15分钟行程之内，应有公共建筑物及有小型图书馆，游泳池，电影院，食堂，旅馆，市场，儿童福利所及诊疗所等，其要点在使个人联络为一个整体。在该区域内无横贯之主要交通线；

第三级为社会集团或卫星市，乃集合若干相连之闾里集团或卫星镇而成，其人口为5万至6万。其中心另有所需之各项建筑物，如在市区即按原有之特质而形成，如在郊区，则为一独立之卫星市。以上为近代都市设计在社会组织之理想标准，实际区划当须按面积地形人口生活习惯而不一致，尤须因地制宜，以求其合实际而不违组织原意。

丙 陪都市社会组织标准与实用

本市在抗战以前，人口共47万，旧城内各区居户之分布均由来甚久，完全为我国旧社会中小型市区之组织，虽未如近代理想，但亦少现代都市社会之纷乱，至于四郊完全为村镇。至国府西来，人口骤增，又遭惨烈轰炸与

---

[1] 根据文中意思，此句应改为"英国都市如伦敦、利物浦、普利茅斯之战后重建计划中"。
[2] "钟"为编者加。

屡次公路建筑及屋宇兴建,现在市区内旧踪已荡然无存,半岛上已为混合而无界线之杂体,四郊亦因战时疏散之自由建筑,各不相谋,杂乱无章。现有保甲编制亦无综理,尤以全市十七区之分划,无任何自然或人为界限,在行政上,在警卫上,早有重划之必要性。此项工作须有详细之地形图与社会调查,方能切合实际,并须将各区作详细规划。现拟按近代都市设计理想而配以保甲编制,及本市现有行政区划作轮廓之布置。

丁　市中心区卫星母城

本市第一至七区,位于半岛上,为旧城本部及近年新扩展之地带,论其性质则为商业行政,居住与工业之混合区域,以其东南北三面临江,如设法改良轮渡,或添筑桥梁,实可向南北两岸发展。又西通沙磁与浮九各公路,亦须设法改良路面,加宽路幅增配车辆,始能取得各区间之密切联系。故以市中心区为本市内大卫星市母城,便与其邻近地带,周围拱卫,息息相关。查半岛上一至七区现有人口数为47万余人,过于密集,且分布不匀,应限制各地段内之人口数量,使其不再有集中之趋势,而能向郊区作有计划之疏散。兹按照每区人口约5万至6万,将半岛内警区界线大致按旧有范围,依新旧干道线路,加以调整,并将其公共建筑物与保甲办公地点重予分布,整理,其区划见第十图。预计七区内,最多容纳40万人,其余人口则拟向各卫星市镇作有计划之分配。

戊　郊卫星市镇

卫星市之位置,应取其与市中心区有极方便而迅速交通路之地带,方可使其渐次发展,卫星市之组成拟以5万至6万人口为最大单位,并按人口增长情形,配以适当之卫星数目,渐次由市中心向外发展。就卫星市本身而言,市内各种建筑物,应合乎近代需要,成为市民安全愉悦方便之境地,而其结构应配合市民社会组成与需要。市之平面布置,应使适合新生活及共同生活之条件。再拟以5万至6万人口为一卫星市设计对象,并配以保甲制度,将卫星市内面积分为九区，以公共建筑物所在地为中心区而环以其它公区。每区各设十保，每保十甲，每甲十户，每户按平均以 5 人至 6 人计算，则每区为 5 千至 6 千人，每保 500 至 600 人，每甲 50 至 60 人。使每区组织简单整齐，保持田园风味，藉以健全基层组织，奠定地方自治。此等分配方法，可因地制宜，又卫星市镇以 5 千至 1 万人为设计对象，配以适当公共建筑物。兹将各卫星市镇列举于后表（见前第六图，陪都全市区土地利用区划图）。

第三十六表　陪都卫星市镇分布表

卫星市

设市地点	使用性质	区　属	备　注
化龙桥	工业区，住宅区	八区	沿嘉陵江渝磁公路
小龙坎	混合区	一四区	同上
沙坪坝	文化区，住宅区	一四区	同上
磁器口	工业区，住宅区	一四区	同上 董家桥并入此市内
大坪	普通住宅区，农业区	八区	沿浮九公路
黄桷①垭	高等住宅区	一五区	沿广海公路缆车设备
海棠溪	混合区	一二区	沿长江
龙门浩	工业区，职工住宅区	一一区	沿长江，玄坛庙并入此市内
弹子石	工业区，职工住宅区	一一区	沿长江
大佛寺	工业区，职工住宅区	一一区	沿长江
铜元局	工业区，农业区，住宅区	一二区	沿长江
高滩岩	同上	一三区	沿成渝公路

① 原稿作"角"。

预备卫星市镇

设镇地点	使用性质	区　属	备　注
高店子	住宅区	一三区	沿成渝公路
歇台子	同上	一七区	同上
九龙坡	同上	一七区	沿长江复九路终点
松树桥	同上	一　区	沿汉渝公路
猫儿石	工业区，住宅区	一　区	沿嘉陵江
董家溪	住宅区	一　区	
工溪桥	住宅区	一二区	沿川黔公路
红槽房	同上	一四区	
大龙碑	同上	一二区	沿川黔公路
经　山	同上	一五区	沿广海路
杨坝滩	工业区，住宅区	一六区	沿长江
桂花园	住宅区	一　区	沿嘉陵江
黄桷渡	同上	一三区	沿长江
鸡公嘴	同上	一五区	沿长江
五里店	同上	九　区	
金刚坡	同上	一三区	沿成渝公路
曹家岗	同上	一四区	同上
江　北	商业区，住宅区	九　区	沿嘉陵江

卫星市镇

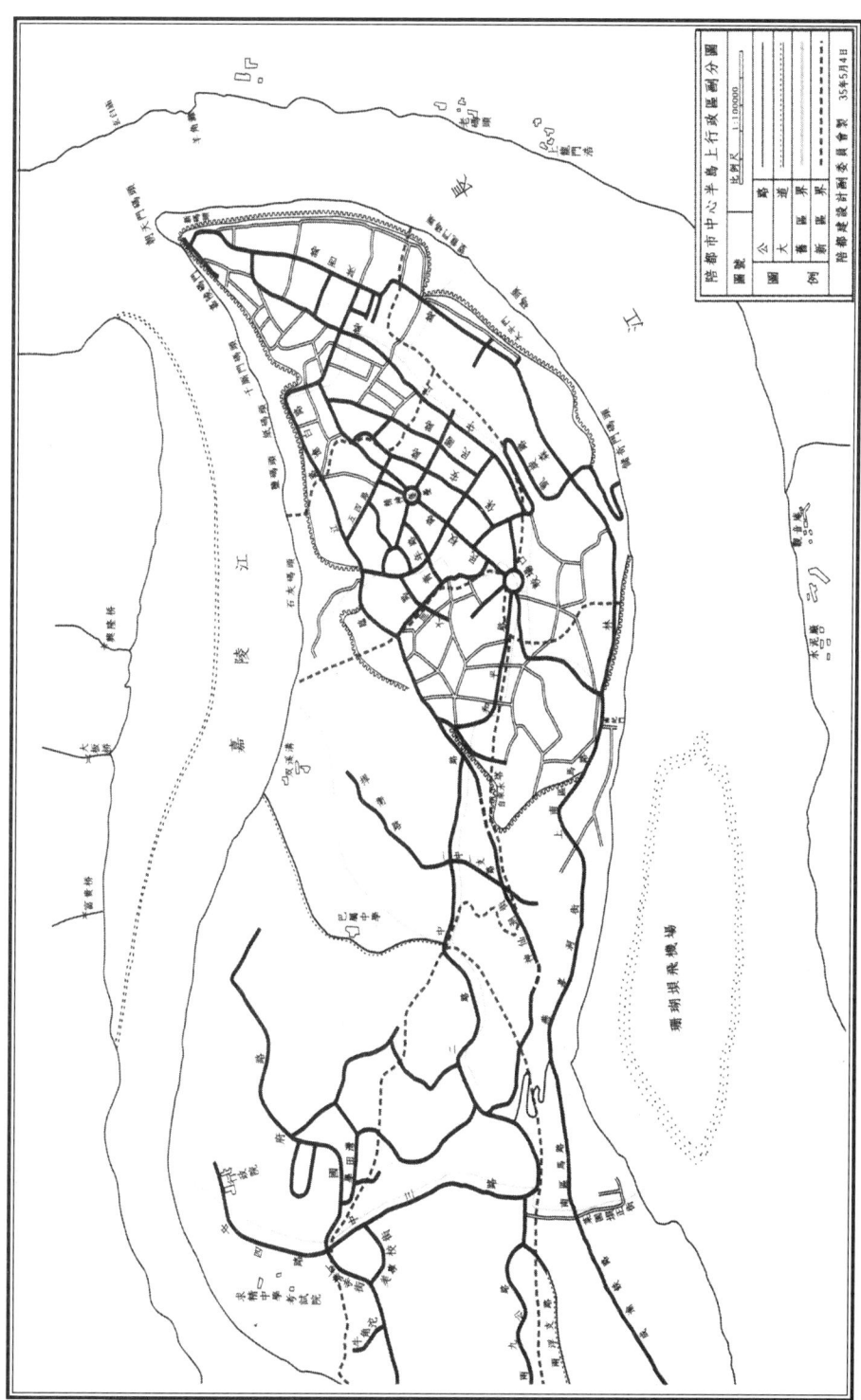

第十图 陪都市中心半岛上行政区划分图

123

卫星镇

设镇地点	使用性质	区 属	备 注
香国寺	工业区，住宅区	一 区	沿嘉陵江
溉澜溪	工业区，住宅区	一六区	沿长江
石桥铺	住宅区	一七区	沿成渝公路
新 桥	同上	一三区	同上
山 洞	高等住宅区	一三区	同上
新开市	住宅区	一三区	同上
歌乐山	高等住宅区	一三区	同上
杨家坪	住宅区	一七区	沿复九公路
寸[①]滩	工业区，职工住宅区	一六区	沿长江
黑石子	同上	一六区	同上
恒兴场	住宅区	一六区	同上
清水溪	同上	一五区	
马家店	同上	一五区	沿海广公路
大兴场	同上	一五区	沿长江
南坪场	同上	一二区	
木家咀		一二区	
盘 溪	住宅区	一 区	沿嘉陵江
鸡冠石	住宅工业区	一一区	长江

① 原稿作"称"。

己　卫星镇设计原则

卫星城市其平面布置如第十一图。所示系由中心区及旁九区组成，中心区以公共建筑物为主，在此主区之旁，配以二层或三层楼房之大商店，及二层楼房之联式住宅。其余旁九区布置于中心区之四周，除各区保必需之公共建筑外，以住宅为主，并得酌量实际需要情形，布置小商店及轻手工业。每区各设十保，每保设十甲，每甲设十户，每户以5人至6人计，即每区内分布5千至6千人，构成一具同生活之区域。每区在适中地点，设立中心小学一所（如以学龄儿童5%计算，为250人，每级设立单班；如以学龄儿童10%计算，为500人，每级设立双班。）每所包括6班，每班40人，共240人，并以此中心小学为每区之核心，以衣、食、住、行、卫生、乐育各项公共设备，如离此核心超过500公尺时，则另设一小核心，为保甲办公地点及商店所在地。

子、市区公共建筑：

兹将市中心区各区保中心公共建筑种类与基地面积列表如次。

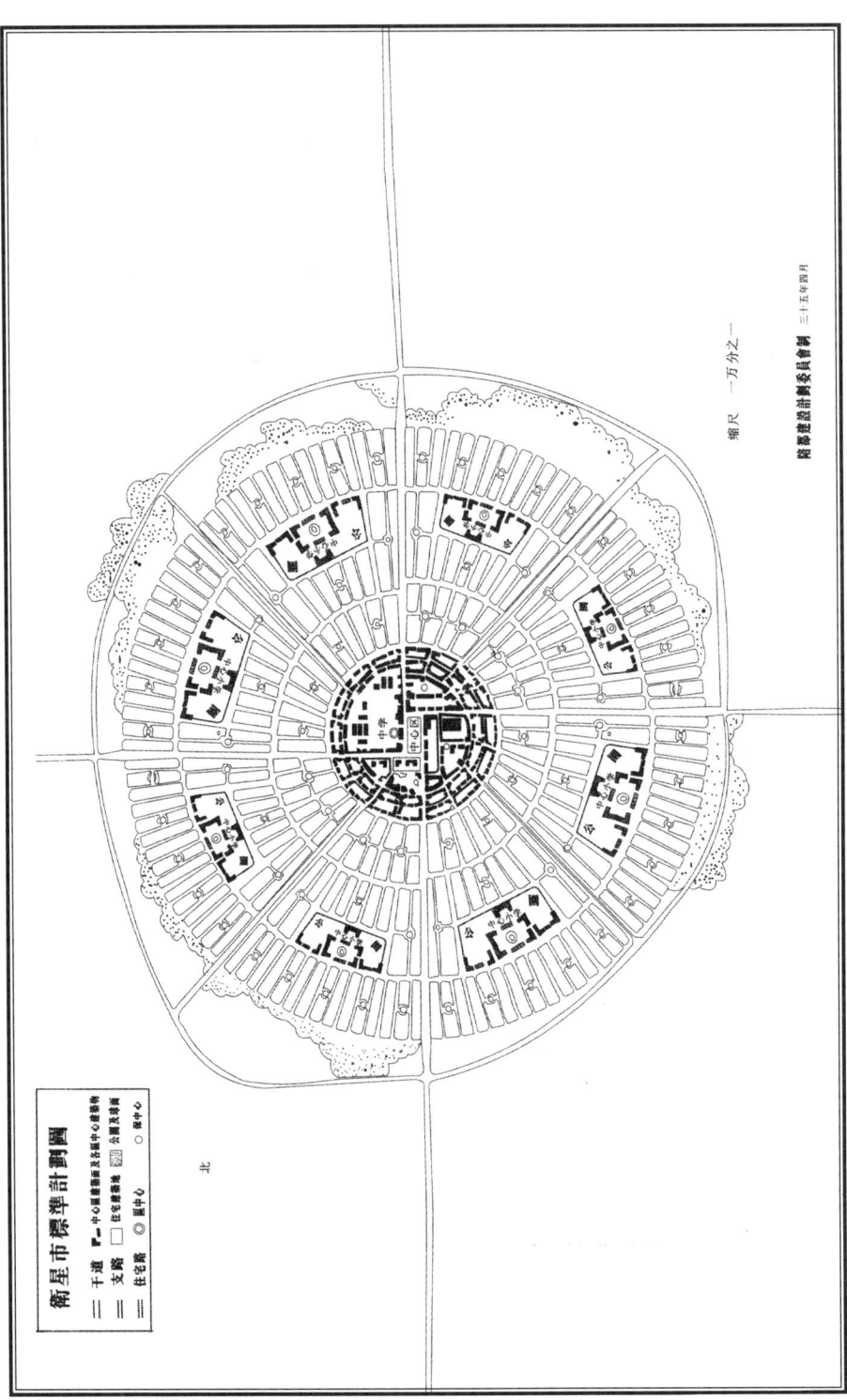

第十一图 卫星市标准计划图

一、市中心区公共建筑。

建筑种类	基地面积（平方公尺） 最小	基地面积（平方公尺） 最大	备注
市县政府及附属机关	5,000	10,000	
市县参议会	2,000	13,000	
警察所（局）	2,000	4,000	附设消防所，清道所
法院及看守所	4,000	20,000	
中学校	7,500	20,000	
卫生院及诊疗所	1,000	3,000	
邮电局	1,000	3,000	
银行	1,000	2,000	
民众教育馆	20,000	70,000	包括图书馆博物馆公园运动场
集会场	3,000	5,000	
幼稚园	1,000	3,000	
公共厕所	50	100	

二、区中心区公共建筑。

建筑种类	基地面积（平方公尺） 最小	基地面积（平方公尺） 最大	备注
区公所	1,500	2,000	附设阅览室
小学校	10,000	12,000	
菜市场	1,000	1,500	
卫生所	3,000	500	
警察所及消防队	500	1,000	
公共厕所	50	100	

三、保中心区公共建筑。

建筑种类	基地面积（平方公尺）		备 注
	最 小	最 大	
保办公处	500	1,000	附设阅览室
公共厕所	50	100	
幼稚园托儿所	1,000	2,000	

附注：郊外应视需要情形，设立公园、运动场、公墓、监狱、车站、飞机场、码头、仓库、并可酌为增减。

丑、面积及其分配。

按近代生活需要，平均每一市民所占面积应为150至200方公尺（即毛密度每方公里5千至7千人），而全市总面积在使用上分配如次：

居住　　　　　　　　　　　　　　　30%
交通　　　　　　　　　　　　　　　20%
公用 （包括官署学校公园运动场等） 20%
工商业　　　　　　　　　　　　　　30%

依上项密度，各级城镇总面积如次表：

城镇人口数（人）	城镇总面积（平方公尺）		备 注
	最 小	最 大	
5,000	750,000	1,000,000	城市或乡镇
10,000	1,500,000	2,000,000	城市
20,000	3,000,000	4,000,000	同上
30,000	4,500,000	6,000,000	同上
40,000	6,000,000	8,000,000	同上
50,000	7,500,000	10,000,000	同上

旧有各县城面积在 4 至 6 方公里，人口 2 万至 3 万者，正与上项规定相符。

寅、建筑区段之分划。

建筑区段之分划，分划建筑地段，系自每一地段两墙之房基线起计算其长度，兹按地段用途，规定长度如次表：

地段用途	长度（公尺） 最小	长度（公尺） 最大	备注
商　　业	60	120	
居　　住	80	150	
一般用途	100	200	
工　　业	150	300	

卯、建筑地段之区划。

一、划分地段之内界线务宜使其直通区段界线或互相连续之，并应参酌周围道路之性质以定其位置。

二、对于沿主要干线之区段，其内界线宜考虑可以设置适当宽度之区段内道路（但区段内道路之境界线不认为建筑线）。

三、地段之两侧界线，以使与道路境界线直交为原则。

四、地段之深度宽度大致依据左列标准：

（一）住宅地。

级别	深度（公尺）	宽度（公尺）	平均面积（平方公尺）
一　级	40—50	30—40	1,500
二　级	30—40	20—30	800
三　级	25—30	15—20	450
四　级	20—25	10—15	250

（二）商业地。

级 别	深 度（公尺）	宽 度（公尺）	平均面积（平方公尺）
一 级	30—40	15—25	600
二 级	25—30	10—15	300
三 级	20—25	8—10	200
四 级	15—20	6—8	120

（三）对于特别大建筑物之用地，其深度及宽得超过上定标准。

辰、建筑基地内院落之保留。

每一建筑基地，必须保留定额之院落面积以作采取阳光、空气及消遣、憩息之用。建筑物覆盖面积上基地面积之百分比，依基地用途规定如次表：

基地用途	建筑物覆盖面积与基地全面积之百分比（%）
居　　住	30
商　　业	60
混 合 区	40

巳、道路系统及宽度。

按城镇所在地，长途交通线及地形，与原有道路遗迹规划放射干道，及网状之环形道路，与各级联络道路，构成一布满全市之道路系统，各级道路宽度规定如次：

道路等级	车道宽度（公尺）	两边人行道共宽（公尺）	总宽度（公尺）
干　　道	9—12	6—9	15—21
支　　道	5.5—6.0	2—4	8.5—10
住宅区（不通车辆）			3—6

午、绿地系统。

除基地院落外，应将全市儿童及成人游戏运动消遣之各项绿地与园艺农艺森林各地，联成系统，构成全市肺脏。市内绿地最低规定如次：

绿地种类	每千人所需最小面积（平方公尺）	相隔距离（公尺）
运动场	8,000	500
公园	7,000	800
儿童游戏运动场及小型公园	1,500	300

未、沟渠系统。

与道路系统配合设置，其结构与种类，按地形及材料酌定，但必须选定适当出口及特殊条件下处置方法，严禁停水池沼及积水洼地。

申、交通终点及工厂位置。

车站、飞机场及工厂均宜设于郊外，飞机场跑道应与常有风向平行，工厂应设于风向及河流之下方，并须以绿地与市区隔离。

根据上述原则设计卫星市图样一种，计分三幅。

一、城市分区图。

二、"市中心详图"。

三、"住宅区详图"。

可参阅第十二、十三、十四三幅图。

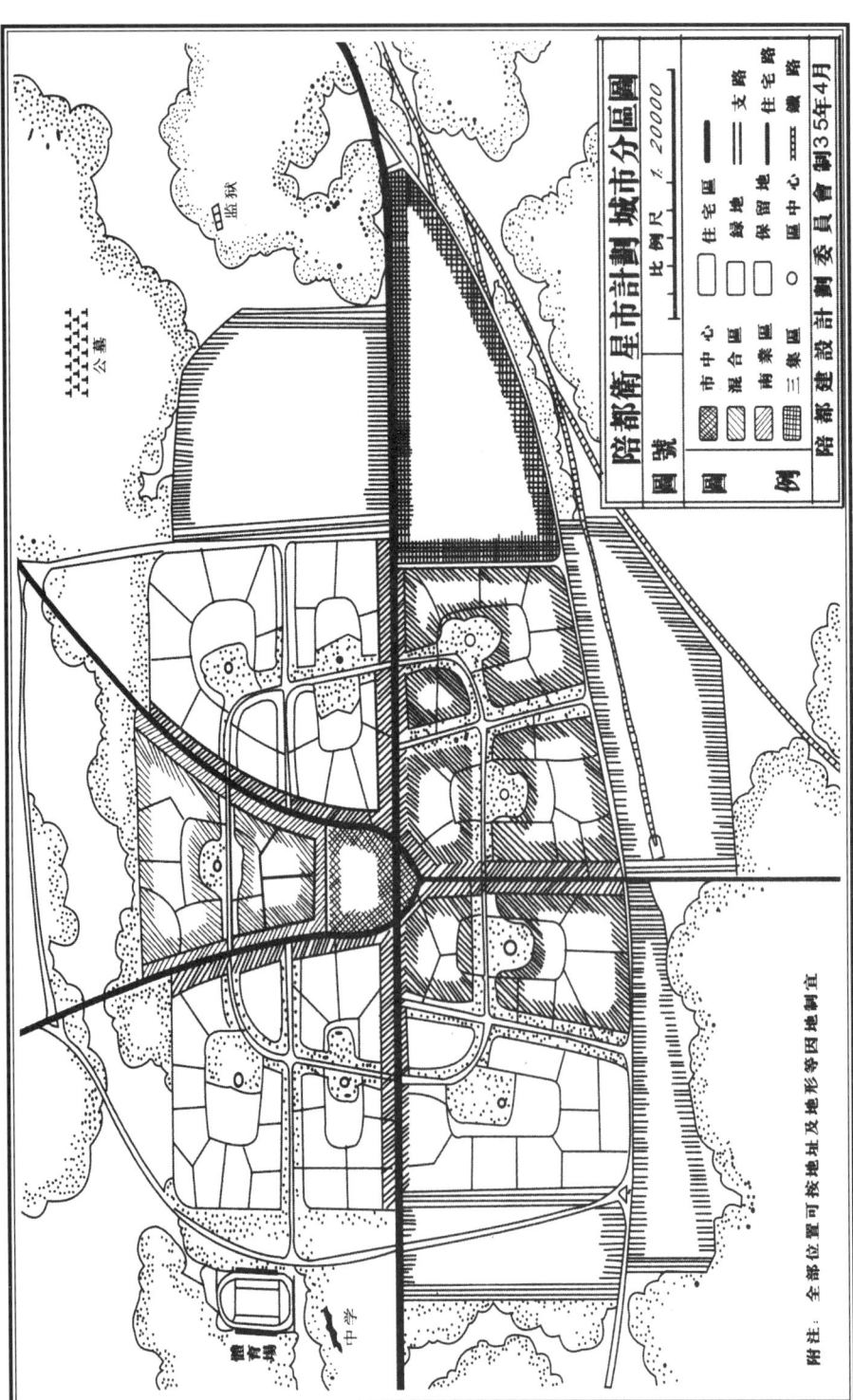

第十二图 陪都卫星市计划城市分区图

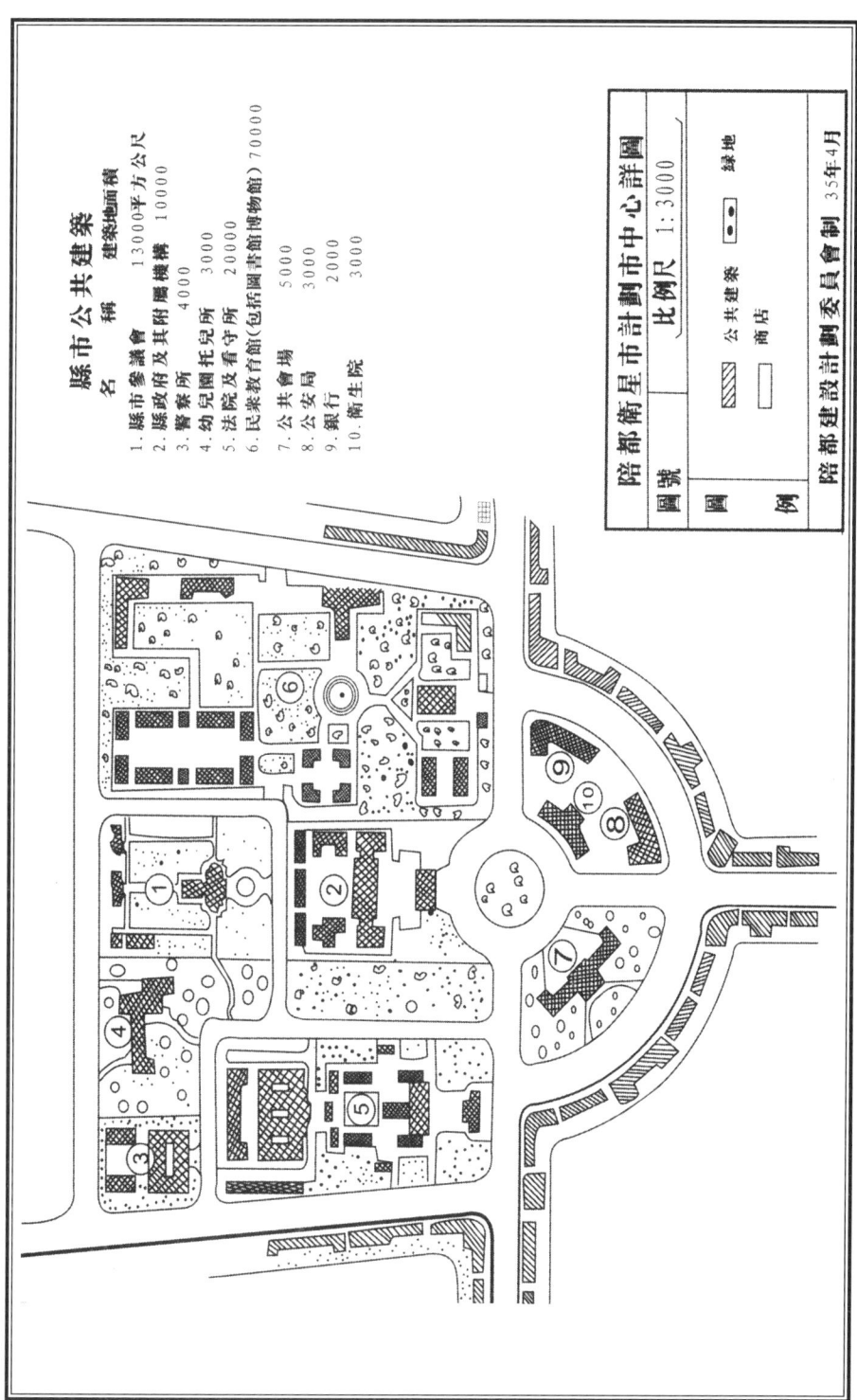

第十三图 陪都卫星市计划市中心详图

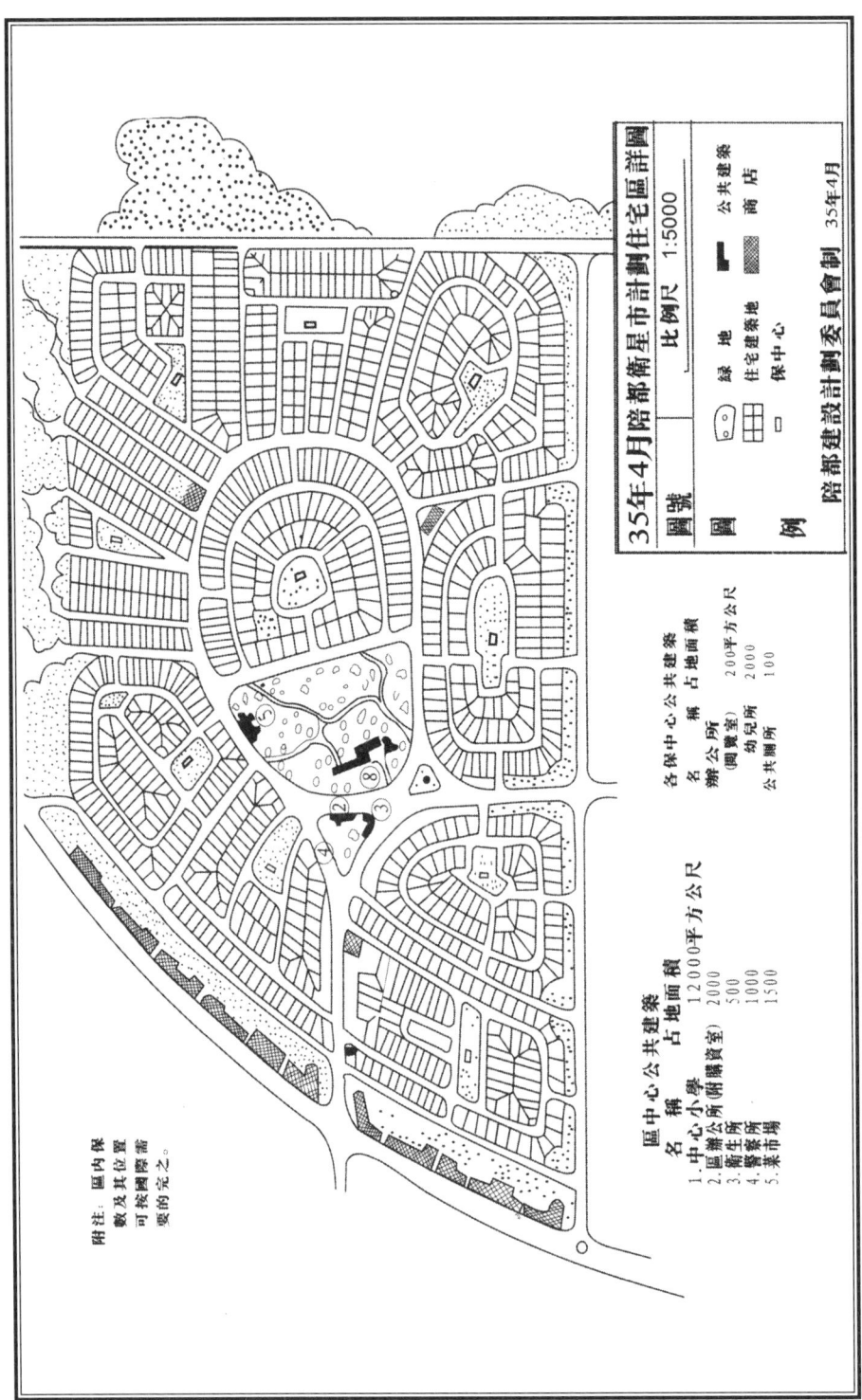

第十四图 陪都卫星市计划住宅区详图

交通系统

甲　交通概况

交通改良，实为本草案计划中心之一。查陪都地处两江之冲，为西南各省政治、经济之枢纽。每年由川省境内之产品经销，或自本市转运者为数至巨（见十五图）。其控制范围，遍及西南各省，然货物运输，仍多赖人力、兽力。运费奇昂，遑言效能。果交通部计划之铁路、公路，先后完成，则本市集散之商品吨数必愈增加，而市区交通之配合，亟待合理之策划，无待赘言。

抗战期间，政府西迁，因事先无通盘计划，致交通设施，有下列各项缺点。

子、陆路上交通无系统；

丑、水陆空三项运输，缺乏联络终点；

寅、公路分布不匀，路线太少，路宽不足，坡度太大，路面坷坎窳陋；

卯、无近代码头及起卸设备；

辰、两江无桥梁之衔接，南北两岸与市中心区不能联贯，致半岛过度发展；

巳、郊区交通不便，为市中心区人口集中之主因。

以上各大缺点，影响于市民与市政建设者，有下列数端：

一、市民之时间与经济，蒙重大损失，以致发展困难。

二、直接影响市民之健康与生活水平，间接影响工作效率。

乙　计划原则

针对上列各项缺点，应尽可能予以改正。就目前需要，增辟路线，增进高速交通线，谋市中心区与市郊各卫星市镇之联系。尤须注意客货之联运，与起卸之便利，藉以增进市区之繁荣。此项计划，虽以十年为期，然涉想所及，不得不就环境之可能，作较远大之规划。如是则实施步骤，不致凌乱，建设标准，方能一致，庶不致任其自然成长，贻日后无穷之阻碍。

丙　计划

子、市中心区道路系统。

一、准则。

（一）建立环城干道，

（二）建立市中心区交叉超级干道，

（三）沿用民国三十年（1941年）市工务局所订道路标准，

（四）力求与工务局原有系统相衔接，以免改线之烦，

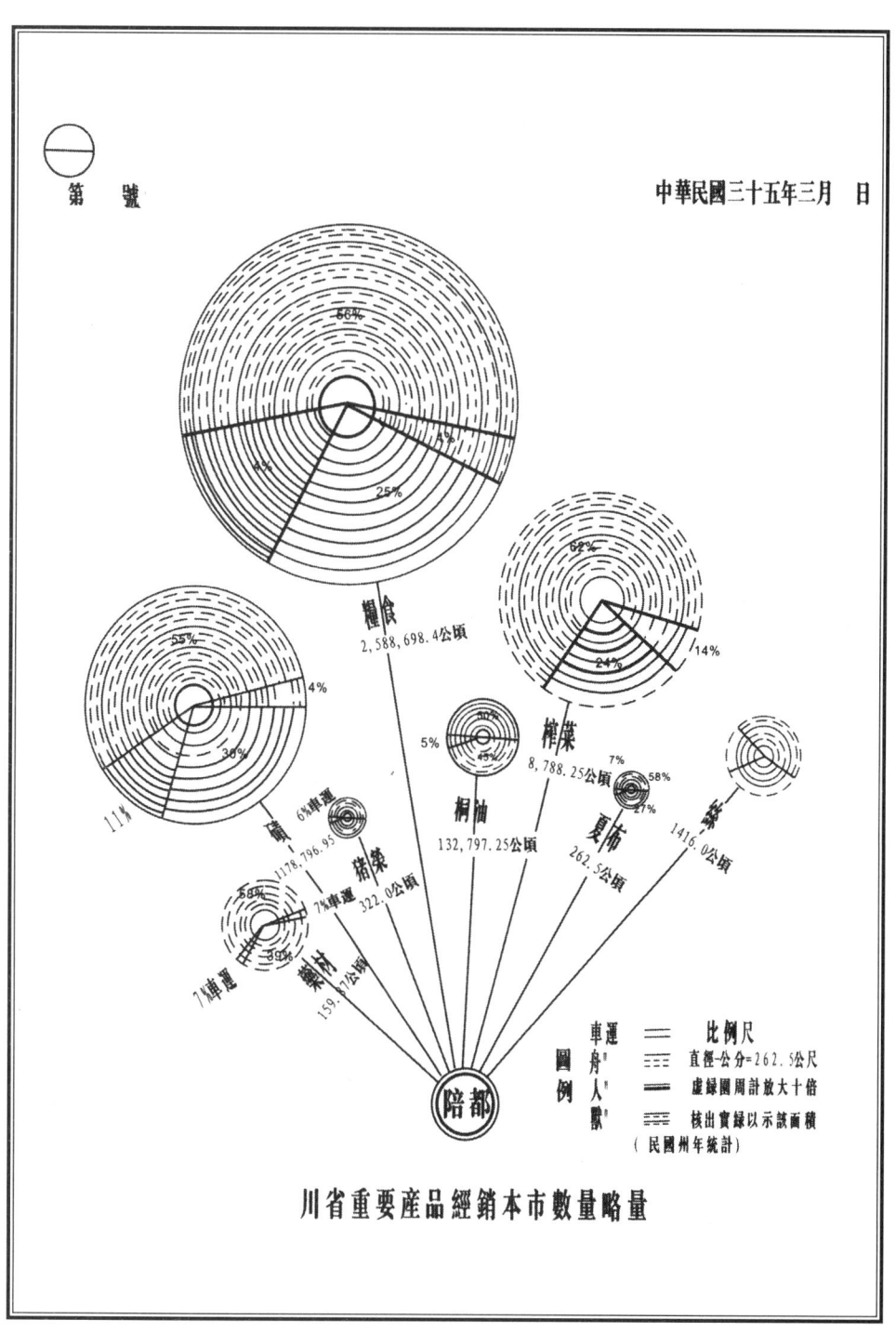

第十五图 川省重要产品行销本市数量略图

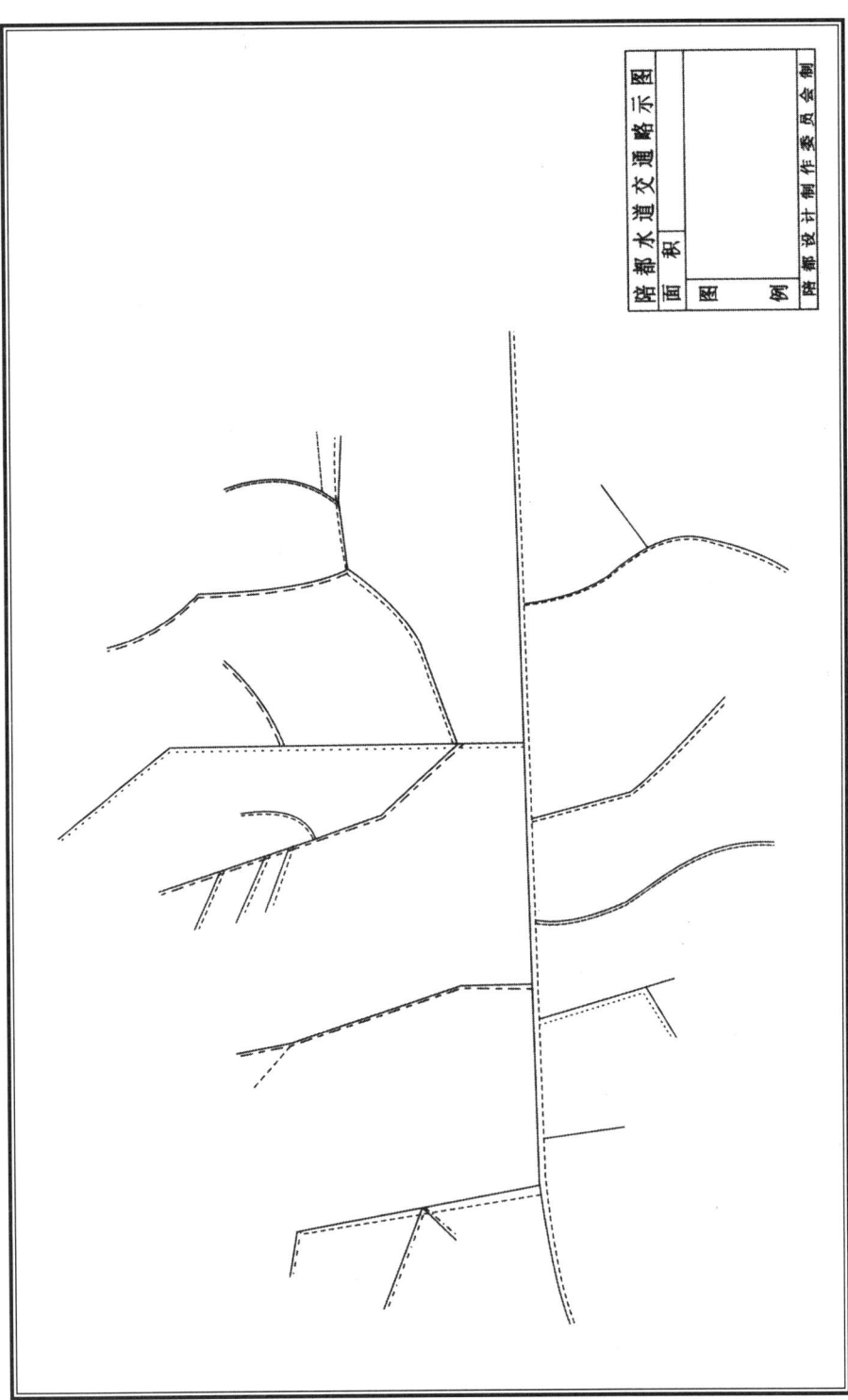

第十六图 陪都水道交通略示图

交通系统

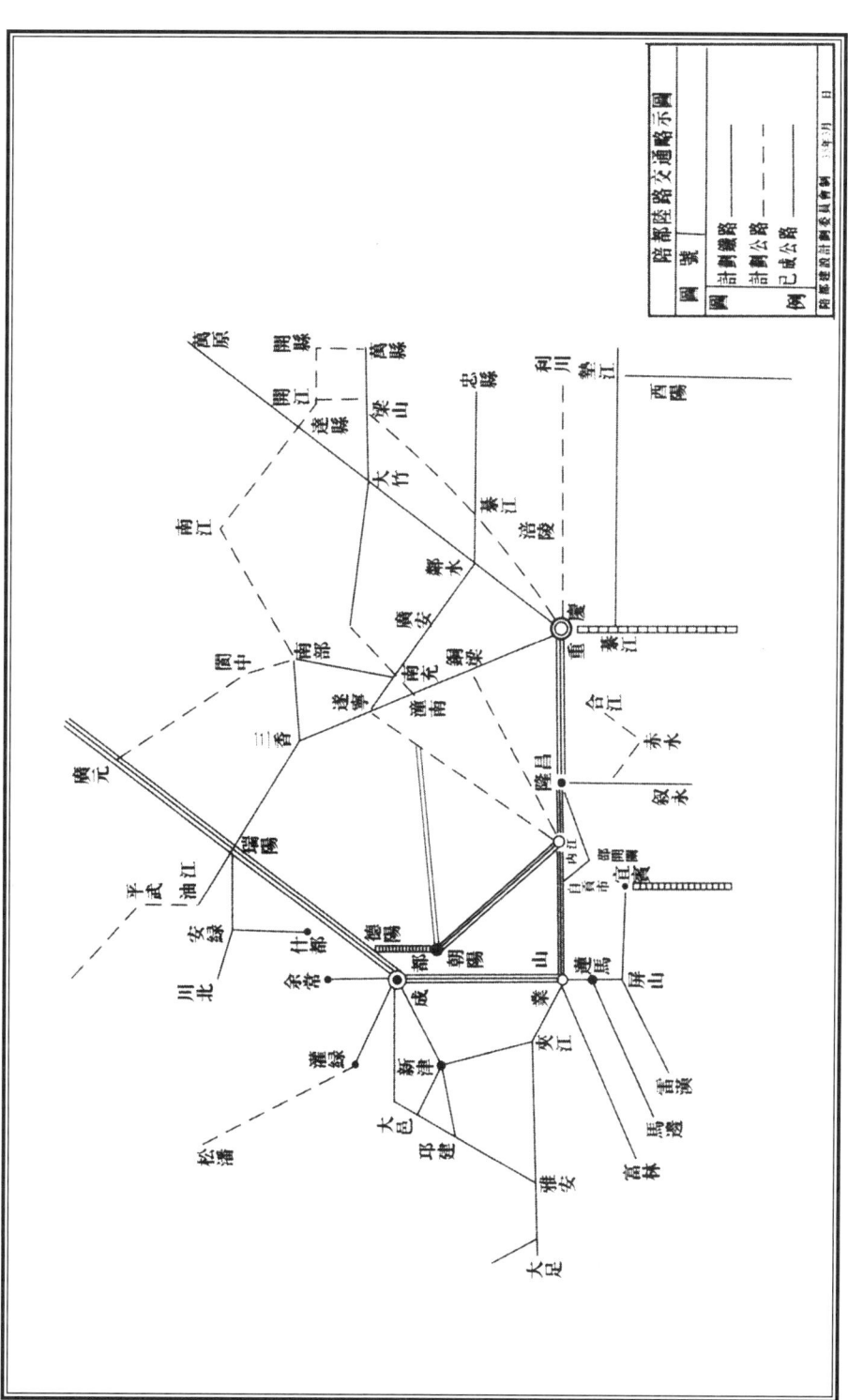

第十七图 陪都陆路交通略示图

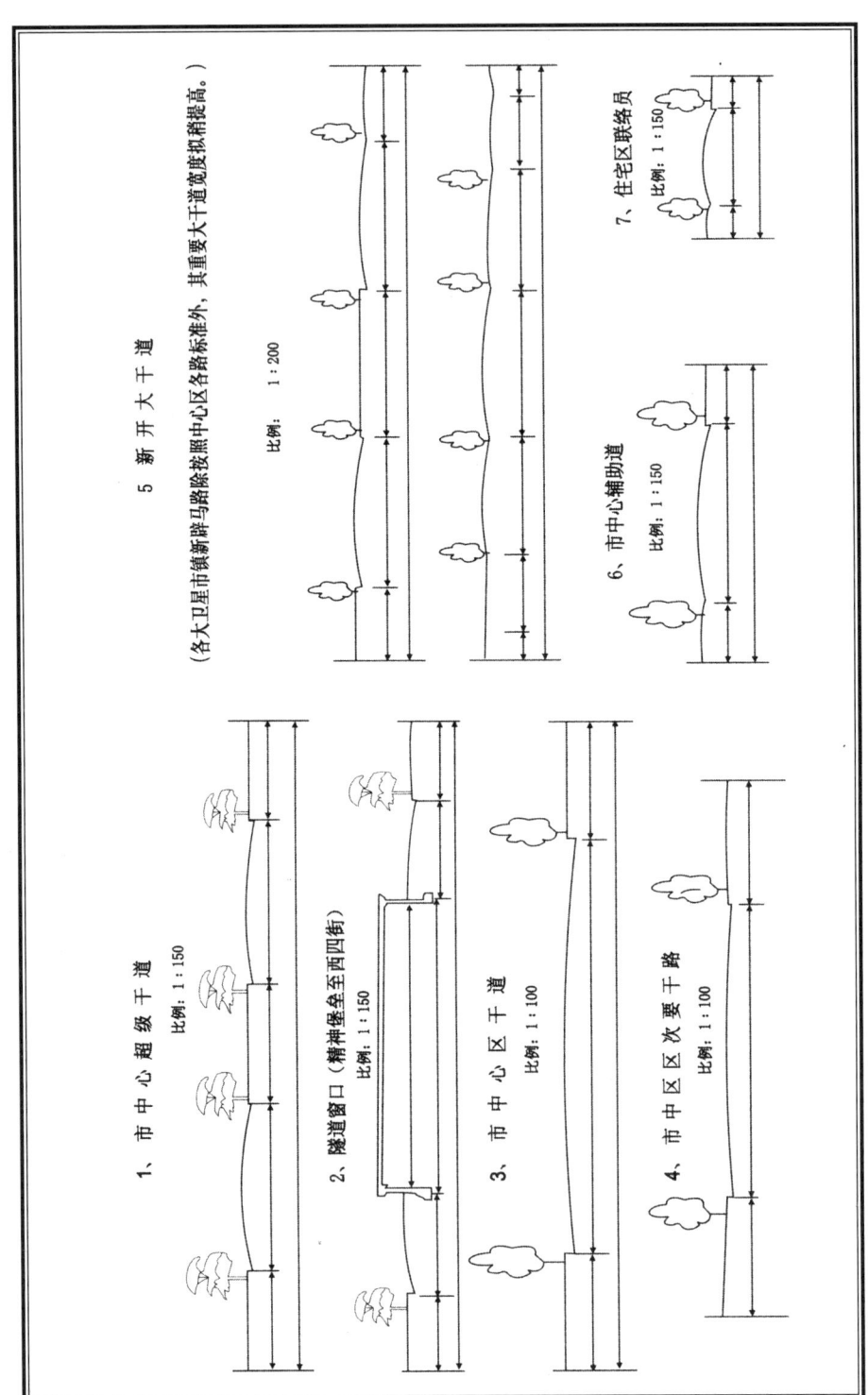

第十八图 拟采用之马路宽度标准图

（五）永久路面，采用柏油、水泥两种材料为标准，临时路面，可用水泥灌浆，或黄泥灌浆两种材料为标准，

（六）增辟新路线，

（七）增辟道路交叉点面积，

（八）尽可能利用原有之各防空洞，

（九）新建道路，应与下水道互相配合。

二、路线：详第三十七表及第十九图，但其中有须尽先修筑改善者，如

 陪都十年建设计划草案

第三十七表（甲） 陪都市中心区拟建及展修街路路线长度概算及实施程序表

中华民国三十五年（1946年）九月 日

项目	起迄及所经地点	长度（公尺）	宽度（公尺）	工程费约估（战前标准：元）	拟施工年度	备注
1	展修较场口经民权路至打铜街	1,330	33	175,000	2—4	
2	新修临江门经邹容公园至新半街	850	33	1,016,000	3—5	内隧道360米
3	新修北区干路——临江门至大溪沟	1,900	22	670,000	1	内桥四座
4	新修大溪沟至曾家岩接中四路	1,100	22	194,000	8	
5	新修牛角沱穿大田湾萧家沟隧道至菜园坝	1,200	22	1,050,000	3	内隧道400米
6	新修林森路经报恩寺巷至大河顺城街	740	22	130,000	4	
7	新修朝天背经干厮门至龙王庙	740	22	130,000	5	
8	新修信义街	240	22	42,500	2	
9	新修临江门接民生路	160	22	28,200	2	
10	新修较场口接凯旋路	180	22	3,700	6	
11	新修回水沟经潘家沟接北区路	750	22	1,551,000	7	内隧道450米

续表

项目	起讫及所经地点	长度（公尺）	宽度（公尺）	工程费约估（战前标准：元）	拟施工年度	备注
12	新修通远门隧道接和平路	180	22	115,500	1	
13	展修菜园坝经燕喜洞至南经门	1,550	22	136,000	1	
14	展修南纪门经森林路接陕西路	1,800	22	158,500	3	
15	展修陕西路至朝天门	900	22	79,200	8	
16	展修沧白路至临江门	900	22	79,200	9	
17	展修中一、二、三、四路	3,100	22	273,000	2	
18	展修国府路	1,100	22	97,000	6	
19	展修民生路至磁器街	640	22	56,500	7	
20	展修和平路	600	22	53,000	2	
21	展修中兴路	600	22	53,000	10	
22	展修凯旋路	600	22	53,000	10	
23	展修中正路	1,500	22	132,000	5	

（乙）陪都市中心区拟建及展宽修街路路线长度概算及实施程序表

中华民国三十五年（1946年）九月　日

项目	起迄及所经地点	长度（公尺）	宽度（公尺）	工程费约估（战前标准：元）	拟施工年度	备注
1	新修四德里经归元寺安乐洞至七星岗	1,150	15	120,000	9	
2	新修杆卫路接北区干路	1,000	18	104,500	9	
3	新修北区干路经陈家小沟接杆卫路	1,000	18	104,500	10	
4	新修北区干路黄花园经孤儿院接国府路	1,620	18	169,500	10	
5	新修大河顺城经白鹤亭至森林路	650	18	68,000	5	
6	新修望龙门经太平门至储奇顺城街	920	18	96,200	5	
7	新修打铜街经西二街至中大街	550	18	57,500	6	
8	新修千厮门经上行街至中正路	200	18	21,000	6	
9	新修沧白路经新运路至民族路	150	18	15,700	1	
10	新修沧白路经九尺坎至复兴路	200	18	21,000	7	
11	新修沧白路经末龙巷至邹容路	180	18	18,800	2	
12	新修江家巷经五四路至邹容路	360	18	37,600	3	

144

续表

项目	起讫及所经地点	长度（公尺）	宽度（公尺）	工程费约估（战前标准：元）	拟施工年度	备注
13	新修杨柳街经官井巷至磁器街	200	18	21,000	4	
14	新修民生路经第三模范市场至和平路	320	18	33,500	8	
15	新修民生路经大同路至和平路	400	18	41,800	8	
16	新修大同路经第三模范市场至较场口	250	18	26,100	8	
17	展修曹家巷	140	18	7,100	1	
18	展修凯旋路经后伺坡至邹容路	270	18	14,000	6	
19	展修民国路机房街段	420	18	21,800	1	
20	展修木货街	150	18	7,800	2	
21	新修大阴沟米花街中营街	570	18	29,600	3	
22	展修复兴路	150	18	7,800	4	
23	展修五四路	280	18	14,600	5	
24	展修中华路	520	18	27,000	8	
25	展修夫子池及临江横街	180	18	9,400	7	

续表

项目	起讫及所经地点	长度(公尺)	宽度(公尺)	工程费约估(战前标准:元)	拟施工年度	备注
26	展修牛皮凼	130	18	6,800	7	
27	展修杆卫路	500	18	26,000	9	
28	新修二府衙	150	15	13,100	6	
29	新修商业场	130	15	11,300	2	
30	新修陕西路莲花街经仓坝子西二街至邹容路	410	15	35,700	2	
31	新修育婴堂街	200	15	17,400	3	
32	新修正阳街上段	130	15	11,300	3	
33	新修民族路经罗汉寺兴隆巷至保安路	260	15	22,600	3	
34	新修文华街	160	15	13,900	4	
35	新修花街子	170	15	14,800	4	
36	新修金巷子	170	15	14,800	8	
37	新修响水桥	180	15	15,700	8	
38	新修凤凰台	180	15	15,700	8	

续表

项目	起讫及所经地点	长度(公尺)	宽度(公尺)	工程费约估（战前标准：元）	拟施工年度	备注
39	新修守备街双梡子	500	15	43,500	5	
40	新修凯旋路经月台街至柑子堡	500	15	43,500	5	
41	新修鱼鳅背	310	15	27,000	5	
42	新修上石板坡	310	15	27,000	5	
43	新修菜珊路	730	15	63,500	1	
44	新修新市街经教门厅至木弹坊	430	15	37,400	9	
45	新修中三路经巴中校至大田湾	450	15	39,200	9	
46	新修大田湾至七路	380	15	33,100	9	
47	新修两九路至成渝公路	270	15	23,500	9	
48	新修大田湾经桂花园至成渝公路	700	15	60,900	10	
49	新修曾家岩经特园至牛角沱至成渝公路	920	15	80,000	10	
50	新修特园路	270	15	23,500	10	
51	新修曾家岩经长十二间至国府	700	15	60,900	10	

续表

项目	起讫及所经地点	长度（公尺）	宽度（公尺）	工程费约估（战前标准：元）	拟施工年度	备注
52	新修联络国府路中山路及北区路之各支路	3,950	15	343,700	10	
53	新修北区富城路顺江边至朝天门	1,500	15	130,500	10	
54	新修关岳街接木货街	220	18	19,200	10	
55	展修保安路近口段	240	15	13,000	3	
56	新修和平路与民生路间联络道	1,860	15	100,400	2	
57	展修兴隆街神仙洞至飞来寺	1,270	15	68,600	1	
58	展修中一支路及神仙洞后街	400	15	21,600	4	
59	展修和平路经领事巷由五福宫迂回	700	15	37,800	5	
60	展修和平路经凉亭子菜家石坝	440	15	23,800	6	
61	展修南区公园路	620	15	33,500	7	
62	展修国府路北区路中一、二、三路联络道	2,800	15	151,200	10	
63	展修大溪别墅	390	15	21,100	8	
64	展修美专校街	250	15	13,500	9	

148

交通系统

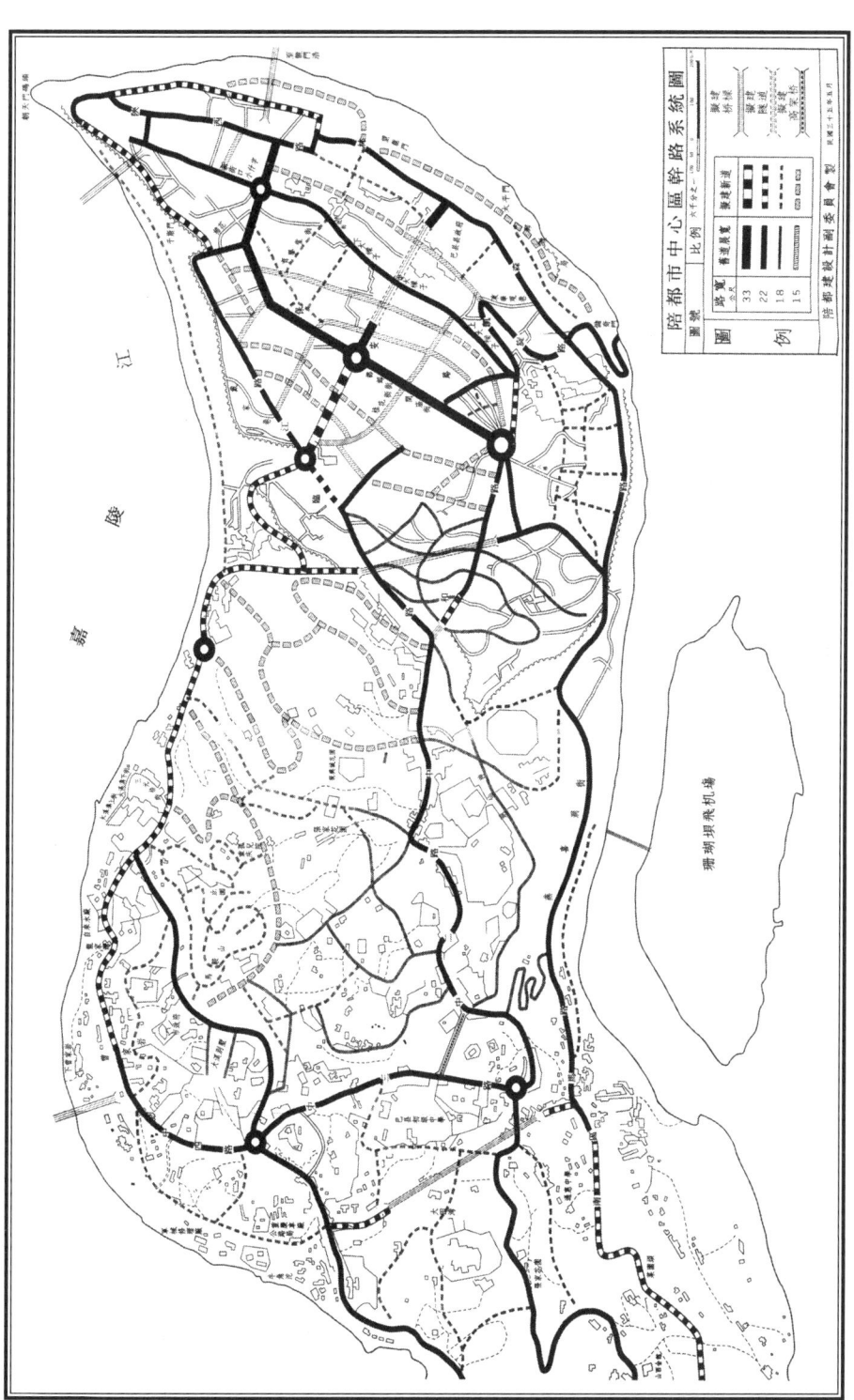

第十九图 陪都市中心区干路系统图

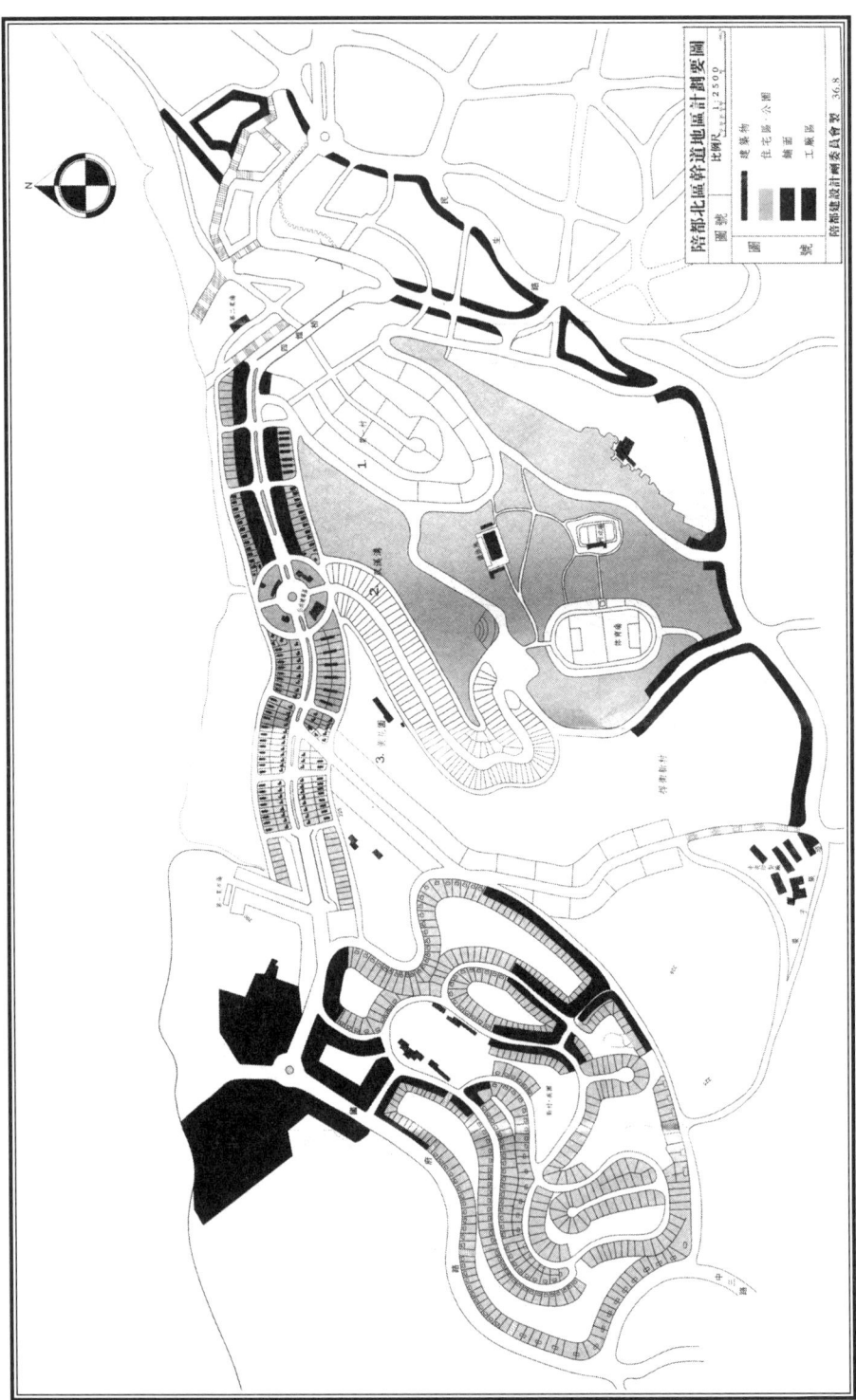

第二十图 陪都北区干道地区计划要图

（一）和平路——自和平路水市巷口起，至通远门段，加辟新路，使与中区干路直接联络。并改善和平路本身坡度及路面（此段约长200公尺，其余改修部分，约长650公尺）如此路完成，当可：

减少七星岗危险与拥挤之现象。

缩短市区东西两段行驶距离。

使该路成为市中心区干路之一。

（二）北区干路——本市中区与南区两干路，早经完成，惟北区干路，因限于地势经费，迄未兴工，致面临江北及嘉陵江之市区北部，未能平均趋向繁荣，而沿该路之两旁，大部为计划中之居住区，以容纳半岛东端之过剩人口。故此线之修建，实为本市发展之先决条件，同时更可完成本市环城干道系统。至该路两旁之公私建筑，应依照本计划原则，予以详细规划实现之，使成为本市之示范区域。

（三）菜园坝至珊瑚坝路。珊瑚坝为本市区内之惟一飞机场，冠盖往来，商贾云集，而客货之起卸运输，极感不便。且原有之江岸与码头有碍观瞻，故公路之修建，亟待完成。该线由珊瑚坝码头起，直达南区马路，再用浮桥而达飞机场。将来铁路、公路完成，菜园坝为计划中之公路终点与公路总站。如此线完成，则市区陆空运输之联系，得以解决。

（四）西四街通民权路广场隧道。本市旧市区上半城与下半城，高下悬殊，地形阻隔，两区之交通，若不迂回绕道，便须仰俯登降，市民苦之。兹拟由西四街中央公园之下，辟一隧道，直达民权路广场，而与市中心干道衔接。隧道宽度共15公尺，取双洞式，车道各4.5公尺，两旁人行道各宽2.5公尺，高4.5公尺，长360公尺。两端出口及内部，皆以厚30公分钢骨混凝土建筑之。西四街出口，建于中央公园之崖壁上，民权路广场出口，在保安路南邹容路中心。隧道口露出部分，长约50公尺，两侧砌石堡坎，上面按砌石栏。全路坡度为5.85%。全部工程费用，按战前工料价格计算约为国币816,958（见第三十八表）。

第三十八表　西四街至精神堡垒隧道概算表

中华民国三十五年（1946年）四月　日

名　称	单位	数量	单价	总价	备考
1. 石　方	立公方	25,700	3.00	77,100	
2. 钢筋混凝土					
（1）洋　灰	桶	8,640	7.20	62,100	
（2）钢　料	吨	3,000	220.00	660,000	
（3）路　面	平公方	3,400	4.30	14,620	
（4）堡　坎	立公方	300	1000	3,000	
（5）石　栏	公尺	115	120	138	

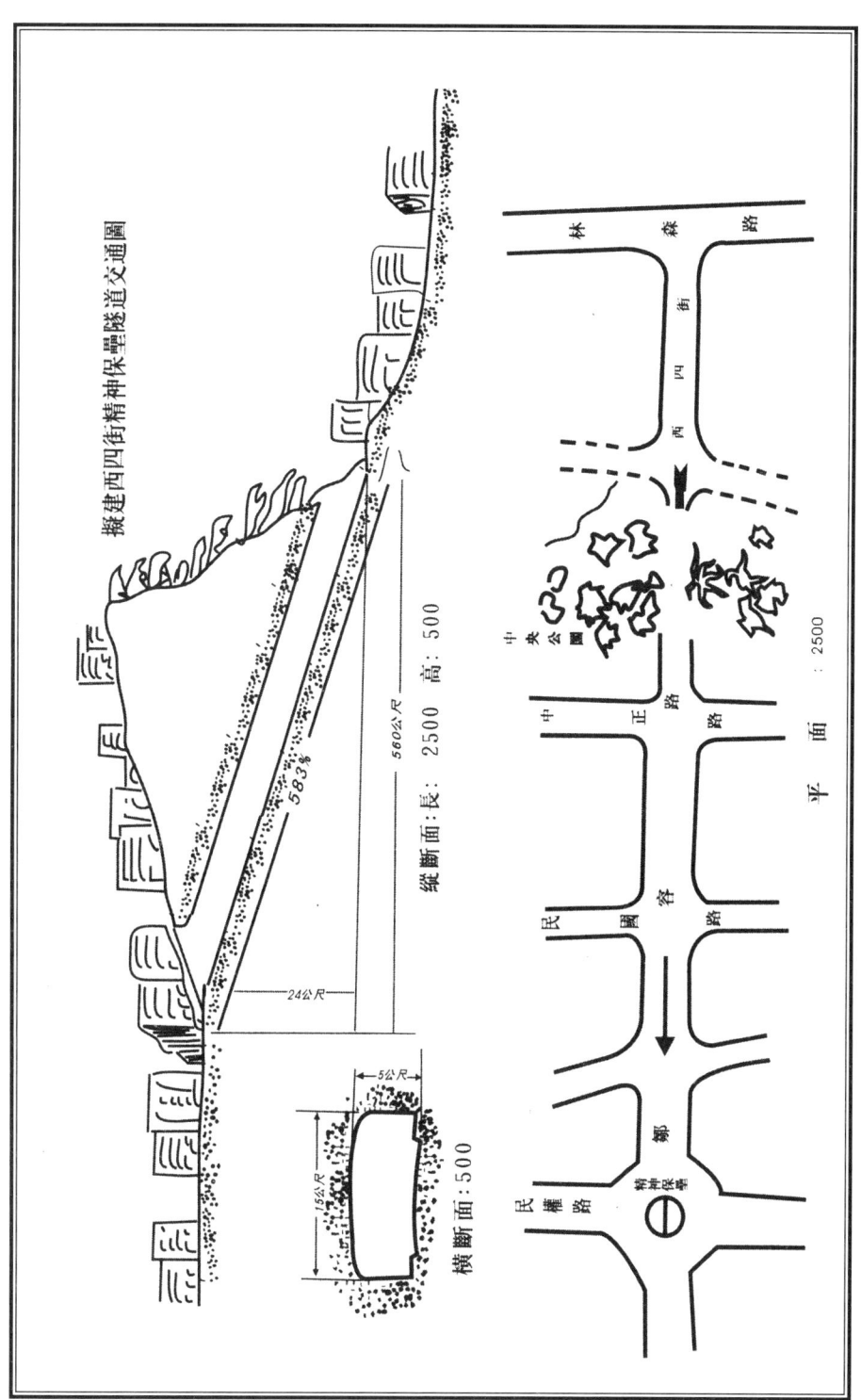

第二十一图 拟建西四街精神堡垒隧道交通图

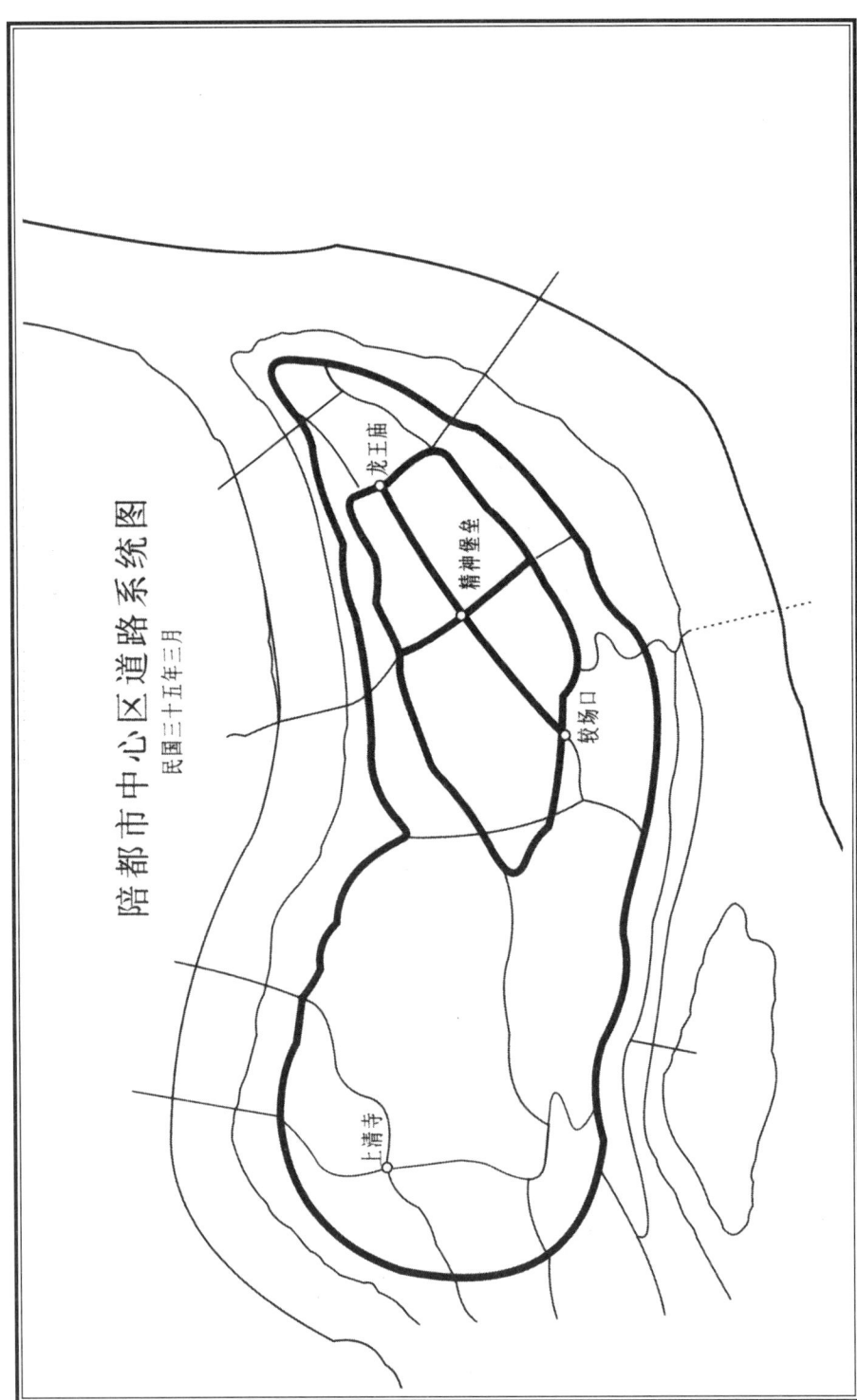

第二十二图 陪都市中心区道路系统图

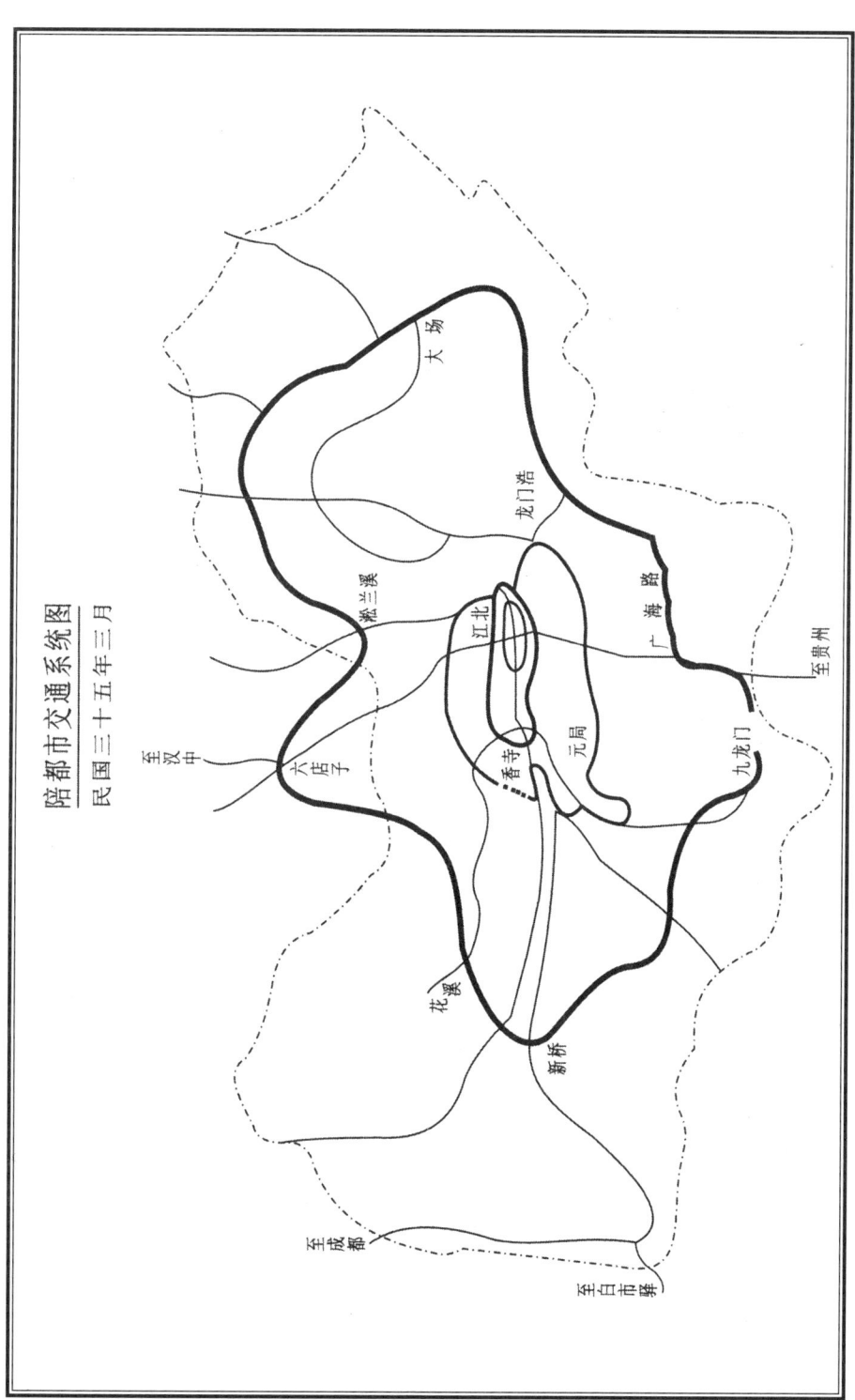

第二十三图 陪都市交通系统图

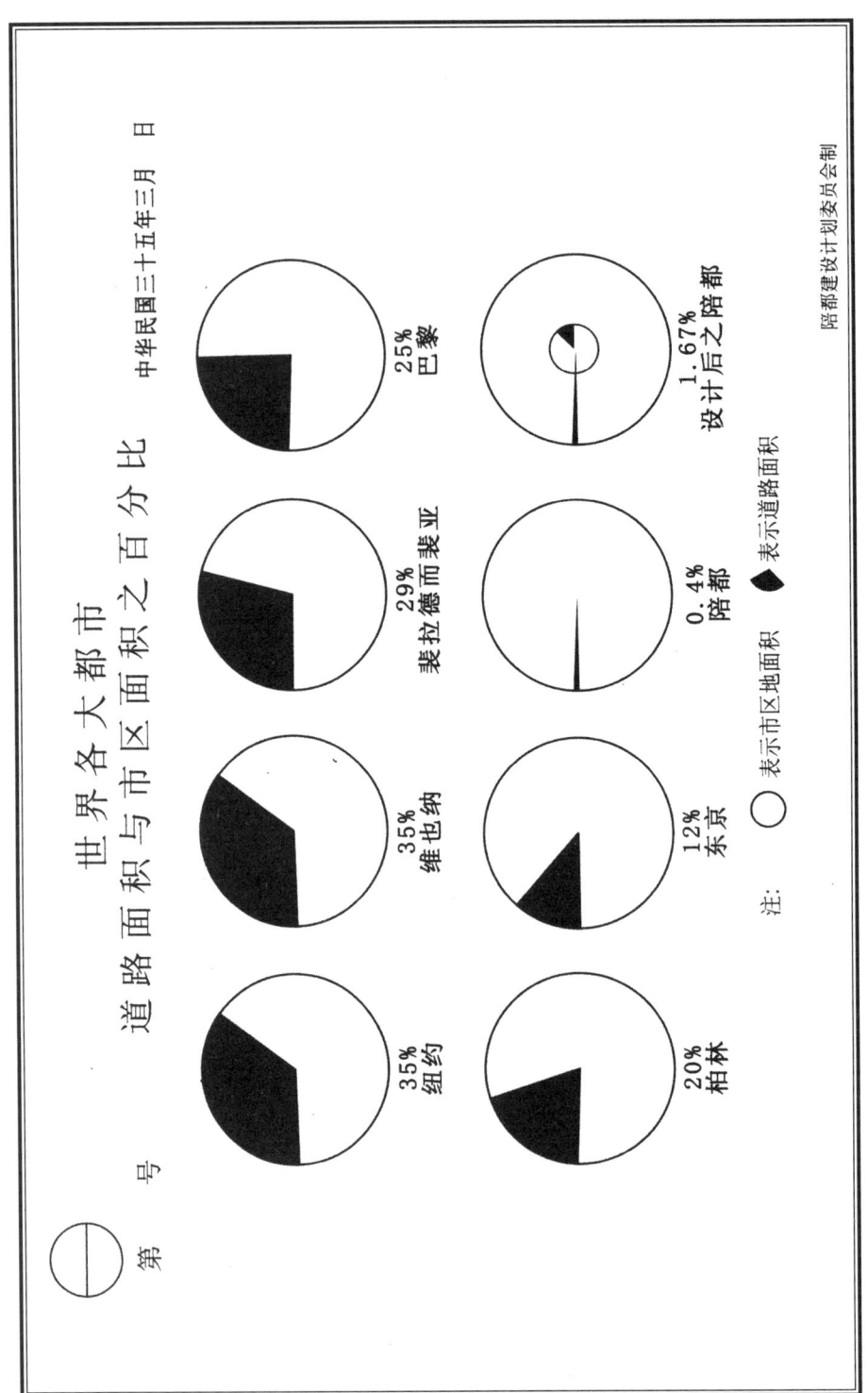

第二十四图 世界各大都市道路面积与市区面积之百分比

按照新计划路线及原有各线配合成为下列系统（见陪都市中心区道路系统图）

内环系统——自七星岗起经和平路，中正路，民族路，沧白路，临江路，至七星岗，此环内，乃本市最繁荣区域，其功用在畅通中心区之交通。

外环系统——自朝天门起，经陕西街，南区马路，环城两路，北区马路，抵朝天门，此环经过半岛外围部分，其功用，在加强市郊两区之联系。

放射线——以民权路广场，及上清寺为两中心区，作十字形向外放射，其功用在加强内外环之交通。

联络线——其功用在直接联络市中心区之北中南三条干线，

南区干路与中区干路——打铜街，凯旋路，中兴路，南区公路，

中区干路与北区干路——捍卫路，国府路，朝阳巷，

南区干路与北区干路——迥水沟，经莲花池街，莲花洞，接北区干路。

丑、增辟交叉路口广场

目前各国繁荣都市，市区交通，莫不以交叉路口之改善为研究中心，岔口处之路线愈多，解决办法愈难。盖岔口处，果不善为处理，不仅车行效率减低，而车辆行人，更时有互撞之危险。即以最简单之十字路岔口而论，其行车之可能互撞点，竟有 16 处之多。其改善办法为：

一、扩充各重要叉路口面积。于岔口中央，置圆形，方形，或三角形空地，种草植树，并设纪念建筑，或辟为广场，以便车行，有较大之曲度半径，依通行方向，顺序前进，不受阻碍（见前）。本市中心区内，拟增辟之岔口广场如下：

小什字，龙王庙，临江门，七星岗，南纪门，三圣殿，两路口，牛角沱，上清寺，大溪沟共九处。

二、各岔道口应于路面上加行人过街之标志与设置，使交通警察，便于指挥，以策安全。

寅、郊区干路线

一、准则。

（一）完成各卫星集团与市中心区之交通，并加强各集团间之联系。

（二）除地面交通各线须取得联络外，并力谋与水空两种运输之联运。

（三）配合现代交通设施，计划高速交通线道。

二、计划——（见第三十九表）其中以两江之沿江公路为最重要，拟尽先修筑之。

第三十九表 郊区干路路线长度概算及实施程序表

中华民国三十五年（1946年）四月 日

项目	起讫及所经地点	长度（公尺）	工程费约估（元）	分期实施次序	备注
1	由崇文场经龙门浩玄坛庙大佛寺至石门坎	约21,200	1,108,000	1	
2	由龙门浩新码头向西沿江至市界	约10,400	544,000	2	
3	市九龙坡沿成渝铁路基至铁路坝	约9,200	480,000	4	
4	由麻林房经石桥铺观音庙至小龙坎	约11,500	600,000	5	
5	由新桥经雷家岗至红槽房大杨公桥左近	约5,280	270,000	6	
6	由盘溪沿江向东经香国寺寸滩至郭家沱江边	约33,400	1,745,000	3	
7	由溉澜溪至瓦店子	约6,320	330,000	7	
8	由玄坛庙至老窑沟	约5,170	270,000	2	
9	由六龙碑经南坪场至黄葛渡	约3,160	165,000	8	
10	由五里店穿过江北县城至江边	约2,690	140,500	9	

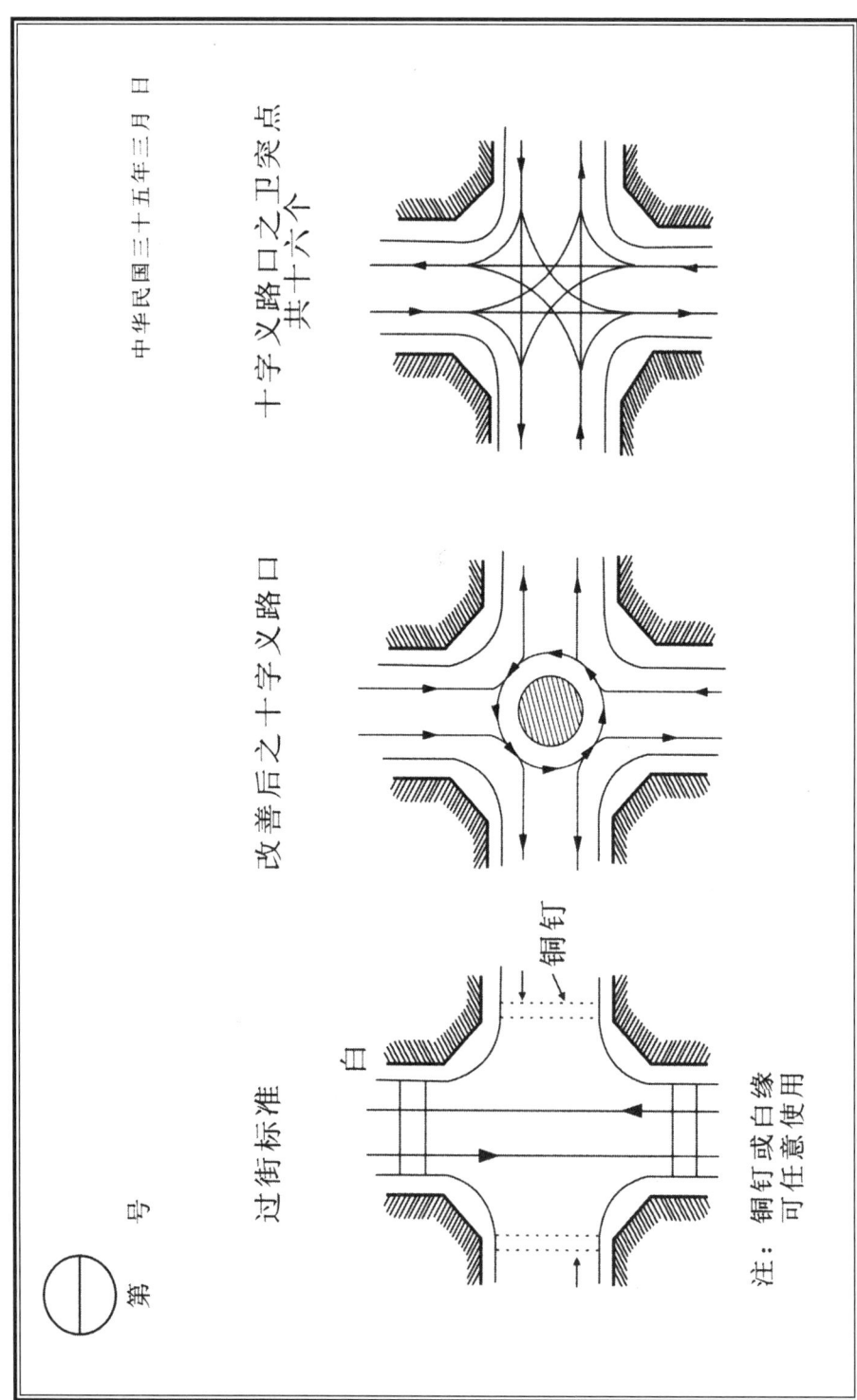

第二十五图 十字叉路口行车冲突点示意图

（一）内环系统——自朝天门经嘉陵江，沿江北河岸西行，至香国寺西，越江，至浮九公路，自鹅公岩北上，过铜元局桥，沿江东行，经龙门浩，越桥至朝天门。此线通过中心市区边缘。其功用在促进市区之繁荣，与增进市郊之联系。

（二）外环系统——自大兴场渡河，沿长江北岸公路西行，经溉澜溪，瓦店子，顺汉渝公路至盘溪，渡嘉陵江，经小龙坎，新桥至九龙坎，渡江抵二塘，顺川黔公路北上，再经广海公路，抵大兴场。此环功用，在使本市平均发展，减轻市区人口密度为目的。

（三）其余联络线（见二十六图）。

卯、大卫星市区之街道

人口已发展至3万上下之市镇，其市区街道须另行分别计划，本草案所拟定之卫星市镇，有下列数处：

江北，海棠溪，黄桷垭，小龙坎，磁器口，大坪，铜元局，弹子石，大佛寺，沙坪镇，化龙桥，龙门浩等十二处（见二十六图）。其道路工程费用概算，当另行研讨。

第四十表　卫星市镇道路工程费用概算表

项目	名　称	工款概数（元）	施工年度	概算说明
1	全部卫星市镇交通道工程十分之一	4,427,000.00	第一年	1. 平均人口：卫星市——30,000人，卫星镇——10,000人；
2	同上	4,427,000.00	第二年	2. 平均每人占有面积：100平方公尺；
3	同上	4,427,000.00	第三年	3. 道路面积占全市镇面积百分比：卫星市——15%，卫星镇——5/6 (15%)
4	同上	4,427,000.00	第四年	4. 平均道路宽度：卫星市——15公尺，卫星镇——8公尺
5	同上	4,427,000.00	第五年	5. 每平方公尺路面单价：5.8元
6	同上	4,427,000.00	第六年	6. 卫星市镇数目：卫星市——12个，卫星镇——18个
7	同上	4,427,000.00	第七年	7. 概算：
8	同上	4,427,000.00	第八年	卫星市：
9	同上	4,427,000.00	第九年	12×5.8×0.15×30,000×100 =31,320,000元
10	同上	4,427,000.00	第十年	卫星镇： 18×5.8×5/6×0.15×10,000×100 =13,050,000元
	总　　计	44,270,000.00①		

① 原稿第二年工程概算为"1"，总计为44,370,000.00元，根据名称项来看，从第2年到第10年，都是同上，所以第二年的工程概数应为4,427,000.00元，总计应为44,270,000.00元。

交通系統

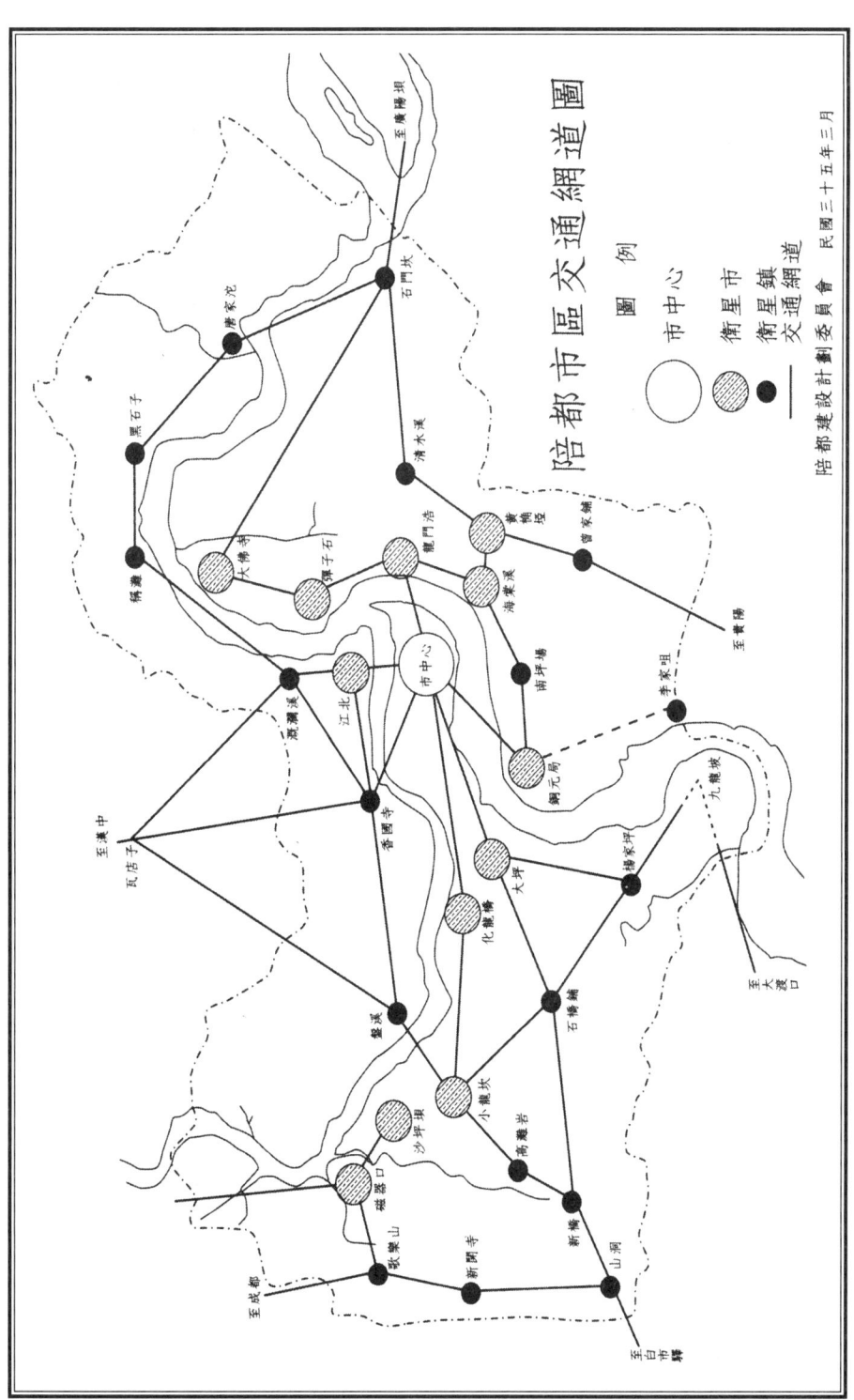

第二十六图 陪都市区交通网道图

辰、空运

一、准则。

空运基地，应具有下列各条件。

（一）地势平坦，附近无山峰阻碍，地基高于洪水位，地面宽阔。

（二）能与水陆运输终点相联系。

（三）直达市中心区，有较短之交通线。

二、计划。

除仍旧维持现有之珊瑚坝、白市驿、九龙坡三机场外，拟在距朝天门约一公里之弹子石背后和尚山前，另辟永久性之机场，以便适应近代巨型飞机之降落，其理由如下：

（一）现有之白市驿与九龙坡两机场，离市区过远，空运客货之往来，极为不便。而珊瑚坝机场，夏季被洪水淹没，且跑道太短，无法扩充，只能供小型飞机之降落，势难供应发展后之陪都要求。

（二）该区地势平坦，面积约有八平方公里，足敷应用。且该区靠近江边，可与水运取得密切之联络。

（三）长江大桥完成后，自龙门浩经玄坛庙，弹子石，大佛寺等地，亦有沿江干路之设计。且该区局部交通，亦将个别计划。自民权路广场起，至该区中心地点，全程不过四公里半，交通甚为便利。

（四）该区为本计划中之工业区，可配合发展。如人口过度膨胀时，除大坪一带而外，该区亦可大量容纳。

巳、铁路总车站（见第二十七图）

铁路总车站之于城市，有如肠胃之于人身，消化与排泄须有健壮之肠胃。而城市中货品之吞吐，行旅之往还，胥赖地位适中，布置完善之总车站。而此总站地点选择之重要者约为：

一、距离市中心区不远，能一车直达，但避免火车穿越市中心区。

二、能与水运、空运及公路取得最密切之联系，便利联运。

三、应有足供发展之宽广空地，以便铺设多数轨道，停放车辆，建设大量仓库，及修车机厂等。

四、靠近工业区域，使原料及成品运输便利。

根据上列原则，详加研究后，陪都日后之总车站，经选定如下：

（一）货车总站：弹子石背面和尚山前。

（二）客车总站：龙门浩。

弹子石背后和尚山前一带，地势较为平坦，只有高10余公尺之山丘起伏其间，面积宽广，施工容易。沿江一带为停泊大船之所在，且为工业发展之区域，计划中之大航空站紧接其旁，中正桥及沿江公路完成后，与市中心区之距离，亦只三数公里，故拟选定该地为货车总站者，因此地之条件恰当配合得宜也。

客车总站之位置，应绝对注意于行旅之便利，行将兴建之中正桥，既经东水门跨江，而达南岸之龙门浩，故拟选定南岸龙门浩附近为客车总站，较为适宜。盖行旅之转行公路者，仅一桥之隔，可直达菜园坝，水空运者沿公路直达弹子石。果电车完成，则于下火车后乘电车可直达东西南三方面之各远程乡镇。

午、公路总站——设菜园坝

一、成渝公路——经大坪，顺环城干路，直达总站。

二、川黔公路——由海棠溪，经沿江公路，至铜元局，越桥直达总站。

三、汉渝公路——现自盘溪渡江，直达菜园坝，拟改自松树桥至香国寺，越嘉陵江沿环城干路，直达总站。

四、川鄂公路——沿大佛寺弹子石，经海棠溪至铜元局越长江大桥，直达总站，或龙门浩渡桥，经市中心区而达总站。

未、公共汽车

一、市中心区：中区干道，似无设电车之必要，因近代都市繁荣区域内，均尽量避免电车之通行，以其有碍地面交通。而汽车之制造，成本低廉，使用便利，故多倚为市内主要交通工具。如计划全部完成后，仅环城干道，可能采用无轨电车，在过渡期间，拟仍以采用公共汽车为宜。

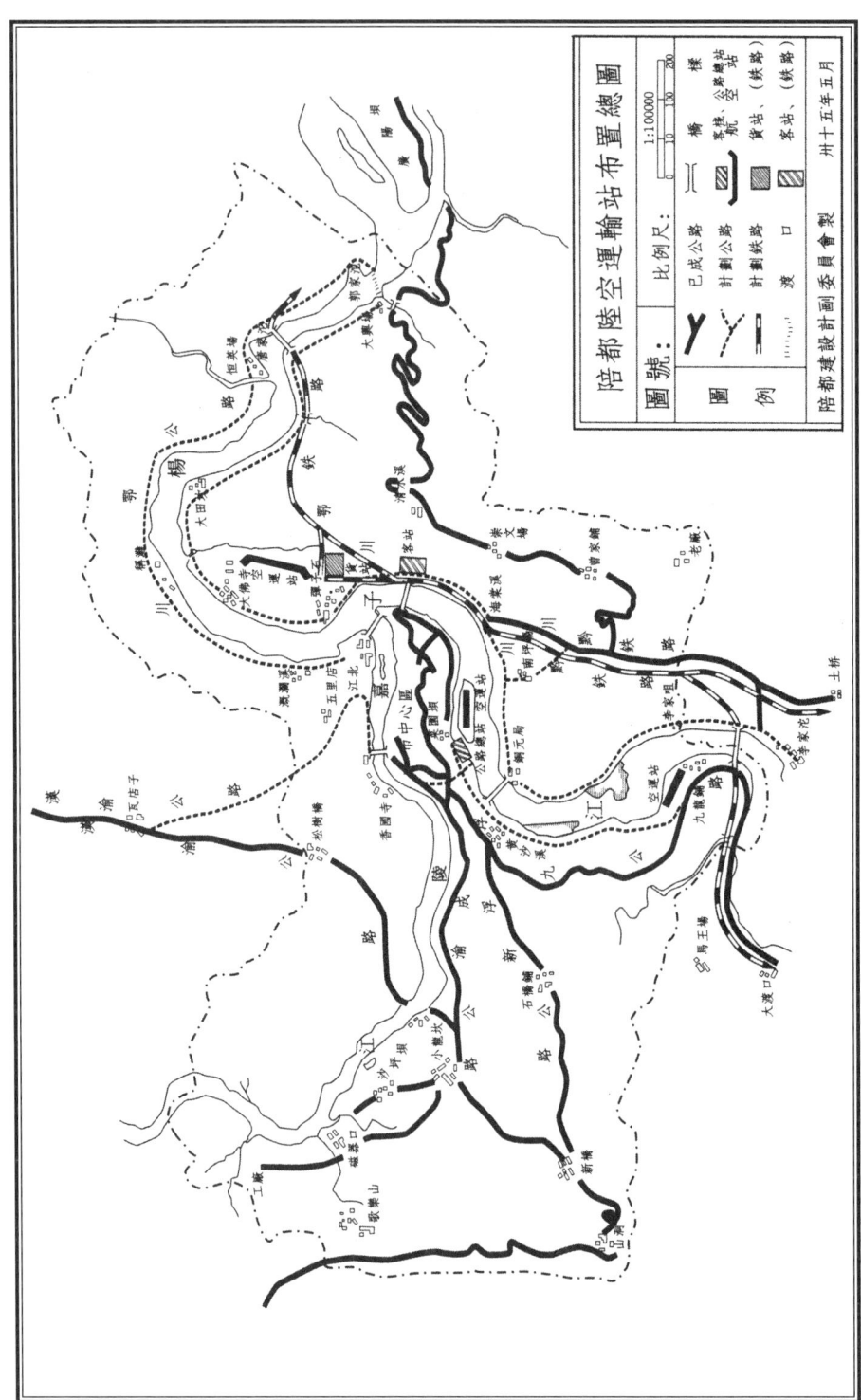

第二十七图 陪都陆空运输站布置总图

（一）原有中心区路线之更改，俟和平路改善后，应由七星岗改由和平路，经较场口而达小什字，如此可减少七星岗一段之拥挤现象。

（二）增辟环城路线：俟北区马路完成后，再设法增辟环城路线。

（三）开辟停车处所：街道路幅宽大之城市中，其停车处所，多设马路之中间，而不妨碍两旁之行车为原则。但本市因限于地势，路幅均不能过宽，路旁如有停车，实足妨碍交通之畅达。故停车处所之划定，在本市内，更为切要。兹拟依下列原则实施之。

1．先由最拥挤之主要干路着手，次要小路暂缓划定。

2．每三百公尺至五百公尺之距离，应辟公私汽车停车地点一处。每一地点之指定，须详细实测，再行规定。

3．停车处所之长宽面积，暂不限制，仍视实际可能情况斟酌处理之。

4．在目前人力车未能全部取缔时，其停车地点亦应有所规定。拟在汽车停放处内，留一部分，作为人力车停放处。

5．公私汽车停放处，应采斜向式，用白线在地面划分每车之地位，既有地面宽度，复利车身进退。

二、市郊区：除原有路线不变更外，在目前急需增辟者为两江江岸之各交通线，远程公共汽车，同时原有各路线车辆分配过少。例如石桥铺、九龙坡等线，每日只行车三数次，故乘客每因争购车票不易，候车竟有至半日者。车站秩序颇难维持，每车更有挤载至50余人者。行人均视为畏途，亟应尽先设法补救。

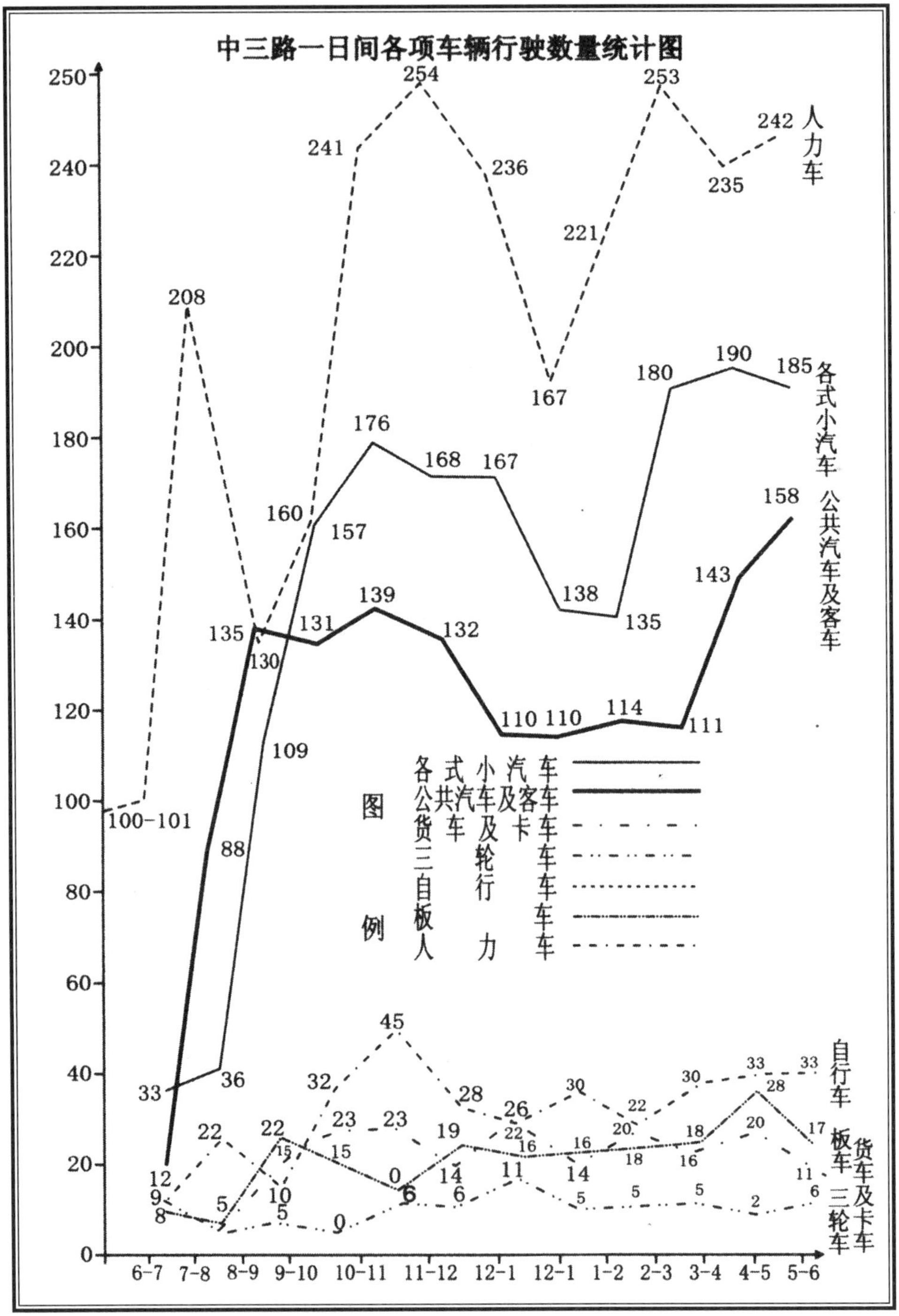

第二十八图 中三路一日间各项车辆行驶数量统计图

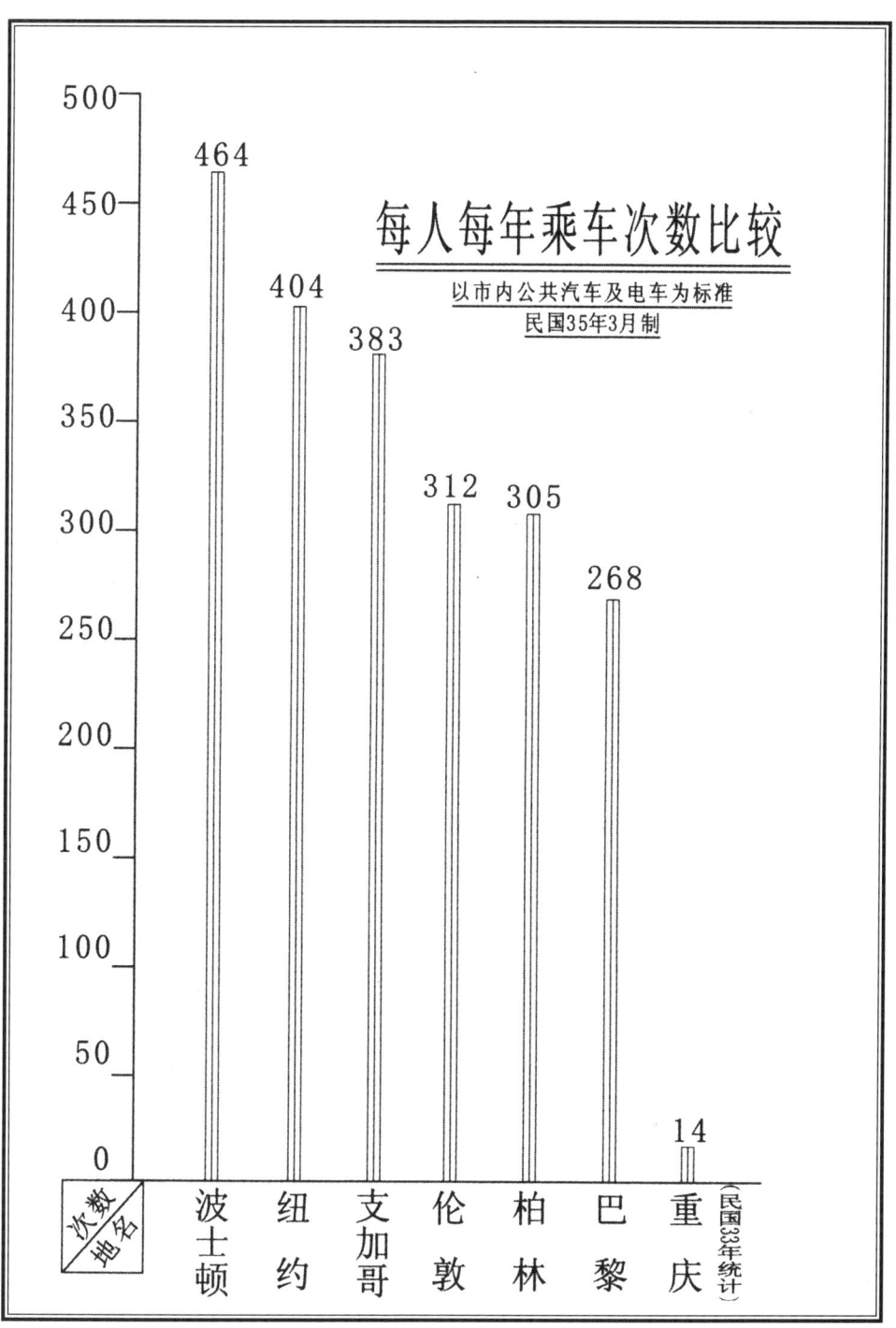

第二十九图 每人每年乘车次数比较图

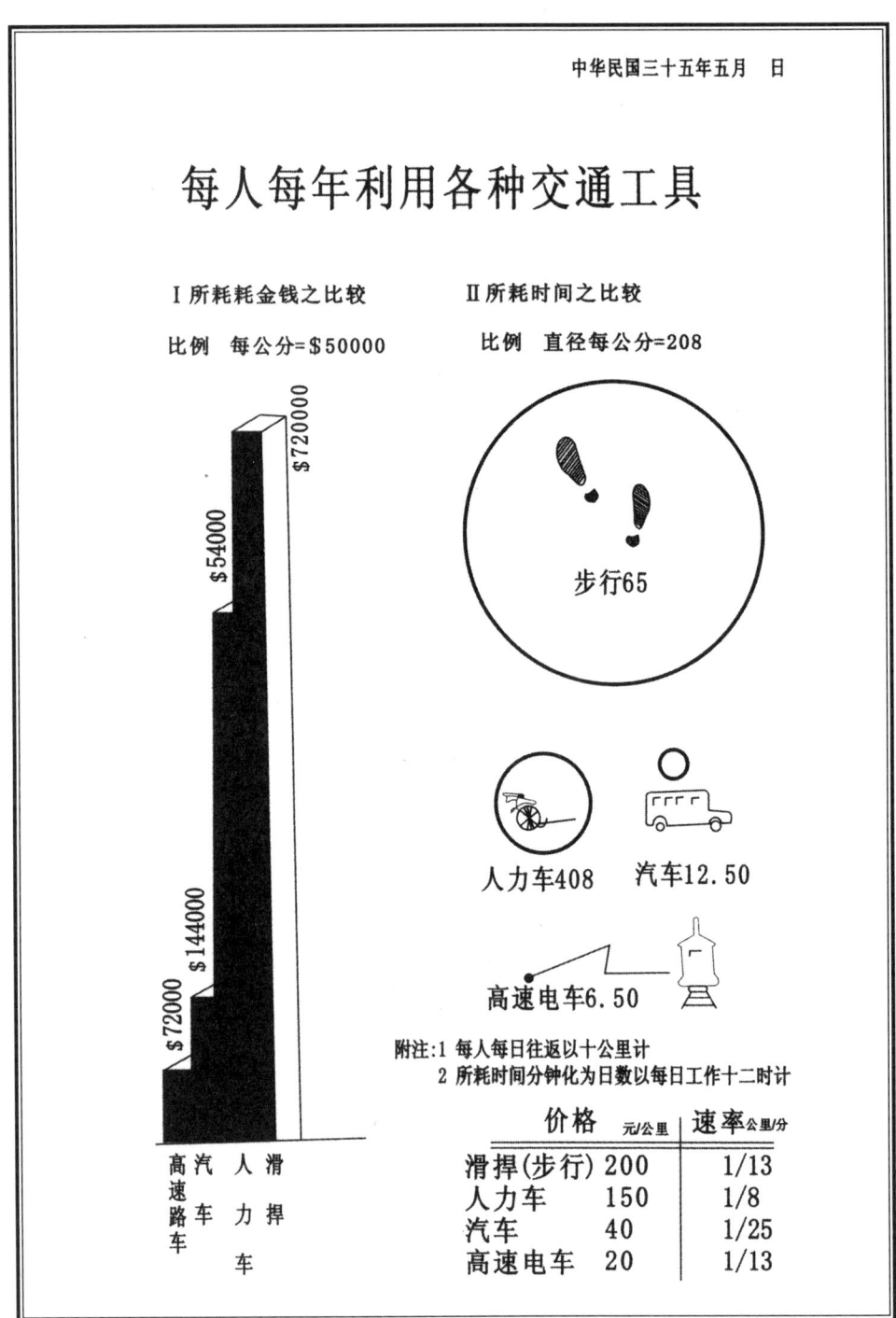

第三十图 每人每年利用各种交通工具图

（一）增加车辆。

（二）限制每车乘客最多不得超过35人。

（三）绝对维持购票乘车秩序。

申、高速电车

一、理由。

电车交通本为现代都市所摈弃，以其路线之敷设，每多妨碍其它交通，建设费亦较他种交通工具为高。关于本市电车交通，缆车公司曾拟有环城电车计划，但须俟环城干路完成后，方有设施之可能。惟自城中心区至磁器口，南至南温泉，北至大田坎一段，若敷设高速电车，郊外设于地面，以郊内设于地下，以利城郊联繁，实为人口过100万都市如陪都者不可缺少之设备，其理由有五：

（一）陪都市人口，现已达120万。每日市郊往返人数，据统计约在5万人以上。其中以西区循成渝路磁器口等地及南岸南温泉间之往来最为频繁。目前仅恃公共汽车维持。然受车辆速度之限制，运输量有限，每日仅四五千人左右。弹子石大佛寺与城区交通，则惟恃轮渡，其它多赖人力兽力。是以每因受交通迟缓所遭受之时间损失，为数至巨，而其影响所及对全市之损失，更属无从估计。将来各卫星区计划完成，郊外人口增长，交通将更趋繁密。为缩短市郊往返时间，以减少损失计，高速交通，至属必要。

（二）如遇紧急疏散时，须于最短时间内，散布城内人口于郊外，则非现时水运公路所能胜任。惟有高速交通，方可完成使命。

（三）半岛中心区上人口繁密，居室栉比，市面嚣杂，卫生不良。疏散人口，势在必行。果有高速交通之设备，人口合理之分布，自能顺利达到。

（四）本市动力，以后当有充分而廉价之供应。高速电车之装设，除初期建设费用稍大外，如电力供应解决，则日后维持费用自可大减。而市郊各区之交通问题，亦可完满解决。

（五）各大隧道苟能作适当之利用，则建设费用更可减低。

二、路线。

(一)甲线——自小什字至磁器口共长 14.75 公里,经过地点里程如下：

龙门浩至小什字	1.20 公里
较场口	1.40 公里
七星岗	0.65 公里
两路口	1.65 公里
李子坝	2.30 公里
小龙坎	4.20 公里
沙坪坝	1.50 公里
磁器口	1.85 公里

以上里程中有隧道两处,市内隧道,自小什字至李子坝长 6.20 公里,郊外隧道一段长 0.50 公里,两段共长 6.70 公里。桥梁约 4 座,涵洞约 10 座。此段因沙磁一带为文化区,乘客较多,修筑亦较易,拟采用双轨。至磁器口后,并可藉缆车达歌乐山,与成渝公路相接。

(二)乙线——自龙门浩至南温泉,共长 19.49 公里。其经过之地点及里程如下：

龙门浩至海棠溪	2.05 公里
烟雨段	1.40 公里
大坪溪	2.60 公里
二　塘	2.04 公里
董家湾	4.40 公里
刘家湾	4.00 公里
南温泉	3.00 公里

以上经过隧道四段,共长 1.2 公里,桥梁约 15 座,涵洞约 30 座。此段因乘客较少,而道路修筑亦较难,拟采用单轨。但桥梁涵洞隧道,仍照双轨计划,以期必要时改建双轨。

第三十一图 高速电车计划路线图

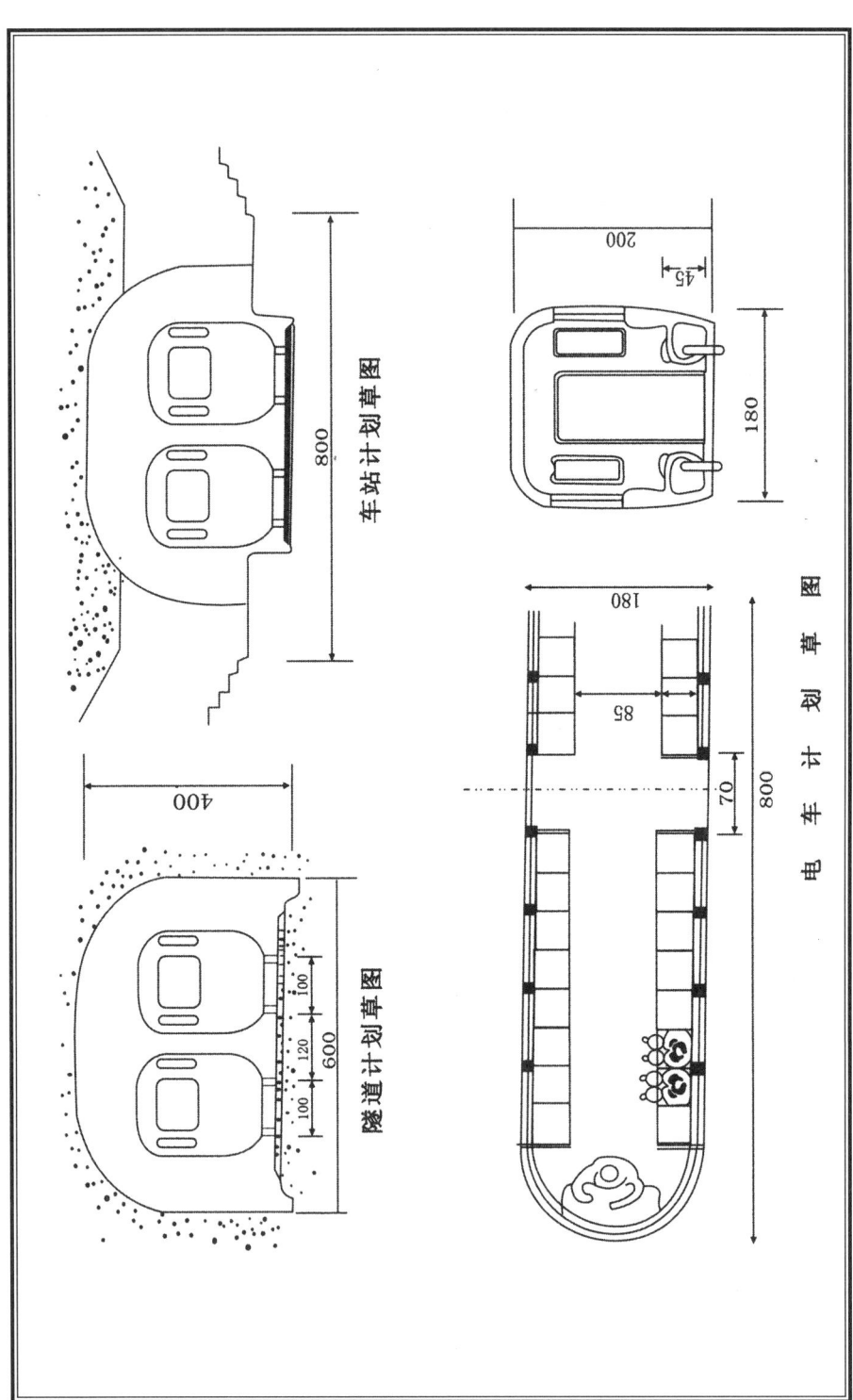

第三十二图 电车计划草图

（三）丙线——自龙门浩至大田坎，共长 6.90 公里。其经过地点及里程如下：

龙门浩至石坎　　　　　　　3.05 公里

大田坎　　　　　　　　　　3.85 公里

以上经过桥梁约 4 座，涵洞约 9 座。此段路线在将来弹子石卫星市之内侧（外侧沿河另有公路计划）。在卫星市尚未发展前，亦暂建单轨。

三、路轨、速度、车辆及运输量。

（一）路轨：采用每公尺 47.775 公斤钢轨，轨距 1 公尺，最大坡度 4%，弯道最小半径 80 公尺。

（二）速度：市区速度，每小时 25 公里，市郊速度，每小时 45 公里。

（三）车辆：车身宽 1.8 公尺，长 8 公尺，机车装 35 匹马力，马达 2 部。机车后可拖车辆，共可容乘客 240 人。

（四）运输量：甲线为双轨，列车行驶间隔，可不受限制。若假定间隔为 10 分钟，则每小时可输送往返乘客 2,880 人。遇必要时，每小时可输送 1,500 人至郊外。乙线及丙线为单轨。若每车站距离不超过 5 公里，列车行驶间隔，亦可为 10 分钟。每小时 2 次，共可输送往返乘客 5,760 人，必要时两路每小时可输送 3,000 人至郊外。三线合计，必要时，每小时可输送 1,500 人至郊外。以每日行驶 12 小时计，则三线合计每日共可输送往返乘客 10 万人以上。

隧道及市内车站出入口。

隧道断面，宽 6 公尺，高 4 公尺。车站月台长 20 公尺，宽 1.9 公尺。市内隧道底距马路面，最少 15 公尺。一部分即利用旧有防空洞改建，其中途站，只需视实际情形酌定。

第四十一表　高速电车第一期建设概算表

中华民国三十五年（1946年）四月　日

项目	名　称	说　明	单位	数量	单价	总价	备注
1	钢轨	内停车场轨路 500M	公吨	788	220.00	173,360	
2	枕木		根	33,000	0.75	24,750	
3	土方		立公方	10,800	0.30	3,240	
4	石方		立公方	145,620	3.00	436,860	
5	桥梁		座	2	15,000.00	30,000	
6	涵洞		座	1	150.00	150	
7	馈电及电车路线		公里	8	10,500.00	840,000	
8	轨道导电设备		公里	8	2,100.00	16,800	
9	电话号志		公里	8	455.00	3,640	

续表

项目	名 称	说 明	单位	数量	单价	总价	备注
10	机电设备装置工费		工	12,000	1.20	14,400	
11	隧道及车站出入口		座	5	12,500.00	62,500	
12	车辆及附属设备		列	4	38,500.00	154,000	
13	厂房占地		公顷	22.5	2,000.00	45,000	
14	厂房建筑		平公方	40,000	20.00	800,000	
15	水管锅炉		座	1	17,500.00	17,500	
16	1200KVA 透平发电机		座	1	42,000.00	42,000	
17	2720KVA 三相变压机		座	2	21,000.00	42,000	
18	400KVA～600V 变流机		座	1	7,000.00	7,000	
19	240KVA～600V 变流机		座	1	7,000.00	7,000	

第四十二表 高速电车第二期建设概算表

中华民国三十五年（1946年）四月　日

项目	名称	说明	单位	数量	单价	总价	备注
1	钢轨	内停车场轨路500M	公吨	860	220	189,200	
2	枕木		根	36,000	0.75	27,000	
3	土方		立公方	49,500	0.30	14,850	
4	石方		立公方	61,500	3	184,500	
5	桥梁		座	2	15,000	30,000	
6	涵洞		座	10	150	1,500	
7	馈电及电车路线		公里	8.75	105,000	919,000	
8	轨道导电设备		公里	8.75	2,100	18,400	
9	电话号志		公里	8.75	455	3,990	
10	机电设备及装置工费		工	13,125	1.20	15,790	

续表

项目	名称	说明	单位	数量	单价	总价	备注
11	隧道及车站出入口		座	3	12,500	37,500	
12	车辆及附属设备		列	4	38,500	154,000	
13	厂房建筑		平公方	30,000	20	600,000	
14	水管锅炉		座	2	17,500	35,000	
15	1200KVA 透平发电机		座	2	42,000	84,000	
16	2720KVA 三相变压机		座	2	21,000	42,000	
17	400KVA～600V 变流机		座	1	7,000	7,000	
18	240KVA～600V 变流机		座	2	7,000	14,000	
19	厂房占地		公顷	1.50	2,000	3,000	

第四十三表 高速电车第三期建设概算表

中华民国三十五年（1946年）四月　日

项目	名称	说明	单位	数量	单价	总价	备注
1	钢轨	内停车场钢路500M	公吨	349	220	76,900	
2	枕木		根	14,600	0.75	10,900	
3	土方		立公方	18,630	0.30	5,589	
4	石方		立公方	18,630	3.00	55,900	
5	桥梁		座	4	15,000	60,000	
6	涵洞		座	9	150	1,350	
7	馈电及电车路线		公里	6.90	105,000	725,000	
8	轨道导电设备		公里	6.90	2,100	14,500	
9	电话号志		公里	6.90	455	3,140	
10	机电设备及装置工费		工	10,350	1.20	12,420	

续表

项目	名称	说明	单位	数量	单价	总价	备注
11	隧道及车站出入口		座	4	12,500	50,000	
12	车辆及附属设备		列				
13	厂房占地		公顷	0.50	2,000	1,000	
14	厂房建筑		平公方	10,000	20	200,000	
15	水管锅炉		座				
16	1200KVA 透平发电机		座				
17	2720KVA 三相变压机		座				
18	400KVA～600V 变流机		座				
19	240KVA～600V 变流机		座				

181

第四十四表　高速电车第四期建设概算表

中华民国三十五年（1946年）四月　日

项目	名 称	说 明	单位	数量	单价	总价	备注
1	钢轨	内停车场轨路500M	公吨	979	220	215,800	
2	枕木		根	41,000	0.75	30,800	
3	土方		立公方	49,383	0.30	14,815	
4	石方		立公方	75,000	3.00	224,550	
5	桥梁		座	15	15,000	225,000	
6	涵洞		座	30	150	4,500	
7	馈电及电车路线		公里	19.50	105,000	2,050,000	
8	轨道导电设备		公里	19.50	2,000	41,000	
9	电话号志		公里	19.50	455	8,890	
10	机电设备及装置工费		工	29,250	1.20	35,180	

续表

项目	名 称	说 明	单位	数量	单价	总价	备注
11	隧道及车站出入口		座	8	12,500	100,000	
12	车辆及附属设备		列	8	38,500	308,000	
13	厂房占地		公顷	1	2,000	3,000	
14	厂房建筑		平公方	20,000	20	400,000	
15	水管锅炉		座				
16	1200KVA 透平发电机		座				
17	2720KVA 三相变压机		座				
18	400KVA～600V 变流机		座				
19	240KVA～600V 变流机		座				

酉、防空洞之利用处理

一、现状。

本市防空洞数量虽多，其中一部分系杂乱零落之私洞，既无通盘计划，复无切面标准，无从整理利用。其中属公用者，路线仅有五条（见第三十八图）。但各条中间，均未通连系，开凿之初，原望各地穿通。后因工作之断续，及急迫需要，致难如原意实现。至洞之内部，大小高低不同，其宽高均未超过2.5公尺。但开宽加大，颇可利用之为交通隧道，及高速电车隧道，以期节省工费。

二、防空洞之利用部分。

（一）民权路广场至林森路交通隧道——民权路广场为市区内之繁盛地域，由林森路至该地，车马行人，每须绕道，至为不便。如开辟此线，则为南区马路至市中心最捷便之途径。计原有防空洞可资利用者约有110公尺。

（二）高速电车隧道——高速电车之行驶，非远距离无法发挥其效能。本计划之线路有一部分经过市中心区。原有防空洞，可利用者，长约800公尺。

1. 十八梯段
2. 演武房段
3. 中营街段
4. 左营街段
5. 打铜街

三、防空洞之处理部分。

除能利用为交通隧道者外，其它部分之利用，拟依下列原则处理之：

（一）大隧道之未贯通者，均继续凿通，且将内部另加整理、采光、通风，加以改善。

（二）私洞与小洞有须扩大而贯通者整理之，设备不全者补充之，有危险性者取缔之。

（三）可利用作储存站者，尽量整理之，以备作地下堆集货品物资之用。

第四十五表　陪都现有大隧道一览表

中华民国三十五年（1946年）四月　日

新编字号	详细洞址	长度（公尺）	宽度（公尺）	洞口数目	利用情状	备考
左半一号	左营街至山王庙	199	2.0	2	利用扩大作地下高速电车隧道	
	半边街	160	2.5	1		
	中央公园	103	2.0	1		
	市商会	135	2.5	1		
	西三街	81	2.5	1		
	外交部	111	2.5	1	利用扩大作交通隧道	
千梅二号	千厮门至梅子坡	201	2.0~2.5	2		
望三号	望龙门	150	2.5	1		

185

续表

新编字号	详细洞址	长度（公尺）	宽度（公尺）	洞口数目	利用情状	备考
	二府衙	200	2.0—2.5	1		
	打铁街	150	2.5	1	利用扩大作地下高速电车隧道	
演十四号	演武厅	279	2.5	1	同上	
	十八梯	62	2.5	1	同上	
	石灰市	105	2.5	1		
临夫五号	临江门至夫子池	201	2.0—2.5	2		
中扁六号	中营街至扁担巷	197	2.0—2.5	2	利用扩大作地下高速电车隧道	

戊、两江大桥

一、目的。

因两江之隔，南岸及江北与半岛上市中心区，始终未能得合理之联系。虽有轮渡之设，然对于居民时间与经济之损失，倘缜密统计，实足惊人。以目前每日来往渡过者之最低数目3万人估计，每人每次渡资200元，则每年损失于渡资方面者，约达22亿元之巨。若每人每日因过渡时间损失1小时计算，则每人每年损失工作时间日（12小时）计30日之多。而货物运销之不便，及其它牵涉所及，尤难计量。如两江大桥能早日完成，其功用之显著者有：

（一）必要时高速车及汽车，可越桥而过，较轮渡之运输量可增至百倍以上。

（二）市中心区人口可疏散至南北两岸。本市中心不至偏局于半岛一隅，而得合理之平均发展。市区土地面积亦可得充分而合理之利用。

二、地点之选择（见第十九图）。

（一）东水门大码头至下龙门浩，横跨长江，全长约982公尺。中国桥梁公司早已着手计划。该桥完成后，对西南各省言，川黔与成渝两公路可互相贯通，就本市言，市中心区与南岸可合而为一体。以其关系之重要，似应列入第一期施工范围之内（见四十六七两表）。

第四十六表　中正桥工程估价表

中华民国三十五年（1946年）四月　日

工程名称		数量	单位	单价	总价	备注
(1) 桥墩座	1. 底脚土石工	2,000	公方	2.5	5,000	
	2. 桥墩混凝土	7,000	公方	50	350,000	
	3. 桥座混凝土	8,000		55	440,000	
(2) 锚碇	1. 石工	2,000	公方	2.5	5,000	
	2. 混凝土	8,000	公方	55	440,000	
	3. 钢料（连制工）	520	吨	570	296,400	
	4. 钢料安装	520	吨	50	26,000	
(3) 钢塔	1. 钢料	2,940	吨	360	1,058,400	
	2. 拼制	2,940	吨	60	176,400	
	3. 安装	2,940	吨	50	147,000	
(4) 钢索	1. 钢索及悬索料	2,900	吨	990	2,871,000	
	2. 钢索及悬索安装	2,900	吨	60	174,000	

续表

工程名称	数量	单位	单价	总价	备注
(5) 加劲架 1. 钢料	4,500	吨	390	1,755,000	
2. 拼制	4,500	吨	60	270,000	
3. 安装	4,500	吨	50	225,000	
(6) 桥面系 1. 钢料	1,800	吨	360	648,000	
2. 拼制	1,800	吨	60	108,000	
3. 安装	1,800	吨	50	90,000	
(7) 桥面 1. 公路面混凝土	2,200	公方	100	220,000	
2. 人行道面混凝土	600	公方	100	60,000	
3. 栏杆灯光面饰等	860	公方	50	43,000	
(8) 引桥	60	公尺	400	24,000	
(9) 管理费	约为总值之 3%			268,040	

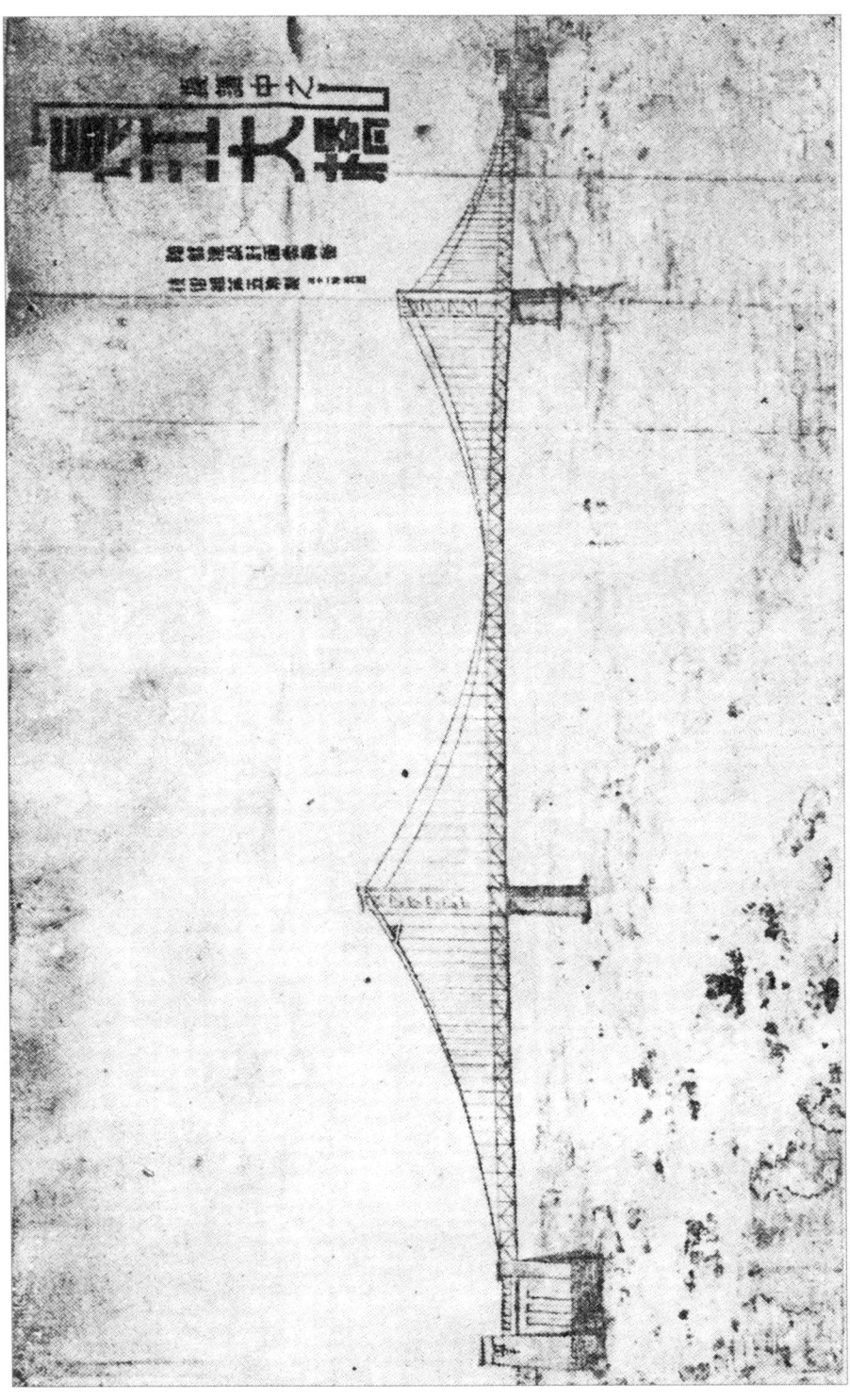

第三十三图 拟议中之长江大桥图

第四十七表　中正桥工程序表

工程名称	第一年 1 2 3 4 5 6 7 8 9 10 11 12	第二年 1 2 3 4 5 6 7 8 9 10 11 12	第三年 1 2 3 4 5 6 7 8 9 10 11 12
筹备订购材料工具	████████		
布置工地	██		
建筑墩座	████████		
制造钢塔料及锚碇	██████		
安装钢塔及锚碇		█████	
架钢索		██	
制造加劲梁桥面系	████		
安装加劲梁桥面系		█████	
建筑路面			██████
引　桥		████	

中华民国三十五年（1946年）四月　日

（二）嘉陵码头与千厮门码头之间，跨嘉陵江以通江北，全长约 600 公尺。可直达半岛中心区。亦应列入第一期建设范围之内。

（三）黄沙溪通铜元局：全长约 750 公尺。查大坪与铜元局两区为本市发展之首要地带。市中心区之两大重要卫星市镇，必须有密切之联系。又菜园坝为成渝铁路之终点，及本市至各重要公路之总车站，其互相间之联络，均赖此桥。拟暂列入第二期建设范围之内。

（四）曾家岩至沙湾：该桥跨嘉陵江上游，全长约 600 公尺，为嘉陵江上之第二大桥，乃城郊环状道路系统之连接点，亦拟列入第二期建设范围之内。

亥、崇文场、歌乐山电缆车

一、设置缆车之重要性。

崇文场（黄桷垭）及歌乐山镇两处，风景优美，气候宜人。惟以地居山岭，高下悬殊，交通至感不便。但两处山岭之上，地势则较平坦、宽敞，正宜建筑别墅，作为避暑之地。崇文场一带，约有 6 平方公里，歌乐山一带，则约有 10 平方公里。地皆循公路而成带形。如能使交通便利，实足供将来发展，目前除赖人力、兽力运输可直达外，至崇文场则须由海棠溪循海广路绕行 10 余公里，至歌乐山须绕成渝路至 30 余公里之遥。不仅迂回费时，亦为将来发展之大阻碍，实有改善之必要。本市交通计划中，既有高速电车之计划，乃拟于此两处设电缆车，使与高速电车直接衔接，以收直达之效。

二、路线：（见第三十四图）。

（一）崇文场：缆车公司曾拟有自龙门浩至崇文场之缆车计划。惟本市高速电车计划中，即有自龙门浩经海棠溪至南温泉一线，则缆车以自海棠溪至崇文场为最便捷，计海棠溪至崇文场 1.3 公里，高度相差 300 公尺，全线均用缆车，平均坡度为 22%。

（二）歌乐山：自磁器口高速电车接轨，至步云桥长度 1.5 公里，仍用电车。自步云桥至高店子长 1 公里，高度相差 250 公尺，平均坡度 25%，改用缆车。但自高店子至歌乐山镇，计路 13 公里，则仍用电车。此线共长 3.7 公里。

以上两线暂设单轨，如假定行车间隔为 5 分钟，每线每小时可输送上下乘客约 2,000 人，每日开行 12 小时，共可输送上下乘客 2 万人以上。

三、设备：一切设备，可与高速电车之设备合用，不另设置。至所用缆索，拟每根分左右两股，上下各设转动轮，缆索即随卷索而运转不停。

第四十八表　崇文场电缆车工程概算表

三十五年（1946年）三月　日

项目	名称	数量	单位	单价（元）	总价（元）	备注
1	土方	2,000	公立方	0.30	6,000.00	
2	石方	4,000	公立方	2.50	100,000.00	
3	桥梁涵管	200	公尺	100.00	20,000.00	
4	堡坎	500	公尺	125.00	62,500.00	
5	钢轨及配件	340	吨	360.00	122,400.00	
6	枕木	5,600	根	1.20	7,720.00	
7	电车接触导线	3,400	公尺	36.00	122,400.00	
8	车辆	16	辆	22,000.00	352,000.00	
9	轨道导电设备	3,400	公尺	1.80	6,120.00	
10	电话				2,500.00	
11	钢索	2,000	公尺	12.00	24,000.00	

续表

项目	名称	数量	单位	单价（元）	总价（元）	备注
12	缆车用电动机及机械				25,000.00	
13	发电厂房基及烟囱等				25,000.00	
14	发电厂机电设备				600,000.00	
15	车场及修理工厂				45,000.00	
16	修理工厂设备				45,000.00	
17	机电设备装置工费				10,000.00	
18	办公室及宿舍				20,000.00	
19	车站				25,000.00	
20	购地费				25,000.00	
21	设计监工及其它（约20%）				88,610.00	

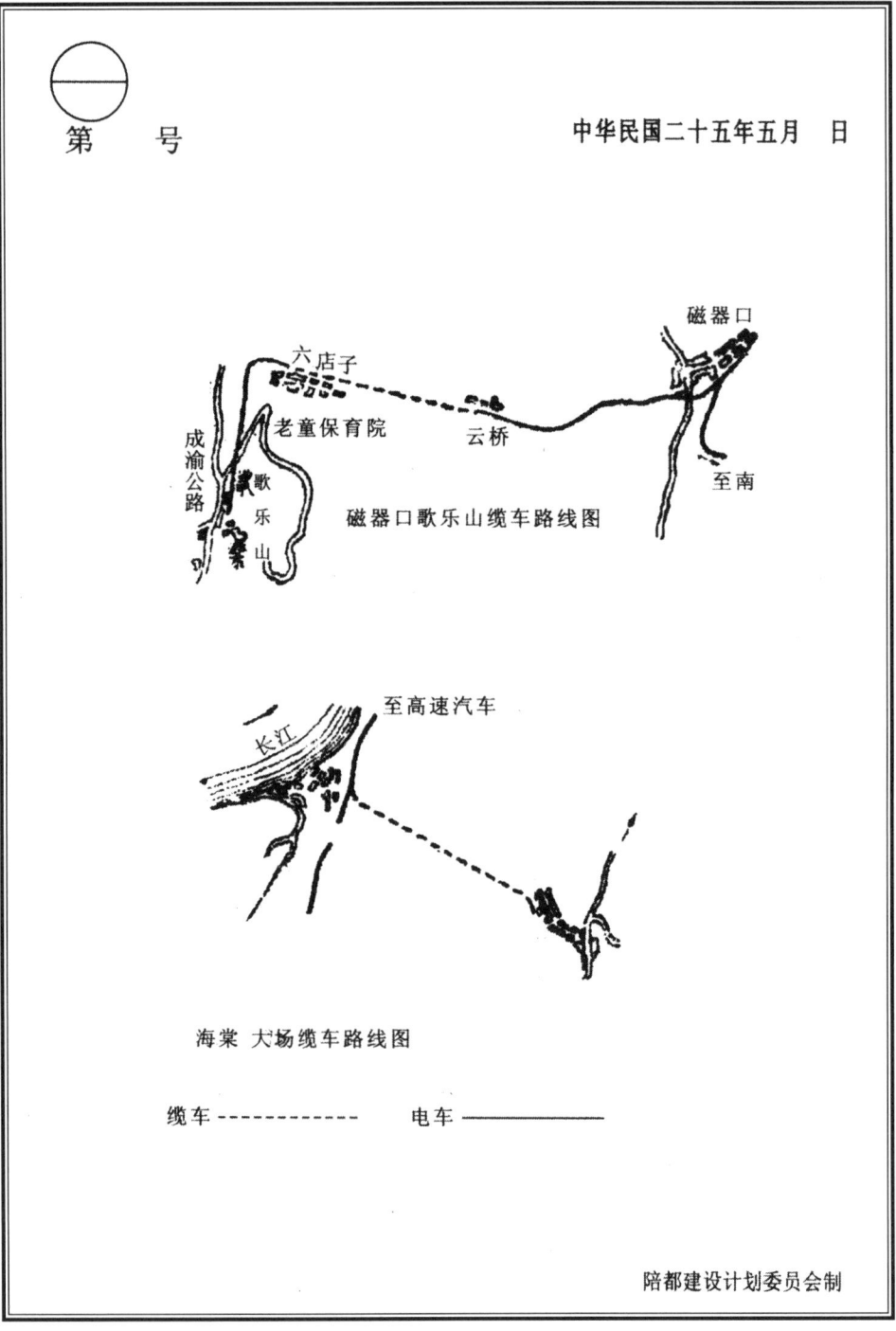

第三十四图 卫星市标准计划图

第四十九表　歌乐山电缆车概算表

中华民国三十五年（1946年）三月　日

项目	名称	数量	单位	单价（元）	总价（元）	备考
1	钢轨	214.6	公吨	80.00	17,168.00	
2	枕木	8,880	根	0.75	6,660.00	
3	土方	26,640	公立方	1.50	39,960.00	
4	石方	26,640	公立方	5.00	133,200.00	
5	堡坎	740	公尺	12.50	9,250.00	
6	馈电及电车路线	3.7	公里	30,000.00	111,000.00	
7	轨道导电设备	3.7	公里	600.00	2,220.00	

续表

项目	名称	数量	单位	单价（元）	总价（元）	备考
8	电话号志	3.7	公里	130.00	481.00	
9	钢索	3,404	公尺	4.00	13,616.00	
10	缆车用电动机及机械装置				50,000.00	
11	电车机械设置及装置工费	2,995	工	1.50	4,495.00	
12	车辆及附属设备	3	辆	7,500.00	22,500.00	
13	厂房占地	1	公顷	300.00	300.00	
14	厂房建筑	1,500	平公方	10.00	15,000.00	

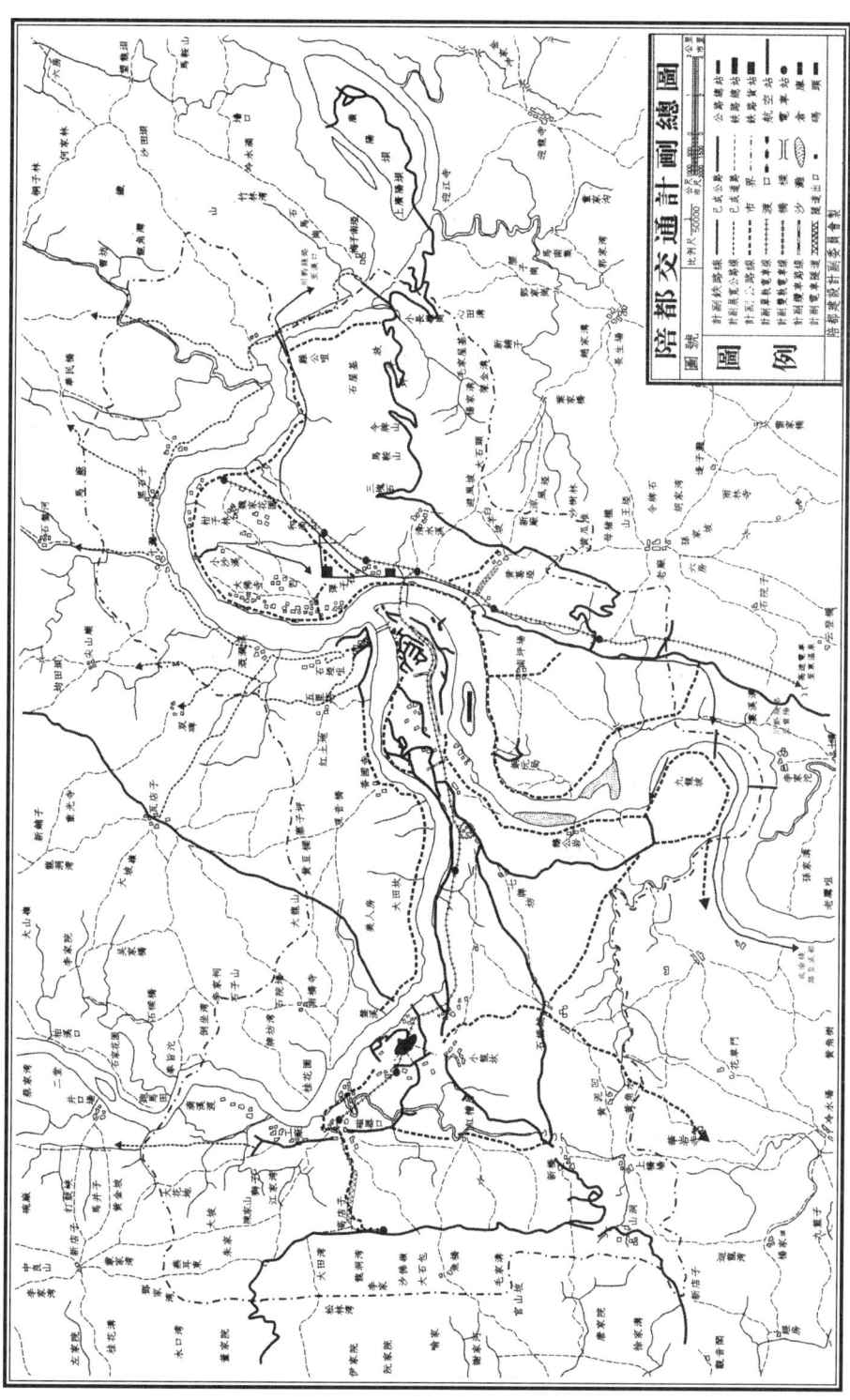

第三十五图 陪都交通计划总图

第五十表 交通系统十年建设计划分年实施概算表

单位1元（战前币值）

项目	年度 进度概算	第一年	第二年	第三年	第四年	第五年	第六年
市中心区	工程进度	1. 北区干路至临江门至大溪沟 2. 通远门经和平路 3. 菜园坝至南纪门喜路展修 4. 运路至民族路 5. 沧白路经新街段展修 6. 民国路机房街段展修 7. 菜园坝路珊瑚坝路 8. 兴隆街至飞仙洞至来寺路段展修	1. 较场口经民权路至打铜街段展修 2. 信义街 3. 临江门接民生路 4. 中一、二、三、四路展修 5. 和平路展修 6. 沧白路经邹容路 7. 木货街 8. 商业场 9. 陕西街仓坝经二道至邹容路 10. 和平路与民生路间联络道展修	1. 较场口经民权路至打铜街展修 2. 临江门经公园路至新半街 3. 牛角沱穿大田湾萧家园坝 4. 南纪门经林森路接陕西四路至邹容路 5. 江家巷经五四路 6. 太阴街米华街中营街 7. 育婴堂街 8. 正阳街上段 9. 民族路经罗汉寺兴隆巷至保安路 10. 保安路进口段展修	1. 较场口至民权路打铜街展修 2. 临江门经公园路至新半街 3. 林森路经报恩寺至大河城街 4. 杨柳街经磁器井巷至磁器街 5. 复兴路展修 6. 文华街 7. 花街子 8. 中一支路及神仙洞后街展修	1. 临江门经公园路至新半街 2. 朝天青经千厮门至龙王庙 3. 中正路展修 4. 大河顺城街经白顺鹤亭至林森 5. 望龙门至储奇门城街 6. 五四路展修 7. 寄备街双板街 8. 凯旋路经柑子堡 9. 鱼鳅背 10. 上石板坡 11. 和平路经五福宫至领事巷	1. 较场口接凯旋路 2. 国府路展修 3. 打铜路经西二街至中大街 4. 千厮门经上行街至中正街 5. 凯旋路经后伺坡至邹容路 6. 和平路经原亭子莱家石坝展修 7. 二府衙
公路	概算	1,098,400	620,600	1,690,000	600,100	1,019,600	258,100

续表

项目	年度 进度概算	第七年	第八年	第九年	第十年	总计
公路	市中心区 工程进度	1. 四水沟经潘家沟接北区干路 2. 民生路至磁器街展修 3. 沧白路经九尺坎至复兴路 4. 夫子池及临江门展修 5. 牛皮肉横街展修 6. 南区公园路展修	1. 大溪沟至曾家岩接中四路 2. 陕西路至朝天门展修 3. 民生路经第三模范市场至和平路 4. 民生路经大同路至和平路 5. 大同路经第三模范市场至较场口 6. 中华路展修 7. 金巷子 8. 响水桥 9. 凤凰台 10. 大溪别墅展修	1. 沧白路至临江门展修 2. 四德里经归元寺安乐洞至七星岗 3. 杆卫路接北区干路 4. 杆卫路 5. 新市街经教厅至木牌坊 6. 中三路经巴中校至大田湾 7. 大田湾至七七路 8. 两九路至成渝公路 9. 美专校街	1. 中兴路展修 2. 凯旋路展修 3. 北区干路经陈家小沟接杆卫路 4. 北区干路经黄花园接孤儿院国府路 5. 北区富城路顺江边至朝天门 6. 国府路中山路及北区路各支路联络道 7. 大田湾经桂花园至成渝公路 8. 曾家岩至牛角沱 9. 特园路 10. 曾家岩至成渝公路 11. 关岳街至木货街 12. 国府路北区路中一、二、三路联络展修	1. 展修公路共18,807公尺 2. 新修公路共58,360公尺
	概算	1,678,200	468,900	1,189,200	1,249,900	9,873,000

201

续表

年度 项目	第一年	第二年	第三年	第四年	第五年	第六年
工程进度	1. 由崇文场经龙门浩，玄坛庙，大佛寺至石门坎 2. 卫星市镇公路一部分	1. 由龙门浩新码头向西沿江至市界 2. 卫星市镇公路一部分	1. 由盘溪沿江向东经香国寺至郭家沱寸滩江边 2. 卫星市镇公路一部分	1. 由九龙坡沿成渝铁路基至铁路坝 2. 卫星市镇公路一部份	1. 由九龙坡沿成渝铁路基至铁路坝 2. 卫星市镇公路一部分 1. 由麻林房经石桥铺观音庙至小龙坎 2. 卫星市镇公路一部分	1. 由新桥经雷家岗至红槽房大场公桥左边 2. 卫星市镇公路一部分
概算	5,545,000	5,251,000	6,182,000	4,917,000	5,037,000	4,707,000
郊区及卫星市公路 工款小计	5,871,600	7,872,000	5,517,100	6,056,600	4,965,100	6,445,200
	6,643,400					

202

续表

年度 进度概算 项目	第七年	第八年	第九年	第十年	总计
郊区及卫星市公路 — 工程进度	1. 由溉澜溪至瓦店子 2. 卫星市镇公路一部分	1. 由六龙碑经南坪场至黄葛渡 2. 卫星市镇公路一部分	1. 由黑店穿过江北县城至江边 2. 卫星市镇公路一部分	卫星市镇公路一部分	展修及新修公路共108,220公尺
概算	4,767,000	4,602,000	4,577,500	4,437,000	50,022,500
工款小计	5,070,900	5,766,700	5,686,900	59,895,500	

203

续表

项目	年度 进度概算	第一年	第二年	第三年	第四年	第五年	第六年
桥梁	工程进度	中正桥（望龙门至龙门浩）		中正路通江北大桥		铜元局至黄沙溪大桥	
	工款	3,240,000	3,240,000	3,240,000	3,240,000	3,240,000	3,240,000
缆车	工程进度	崇文场				歌乐山	
	工款	600,000	600,000			85,000	85,000
高速电车	工程进度	第一期建设	第二期建设		第三期建设		第四期建设
	工款	1,360,000	1,200,000	1,200,000	610,000	610,000	1,830,000
隧道	工程进度			精神堡垒至西四街			
	工款			820,000			
年度工款共计		11,843,400	11,071,600	12,912,000	10,777,100	9,906,600	8,900,100	11,600,200

续表

项目	进度概算 \ 年度	第七年	第八年	第九年	第十年	总计
桥梁	工程进度		曾家岩江北大桥			桥梁
	工款	3,240,000	2,450,000	2,450,000	30,820,000	
缆车	工程进度	歌乐山				缆车
	工款	85,000	85,000	85,000	2,225,000	
高速电车	工程进度	第四期建设				高速电车
	工款	1,830,000			10,000,000	
隧道	工程进度					隧道
	工款				820,000	
年度工款共计		10,225,900	8,301,700	8,221,900	103,760,500	年度工款共计

港务设备

甲 港务之重要与改善

本市商埠地位之形成，完全仰赖水运。就工商业性质分析之，本市完全为一内陆港。过去数千年已如此，将来之展望亦然。溯嘉陵江以通陕、甘，溯岷、沱二江以达成都平原各地，溯金沙江，以达滇、黔，浮长江，以通宜、沙、武汉而达上海，此数线天然水道，乃本市绾毂之交通动脉。本市之所以卓立西南各市之上者，赖有此天然优越地位。纵将全国铁道网完成，对农矿两种原料运输上之任重道远，仍以水道较为价廉而省事。据过去海关记载本市出入口货物总额中，入口常占三分之二，而出口中，有一部分直接输出国外。又据三十年（1941年）十二月统计（均见工商分析中），经本市转运出口或经销之土产，年可达390余万吨。依次以推，本市在复员完成，金融安定后，每年集散吨位，总额可达500万以上，毫无疑义。倘再数年，国家物质建设推进，其数量更将突飞猛进。此大量货物之吞吐，均有赖于水运。且长江下游航道之改进，上游各河之渠化，行政院水利委员会已有通盘计划，则本市港务设备之重要，更属迫切。

子、本市港务之概况与困难

近代港务之要素约有四，船舶行驶停泊，有适当之水深与固定之处所。乘客货物之上下起卸，有简捷价廉之近代设备。船舶修理制造有完善之乾船坞或滑流场。储藏与转运货物有良好之公用仓库与水陆联运之交通系统，须如此方可望水运之充分发展。

然本市在港务设备上，有一大特殊之困难，即高低水位相差，达30余公尺，此皆为举世各国内陆港少有。且各水道未施以近代水利技术之整理，致洪水时，每秒达十余公尺之流速，枯水时浅滩林立，航行停泊，两受其阻。而停泊船只之湿船坞及驳岸，亦无由建造。如何改进全市航运，制取河流，乃国家水利要政（见中国工程师学会三十四年（1945年）年会论文，《川省各河改进航运刍议》，周宗莲著：载三十五年（1946年）二月份《水利月刊》），非本市所能为力，兹不具论。惟在制取河流之工程未完成前，在港务上如何克服此大困难，使本市吐纳力，不致梗塞，乃本草案重要使命之一。

丑、目前本市港务之实际困难

一、上下起卸设备。本市原为应木船之需，曾在半岛上先后修建石砌台阶码头10余处，工程繁巨，未始非本市之重要建设。然只适于行人之拾级登降，与脚夫之肩挑背驮，轮船不能靠岸，小船驳运，费昂而危险多，码头上下，空耗大量运费。

二、停泊地点。本市工商业中心在半岛上，船只停泊，当以接近此区为要图，但朝天门为两江合流之点，沿江而上至储奇门有一大沙滩，在低水时伸入江道数百公尺至半公里，除小木船外均停于南岸之弹子石、龙门浩一带。因该地带正当河身凹入部分，水深较大，在中上水位时轮船多停于朝天门江中。然在两流会汇处，流向流速，均视两江涨落时之速度而猝变，停泊均不安稳。在洪水时，因嘉陵江源短流急，长江本身亦以弦背之势，主溜直行，全段均乏抛锚停泊之地。

三、船舶修理与制造地点：现在各轮船公司，均利用江北青草坝及大佛寺一带河滩，作为修理及制造设地点，在低水时，沿滩布置，固可作小型修理，但无固定设备，洪水时几无施展余地。

寅、发展计划大纲

在高水位未改善前，本市港务，无彻底建设之可能。为防止浪费计，有下列建议：

一、起卸设备，此为本市最迫切之问题，为本草案之中心，初步姑以半岛为着手点。

二、设立公用仓库配合起卸设备。

三、修筑沿江堤岸，完成水路与公路之联运。

四、疏浚起卸河岸，便利低水位时之停泊。

五、俟南岸江北大桥完成之后，连接两岸交通，则龙门浩、玄坛庙、弹子石、青草坝、唐家沱等处之起卸设备，可以次第举办。船舶之停泊与修理，亦能合理解决，本篇暂不述及。

乙　机力码头

子、任务：以机械代替人力，减轻市民经常负担，增加交通速度，强化水陆联运。

丑、位置：现就本市需要，拟先设朝天门、太平门、千厮门三处。除朝天门现有缆车公司在嘉陵码头建造外，兹拟先设太平门、千厮两码头。

寅、构造与建筑设备：全部用钢筋混凝土建筑，支架两座，伸至河边，分为两层。上层为起重机走道，无论任何水位，均能将船中之货物直接起卸至仓库中，或公路上之车辆中，不假人用力。下层有升降机，可通行人及货物。另设天桥两座，连接支架上端，临河边备铁壳囤船一只，随水位起落，升降机或高或低，与之相平。中水位时，为便利停泊船只，囤船可顺置于桥架。

起重机荷重两吨至五吨，伸距10公尺，起速每分钟30公尺，周转速度每分钟100公尺，移动速度每分钟12公尺，轮距4公尺，全用电力发动。

升降机2座至4座，宽2公尺，起速每分钟30公尺。

卯、效能：起重机每日工作20小时，每小时起重20次，每次平均以1吨计，每部每日能起重400吨，两部共计起运800吨。

升降机每日以8小时载运行人，每小时上下12次，四次以30人计，每部每日可运96次，共计约3,000人，两部共计可运6,000人，再以12小时运货物，每小时运12次，每次平均以2吨计，每日可运货288吨，两部可运货576吨，全部改运货物，可运960吨。

辰、建筑费概估：每架计18亿元，两架共计36亿元。

巳、设计与完成时间：筹备测量与设计，需时约6个月，全部同时施工，两年可以完成，除起重机与升降机，在国外购置外，其余均可就地制造。

午、经济预测：每日全部平均起重约计1,800吨，兹按人力起重价格折半计算，每吨可收费1,500元（每市担75元），全部每日可收费270万元，暂以卸货收入作经常开支及保养费用。

第三十六图 陪都码头起重设备透视图

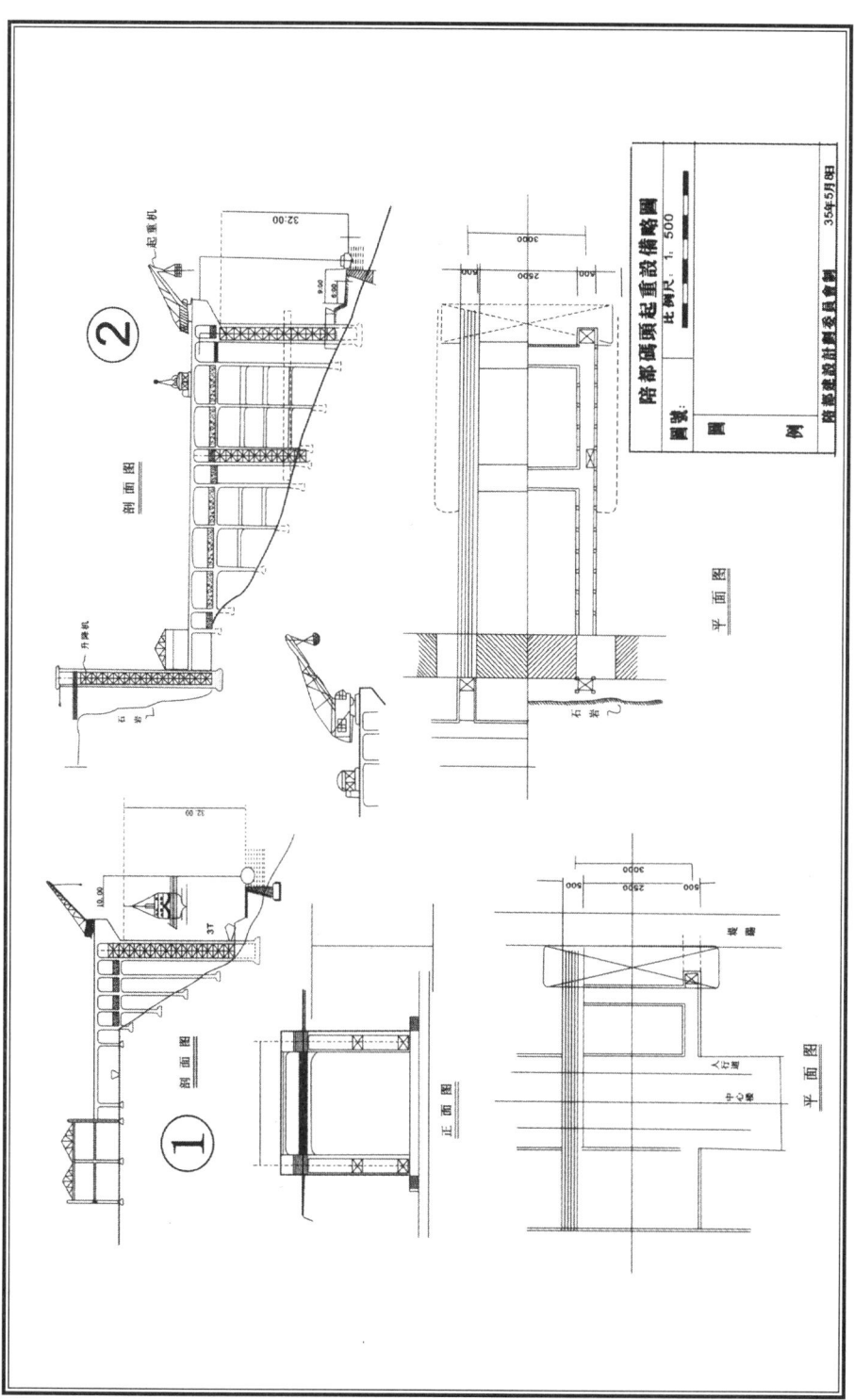

第三十七图 陪都码头起重设备略图

以全年工作300天计算，可收入8亿元，因系减半计算，系为市民减轻一半负担，即年省8亿元，而其它减省之转载费与人力消耗，尚不在计算之中。以此收入偿付建筑费与折旧，可能于5年以内，全都偿清本息。或谓建筑之初，运量有不足之虑，现以折半计之，则10年以内偿清本息，自属可能。应请注意者，机力设备即增加运量之工具也。

起卸货物种类及吨数：

一、经常市区用品：

燃料与食品	400吨	如炭米蔬菜等
建筑材	500吨	如砖瓦，石料，碎石木料等
其它货品	300吨	
二、转口货	300吨	桐油药材，山货，盐糖等
三、进口货	300吨	五金，匹头，花纱等

以上每日共计1,800吨。

附注：起卸设备，对于未来建设计划之推进，堤路之建筑及河道之疏浚，均有莫大之便利。

丙　仓库

本市现在仓库，均属私有，分散各处，集散货物多感不便，耗费时日，尤不经济。拟由洪水位，堤路上建筑市有公用仓库，凡上下游进出口货物，以及公路与水路之转运货物，皆可利用机力码头之设备，予以分类入仓。如此则可以增加航行时间，减低商货转载之成本，而仓库集中，管理亦便，拟定第一期仓库所在地如次：

子、朝天门　进口货仓库

丑、千厮门　嘉陵江转运货与出口货仓库

寅、太平门　长江转运货与出口货仓库

以上各处位置与地形颇为适宜（见计划图）。至于经营及管理办法，当另有具体厘定。

子、建筑标准

全部用钢筋混凝土建筑，以防火险，分为两层，上层与起重机走道相平，下层与堤路或环城干路相平，楼载重，每平方公尺1,200公斤为率，宽以10公尺为度，其地形之宽敞者，可加一倍或数倍，即20公尺或十数公尺，中间加铁筋立柱，上下两层，仍有升降设备，互相连通。

丑、建筑面积

全部计划可容货物3万吨为标准，拟建3万平方公尺面积，随环境之发展分期完成。

丁　高水位沿江堤路

就沿江两岸最高洪水位线1.5公尺以上，建筑沿江堤路，与市区公路相连接，必要时与铁路连接之，配合码头与仓库水陆联运之效用，以沿江地形复杂，建筑费用甚大，拟定步骤如下：

决定路线设计，

收购沿江地皮，

建筑机力码头与附近堤坝及仓库，

逐渐连接各堤坝，

最终与市区公路连接之。

子、拟定建筑标准如下

路宽9公尺，人行道各宽3公尺，路面混凝土，普通堤坝用本市坚石安砌，悬岩地段用钢筋洋灰桥梁。

丑、拟建第一期堤路

由朝天门经千厮门与北区干道相连接，计长约1,300公尺，建筑费概估为1,053,000,000元。

寅、第二期建筑

由朝天门经城边经东水门，望龙门，太平门，而至储奇门，此线包括工务局原有环城干路在内，未予另计。

戊　低水位堤路

本市枯水位时期最长，为增加各码头效力与联运起见，拟在河边码头所在地，先筑低水位堤路，待沿江各码头完成之后，连通各码头之堤坝，即成沿江堤路，以收枯水时水陆联运之效。

子、路线

第一期拟定朝天门至临江门，第二期由朝天门至储奇门，两段均可与区市公路相连接，全长共约4公里。

丑、工程标准

路面宽6公尺，人行道各宽2公尺，混凝土路面。

寅、建筑费概估

每公里约需2亿元，4公里共需8亿元。

港务设备

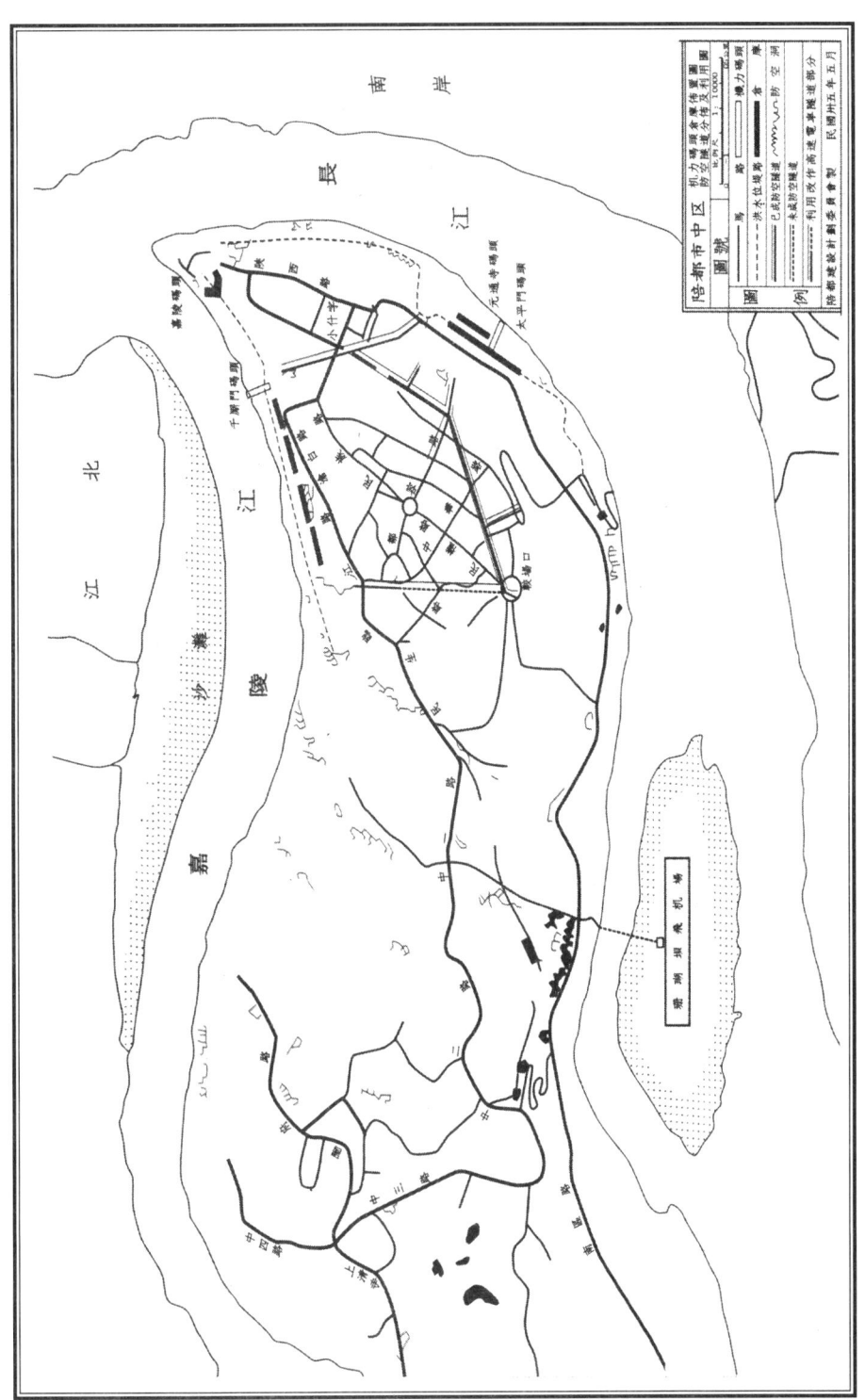

第三十八图 陪都市中心区机力码头仓库布置图防空隧道分布及利用图

第五十一表 港务设备十年建设计划分年实施概算表

单位 1 元（战前市值）

进度概算项目		第一年	第二年	第三年	第四年	第五年	第六年
机力码头	施工地点	千庙门与太平门码头	同前	同前	玄坛庙与木关沱码头	同前	同前
	概算	600,000	600,000	600,000	260,000	260,000	260,000
仓库	施工地点	千庙门，太平门，朝天门	同前	同前	千庙门太平门，朝天门，玄坛庙，木关沱	同前	同前
	概算	300,000	300,000	300,000	484,000	484,000	484,000
高水位堤路	施工地点		朝天门至临江门	同前	同前	同前	玄坛庙与木关沱河边与公路联络线
	概算		131,600	131,600	131,600	131,600	45,000
低水位堤路	施工地点	朝天门至临江门	同前	同前	同前	同前	朝天门至储奇门
	概算	80,000	80,000	80,000	80,000	80,000	34,200

续表

进度概算项目	年度	第七年	第八年	第九年	第十年	总计
机力码头	施工地点					
	概算					2,580,000
仓库	施工地点	同前	同前	同前	同前	
	概算	484,000	484,000	484,000	484,000	4,288,000
高水位堤路	施工地点	同前	同前	同前	同前	
	概算	45,000	45,000	45,000	45,000	751,400
低水位堤路	施工地点	同前	同前	同前	同前	
	概算	34,200	34,200	34,200	34,200	571,000

公共建筑

甲　原则

市内公共建筑物，包括各级行政及公共服务之官署与公所，市民公用建筑物与纪念物等，为远近观瞻所系，全市精神所表现，允宜整齐划一，坚固耐久，庄严宏丽。本市在抗战中长成，一切建筑，均因陋就简，公共建筑亦然。现抗战胜利，建设开始，本市位列永久陪都，为中外视线所集，公共建筑必须通盘筹划，务使实用与美观两方面均能领导全国而与陪都名实相称。惟彻底建设，人力财力，所需至巨，当审其缓急，分别实施。全市各卫星市镇所需之各项公共建筑，已详列于卫星市镇一章。可视各市镇发展情形先后完成之。兹专就半岛上之母市，规划如次。

乙　计划

本市公共建筑之分配。本市急宜兴建之公共建筑为下列数种。

子、市行政中心

此为全市管理中枢，为提高行政效率计，宜将市政府所属各机关、民意机构及市民公用之各项建筑集于一处。其地点须位于市之中心，地势亦应宽敞。兹就各种考虑所得，以较场口为最适宜。且其附近多为空地及临时商店，改建自易，现拟修造之公共建筑为：

一、市政府及所属各局处。

二、市参议会。

三、市社交会堂。

四、市立戏院。

五、市中心图书馆。

六、市博物馆。

七、市科学馆。

八、抗战纪念碑——建于广场中央。

以上八种建筑，均宜坚牢壮丽。在材料方面，因本市富产砂石，易施斧锉，拟一律采用此项石料，以造成质朴庄严之总体。

丑、市立中心体育场

接近人口集中区域，而便于市民朝夕利用之中心体育场，本市尚付阙如。复兴关之体育设备，因距市中心太远，往来不易，半岛东端，房屋栉比，尚无可资建筑之地段。惟第四区之北区公园内，尚有荒地，可资利用，兹拟辟为中心体育场。内设长400公尺之跑道圈，并附足球、排球、篮球及庭球各场，并游泳池与露天剧场各一处。共占地约22公顷，可供半岛上全体市民之用。

寅、市中心医院

现在之市民医院，地址狭隘，交通不便，而床位太少，四周又房屋密集，既无空地以调节空气，又无发展可能。拟在现社会局地点及其附近空地上，另建中心医院。原有市民医院，改为分院外，并择适当地址，另设分院数处，以应市民之需要（详见拾 卫生设施）。

卯、学校

中等以上学校，应全数集中于沙磁一带之文化区外，所有各级小学，应平均分布于市内。各校招收学生之范围，应限于半径半公里之内，以便就学儿童，能于10分钟内步行到校，且不必通过主要交通干道，以策安全。校与校之间，应相距1公里。每校之大小，应按所辖范围内就学儿童数目而定。其附近应有充分空地，以为儿童游戏运动之所。

辰、菜市场

现有本市菜市场之弱点，为分布不匀，位置不当，面积狭小，纷错杂乱。如道门口广场，四周均为银行巨厦，而中央列一菜市场，实有碍市容。大阳沟面积太小，拥挤不堪，且近公路中心，妨碍交通。今后应按人口及地势，从新布置，并另行设计，使每场之供给范围，在五六百公尺半径之内。

巳、区中心

于每区内择一适宜地点，建一区中心，区内之所有公共建筑，如区公所，警察分局，合作社，及区社会服务处等，均集中于此。

午、消防队

每区一队，其所用建筑，择区内适中而交通方便地点建之。

未、托儿所及幼儿园

择适当地点建之。

申、公共食堂

每区择适当地点，建设公共食堂，使之合乎环境卫生。

丙　概算（以战前平均单价为准）

年度	建筑种类	拟建地点	概算额（元）
一	抗战纪念柱	较场口广场中央	35,000
一	凯旋门	较场口民权路入口处	8,000
一	图书馆	较场口	150,000
一	菜市场	大阳沟	63,000
二	博物馆	较场口	140,000
二	科学馆	较场口	200,000
二	菜市场	临江门	63,000
三	市立剧场	较场口	100,000
三	市立展览会场	较场口	140,000
三	菜市场	杨柳街	63,000

续表

年度	建筑种类	拟建地点	概算额（元）
四	社交食堂	较场口	68,000
四	市参议会	较场口	68,000
四	菜市场	道门口附近	63,000
五	市政府	较场口	140,000
五	菜市场	千厮门	63,000
五	第一区区中心		36,000
六	市政府所属各局一部分	较场口	150,000
六	菜市场	文华街	63,000
六	第二区区中心		36,000
七	市政府所属各局一部分	较场口	150,000
七	菜市场	花街子	63,000
七	第三区区中心		36,000
八	市政府所属各局一部分	较场口	150,000
八	菜市场	莲花池	63,000
八	第四区区中心		36,000
九	菜市场两所	南区马路菜园坝	189,000
九	第五六七区区中心共三所		108,000
十	菜市场三所	大溪沟学田湾牛角沱	189,000
十	郊外十一区之中心共十所		

附注：1. 体育场预算已列公园系统内
   2. 医院预算列卫生设施内
   3. 学校校舍预算列教育文化内
    以上三项未列入

第三十九图 较场口公共建筑物鸟瞰图

公共建筑

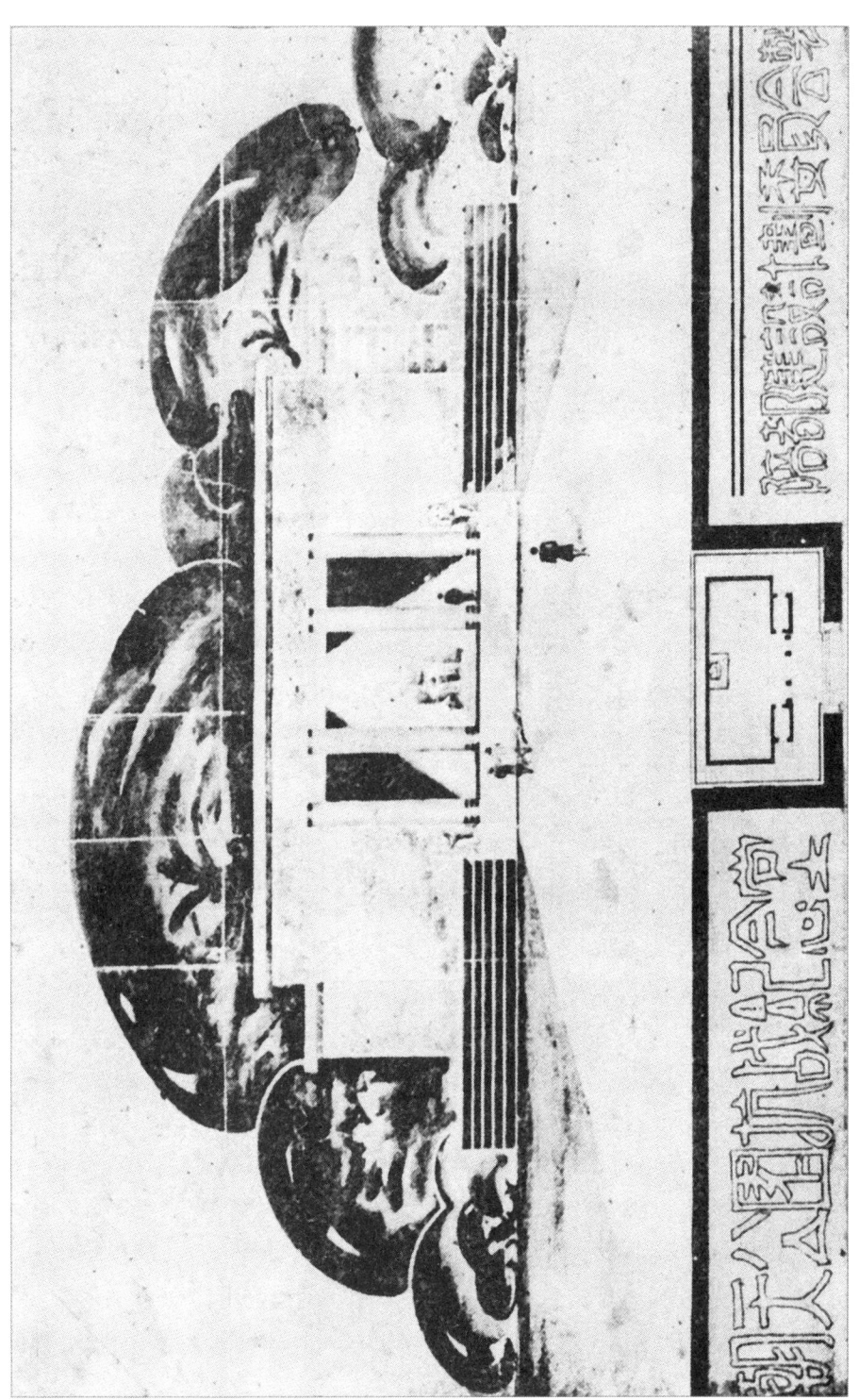

第四十图 朝天公园抗战纪念堂图

第四十一图 抗战纪念堂剖面图

公共建筑

第四十二图 朝天公园灯塔纪念堂透视图

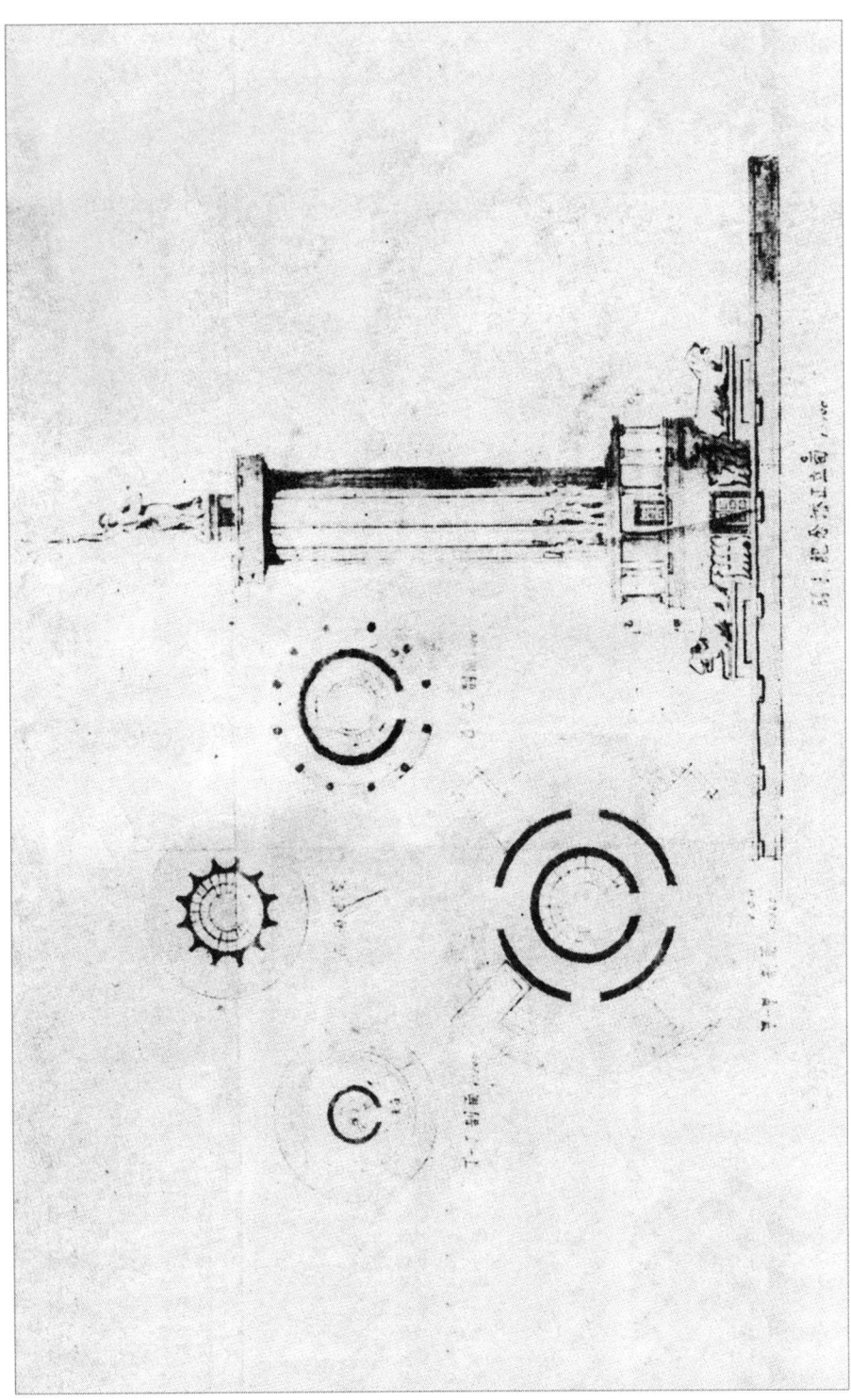

第四十三图 胜利纪念塔正立图

公共建筑

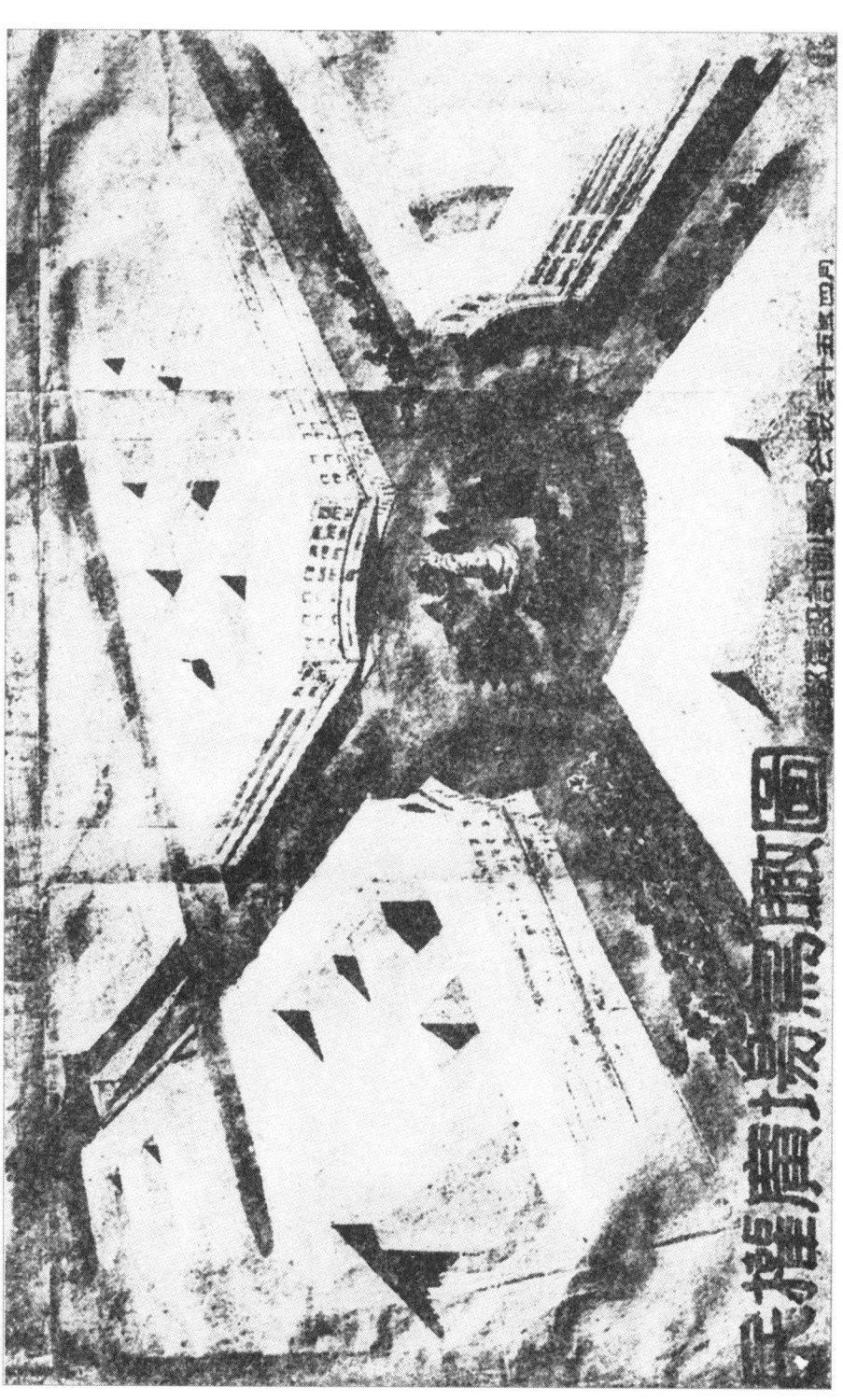

第四十四图 民权广场鸟瞰图

第四十五图 抗战胜利纪功碑图

第五十二表　公共建筑十年建设计划分年实施概算表

单位1元（战前币值）

年度项目	第一年	第二年	第三年	第四年	第五年	第六年
建筑种类	1. 较场口广场中央抗战纪念柱 35,000 2. 较场口凯旋门 80,000 3. 较场口图书馆 150,000 4. 大阳沟菜市场 63,000	1. 较场口博物馆 140,000 2. 较场口科学馆 200,000 3. 临江门菜市场 63,000	1. 较场口市立剧场 100,000 2. 较场口展览会场 140,000 3. 杨柳街菜市场 63,000	1. 较场口社交会堂 68,000 2. 较场口市参议会 68,000 3. 道门口菜市场 63,000	1. 较场口市政府 140,000 2. 千厮门菜市场 63,000 3. 市区第一区中心 36,000	1. 较场口市府各局一部分 150,000 2. 文华街菜市场 63,000 3. 市区第二区中心 36,000 4. 市区郊区消防所各一所共 70,000 5. 市区郊区育婴院各一所共 72,000
全年工款共计	328,000	403,000	303,000	199,000	239,000	391,000

续表

项目 \ 年度	第七年	第八年	第九年	第十年	总计
建筑种类	1. 较场口市政府各局一部分 150,000 2. 花街子菜市场 63,000 3. 市区第三区中心 36,000 4. 市区郊区消防所各一所共 70,000 5. 市区郊区育婴院各一所共 72,000	1. 较场口市府各局一部分 150,000 2. 莲花池菜市场 63,000 3. 市区第四区中心 36,000 4. 市区郊区消防所各一所 70,000 5. 市区郊区育婴院各一所 72,000	1. 中一支路南区马路菜园坝菜市场三所 189,000 2. 市区第五、六、七区中心三所 108,000 3. 市区郊区消防所各一所共 70,000 4. 市区郊区育婴院各一所 72,000	1. 大溪沟学田湾牛角沱菜市场三所 189,000 2. 市区郊区消防所各一所 70,000 3. 市区郊区育婴院各一所 72,000 4. 郊外十区中心十所 360,000	
全年工款共计	391,000	391,000	439,000	691,000	3,775,000

居室规划

甲　居室之需要

都市中与市民关系最密切而重要者，厥为居室问题，而此次大战后，各国同感迫切需要者，亦为居室问题。本市在过去过度膨胀中，人民所受痛苦最大者，亦为居室问题。在还都之后，虽房屋总数或有余裕，但散布四郊，可用以解决市内居民需要者甚少，且大半为临时建筑，其有效期间，瞬将届满，其被轰炸而残缺者，亦须修理。故本市今后数年新居室之建造，乃自然之趋势，倘不及早规划，不独应急为方，且新造居室完成后，亦将无法纠正其错误矣。

乙　现有各种房屋概述

本市现有各项居室，约可分为下列数种：

子、旧式木壁砖墙屋

此为旧式中较高尚者，自轰炸后，存者无几。且大半以临时用竹篾或土墙间壁分划，无复原来我国固有风格。

丑、旧式普通木架屋

此种房屋，旧存者尚多，而新建者仍不少。大半为中下级商人及居户所使用。

以上二种，光线与空气，均感缺乏，而最易发生火险。

寅、新式别墅与巨宅

此种巨宅，大半建于民国元年（1912年）至抗战开始前，其样式受西方殖民地影响，在使用上不合近代生活需求，在形式上亦无近代风格。此类巨厦，在全市中为数不多。

卯、抗战中临时房屋

此类为抗战初期，入川各公私机关私人住宅，及在屡次轰炸后兴建者。以用途论有住宅，有铺房，有官署，有工厂。以结构论则有下列数种：

一、捆绑竹木架：支持全屋之架柱为竹或木，结头处用竹篾或棕绳捆绑，墙壁或木板或单层竹篾而墁以石灰泥浆。屋顶为茅草或单层瓦。其外表有时甚整洁，而内部固甚薄弱。此种房屋，在抗战期中建筑甚多，且有架至二三层者。

二、木架单层竹篾墙：此为较高尚较坚固者，其外表均用油漆与泥浆装饰，多采近代小住宅式，光线与空气尚充足。惟因限于地点，排水设备甚差。此为较优之铺房及住宅所通用者。

三、木架双层竹篾墙：其构造与（二）相似。但用双层竹篾墙，对保温较佳。

四、砖柱土墙：此为战时建筑之最坚固者。大半为两层以上之楼房。其外表均为近代式，假柱假檐，且多仿钢筋混凝土之结构装潢。

五、钢筋混凝土架：此为近代永久式，均为三四层之楼房，全市中为数最少。

辰、阁楼

在木架屋之上或下，再架新屋。横枕竖梁，捆绑排列，其结构既不相连，其建造又不同时。正面观之，尚觉安全，若在两侧及后面检视，殊有随时塌倒之虞。此多散见于两江沿岸及市内悬崖，如上清寺、七星岗等处。

巳、棚户

以竹架竹席为主，而构成稍避风雨之住所，并同时以经营小本商业及手工业。此类建筑散见于市内贫民窟如安乐洞，忠烈祠，菜园坝等处，尤以两江河滩上，如朝天门，海棠溪，珊瑚坝，黄沙溪等处最多。每过秋后江水涸浅，滩上棚户常增至2万户以上，栉比而居，俨然市区，待夏季水涨，则迁至岸上路旁作短期之席棚居住。

午、船户

在两江经营劳力小本叫卖及不正当职业如赌如娼之贫民，以旧腐之木船停泊河滩渡口，其总数额约 2 万余人。

综观全市，居室问题最严重者一为棚户、船户，其次即为抗战期中所建之捆绑竹篾墙架之临时建筑物。但以全市计，该项临时建筑物，原只为五六年之打算，所以现在均有改建之必要。

丙　居室标准

约有下列数端，兹分列于后：

子、空地

此种空地，指产权线以内，除建筑面积外，所剩余之非建筑面积。其比额视所在之区域建筑物之层数而定。旧市区应为 20%，新市区与江北及南岸之现有市区为 50%，郊外为 70%，凡此皆为最低之限度。

丑、建筑面积

每人平均不得少于 6 平方公尺（每层计）

寅、室内高度

由地板至天花板，净高不得少于 3 公尺。不及此标准高度之房间，只能作贮藏室之用，不得居住。

卯、建筑材料

一、墙。外墙及内间墙之负重部分，均须用砖墙，以其坚固，耐久，防火，且保暖，御寒，于市民健康关系甚大也。内间墙为减少重量与费用计，可采双面灰板墙，其厚度不得少于六公分，如能用空心砖墙当更佳。

二、墙基。须用条石或洋灰三合土造成。

三、楼板与楼梯。可取用木材，如能用钢筋洋灰三合土建更佳，一则坚固耐久防火，二则可以减少鼠类之散布。

四、屋顶。集覆以洋瓦或土瓦，如为钢筋洋灰三合土之平顶屋，则须加以防热层，以免室外温传至室内。

辰、预防火灾设置

一、外墙须用防火材料。

二、如为连屋，每隔 20 公尺须建防火墙一道。

三、楼层房屋至楼梯最远距离，不得超过 25 公尺。超过二层楼房，必须留出防火梯之位置。

四、烟囱内壁与木材距离，不得少于 25 公分，其出口须高出屋面之最高部分 30 公分。

巳、卫生

一、光线须充足，空气要流通，故窗户之面积不宜少于室内面积五分之一。

二、低湿处所，不宜建筑居室，如有潮湿部分，宜用防水层隔离之。

三、排水设备宜完善，通至室外之水沟，宜用铁栅栏隔断，以防鼠虫之侵入。

午、式样

建筑之基本标准条件有四：

一、坚固耐久而安全。

二、尽量适合使用之目的。

三、造价经济。

四、整洁美观。

能符合此四项条件之房屋，方为最完善之建筑，徒尚外观而不重经济，实非至善之道。陪都现时流行之一般建筑，有不问所采用之材料如何，而专饰之以外观者，当为识者所不取。所谓现代样式与风格，即为追求满足上述四条件之产物，此亦为建筑样式之唯一标准也。

丁　市民住宅计划

子、本市市区局促于半岛上，面积狭小，无完备之交通建设，致市民不能向四郊扩展分散，形成市内人口过于拥挤之现象。如市郊交通完成，于郊区可建筑价廉而优美之住宅区，则疏散半岛上之人口，实非难事。

五、本市住宅区，拟定为四种：

一、甲种住宅区（即上等住宅区），为富有者居住之地区。

二、乙种住宅区，为中产阶级如公教人员及中小商人居住之区域。

三、丙种住宅区，为工人，小贩，力夫等居住之区域。

四、丁种住宅区，为沿江棚户居住之区域。

寅、对于甲种，政府仅须划定地区，改善交通，修整区内道路，规定建筑段落及造成优美之环境，可任其自由发展。乙种住宅区，则须要政府奖励与扶助，始能顺利发展，如租地贷款由政府出资建造，分期收回等。至丙丁两种住宅区，政府须投以大量资金，造成房屋，以低廉之租金，租给平民居住。

卯、住宅区地点：甲种拟设于黄桷垭、歌乐山上，乙种拟设于大坪，铜元局，香国寺及四德里后之北区干道沿线，丙、丁两种因居民生活需要所限，不能离去现在地点过远，拟将其现在住处加以改造，拆除其棚户，代以新建之整齐房屋，其集居地点约有下列数处。

一、牛角沱、桂花园一带。

二、曾家岩码头一带。

三、大溪沟沿江坡上。

四、双溪沟。

五、安乐洞至临江码头一带。

六、临江码头至千厮门一带。

七、大河顺城街至东水门沿城墙一带。

八、望龙门至储奇门一带。

九、忠烈祠附近一带。

十、菜园坝沿江坡上。

十一、黄沙溪沿江。

辰、以上各地区居民，均不能远离现住地点，拟由政府投资，依照计划，分段建造市民住宅，面积宽阔地段，建造平房连屋，狭小地段则建造二三层楼房，并调查其居民如无在该处居住之必要者，疏散至他处住宅区，以免拥挤。

巳、据调查本市苦力小贩人数如下：

洋车夫	6,400 人
挑夫	17,624 人
码头工人	3,396 人
船夫	5,920 人
居沿江之小贩	5,151 人
共	38,491 人

据调查每户平均人口 2.5 人，右列人数如连其眷属合计之，约有 8 万人，兹以 10 万人为计算标准。

午、每人平均须占房屋面积为 6 方公尺，战前单价每公方需造价 20 元（砖墙瓦顶房屋）合计国币 1,200 万元，分十年完成，每年需国币 120 万元。

未、枯水期沙滩上之临时街市地点：

一、临江门至千厮门沿江，

二、大河顺城街外，

三、珊瑚坝东部。

申、此种临时街市之兴建，应由政府划定地区街道房屋之样式与材料，由市府另设机构，负建造管理拆卸及材料保存等责。

酉、拟于沿江岸之新造市民住宅区中，预留空地数段，于涸水期为市民散步游戏及运动之所，涨水期间，将沙滩上之木架房屋，一部分迁移于此，并于江北南岸沿江洪水线上同样预留空地，将其它部分疏散于南岸江北，如此当可减少陪都居民拥挤之现象。

戌、发展居室办法。本市居室，无论在卫生、耐久、美观、使用及数量方面，均离近代标准甚远，尤以经济上之靡费甚大。每年因水火灾户倒塌之损失，固已不少，且各项临时建筑物寿命太短，工料之损失，若以 30 年计，固远在永久建筑物造价之上，过去愚拙现象，乃政治与经济两种不良环境所构成，今后只须社会安定，工商业发达，人民将自谋改建，无待政府之严厉取缔。惟欲求全市居室改造，不致再蹈覆辙计，政府应特注意下列各点：

一、交通发展计划之拟定与彻底执行，举凡新市区之开辟，旧市区之改建，均应按全区标准需要，将土地重划除道路及公共建筑物外，建筑段落，务须按各区地形及居室标准分划。而房屋形式及种类与材料，均须按标准执行。

二、标准居室设计。凡较优居室，固须强制业主延聘优秀建筑师作适当设计，但普通业主，常不欲办此，乃降而求廉价建筑公司低级设计。斯则大有碍于本市发展，为协助市民，并贯彻本市居室标准计，市工务局可制备各种大小材料及地形适合之标准设计，以供市民使用，此虽非建筑上之善道，然在此青黄不接时，亦救急之良法也。

三、居室合作社之倡导，在市区发展时，常有若干拥有巨资之投机者，组织地产公司，藉各种势力，取得若干地段，建筑价廉而不合近代安居与舒适标准之住宅，藉租赁以敲诈市民，此为京沪各地普通之现象，而为本市不可不预为防止者。然在市政发展初期，市民资力薄弱，除经营事业外，苦无适当力量，以谋居宅之自建。此时政府应以官商合办方式，成立若干居室合作社，政府初期以市公债银行借款及合股为资金，按近代标准，作集团新村式之居室建造。凡能按年缴纳若干建造费者，即任其购为私人住宅，其不愿或不能自购者，则可纳租金。如此可免不合标准居宅之产生，更可解决近代各市房屋各种纠纷也。

第四十六图 陪都临江门集体住宅远视图

居室规划

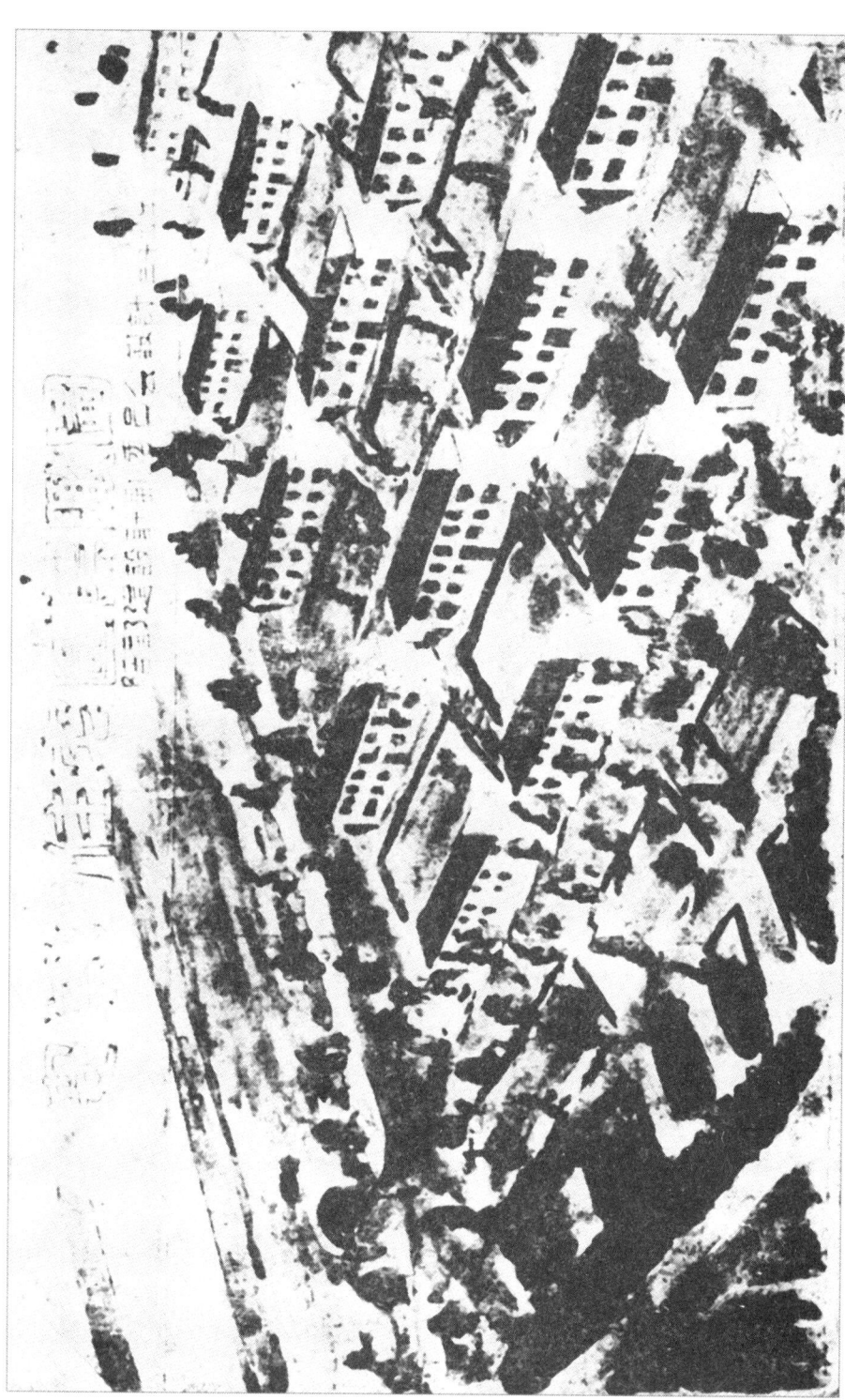

第四十七图 安乐洞住宅区鸟瞰图

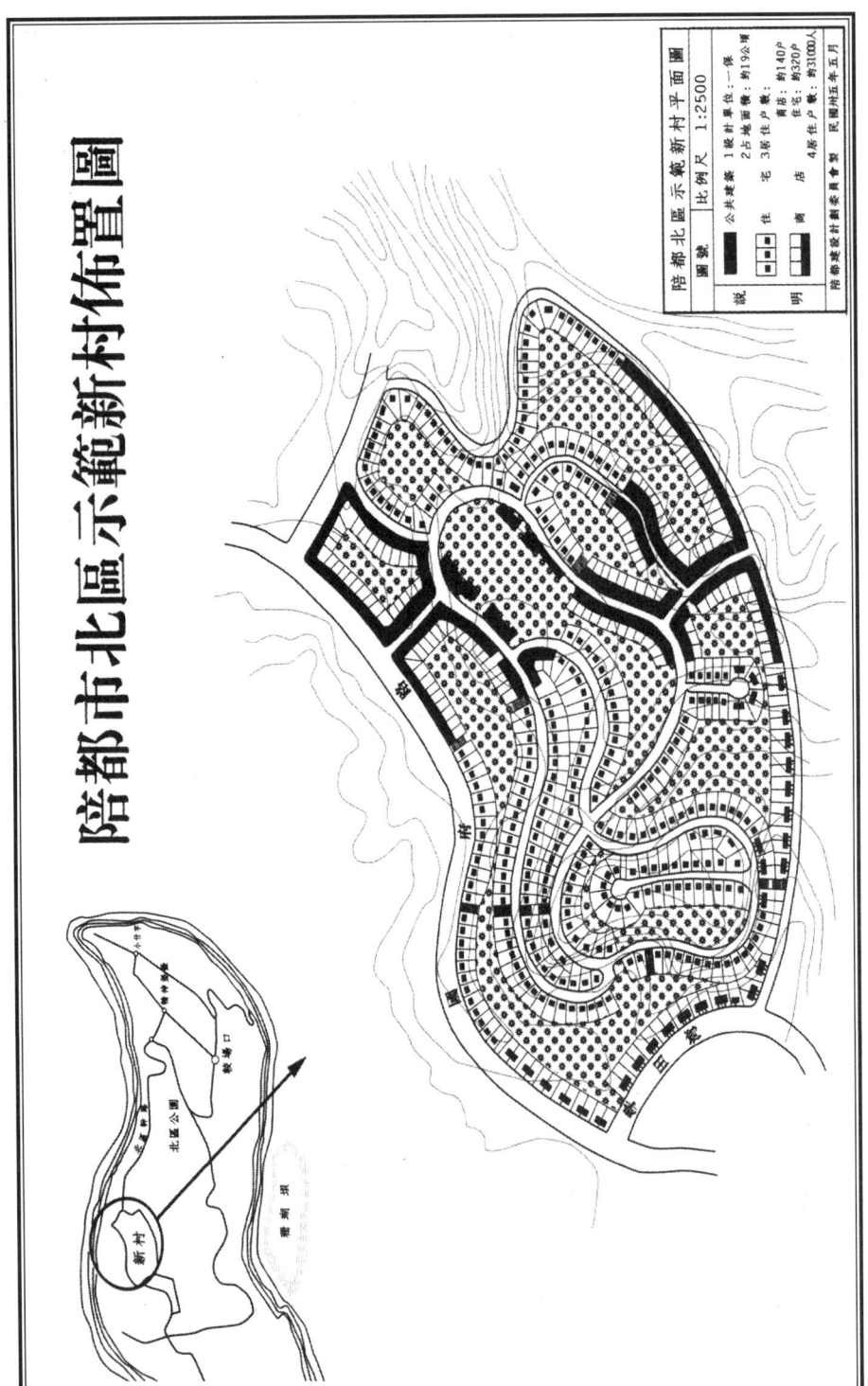

第四十八图 陪都市北区示范新村布置图

居室规划

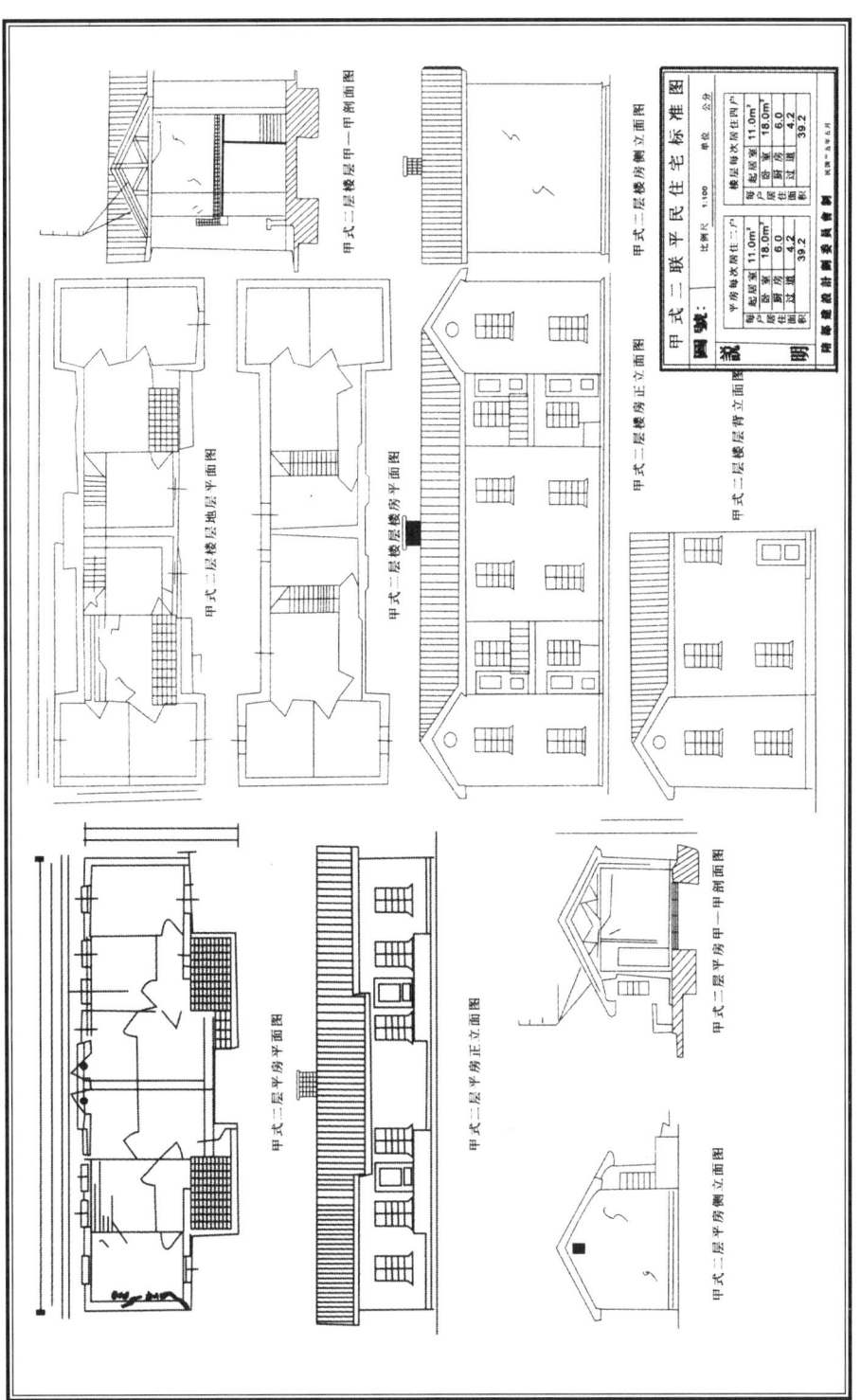

第四十九图 甲式二联平民住宅标准图

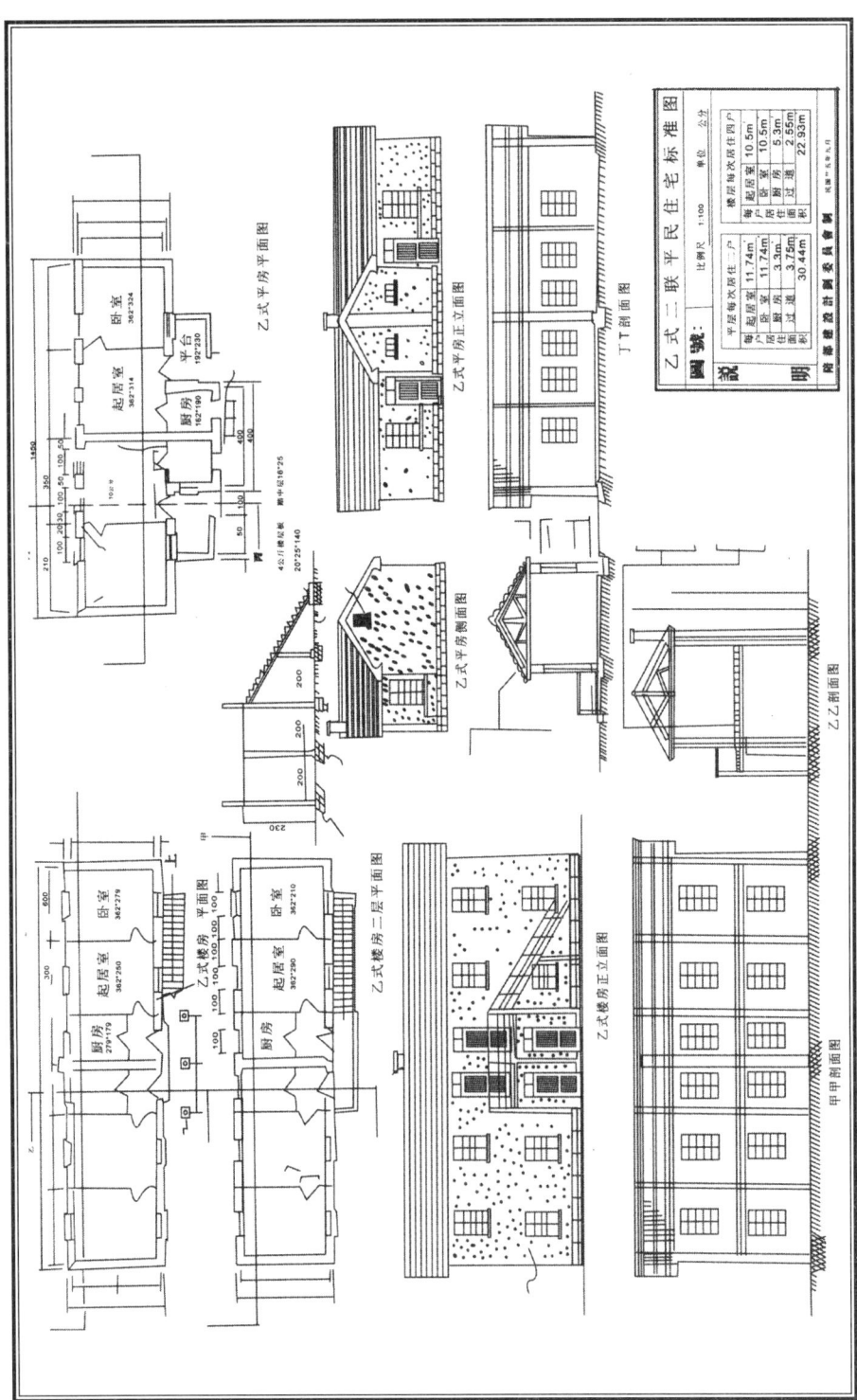

第五十图 乙式二联平民住宅标准图

居室规划

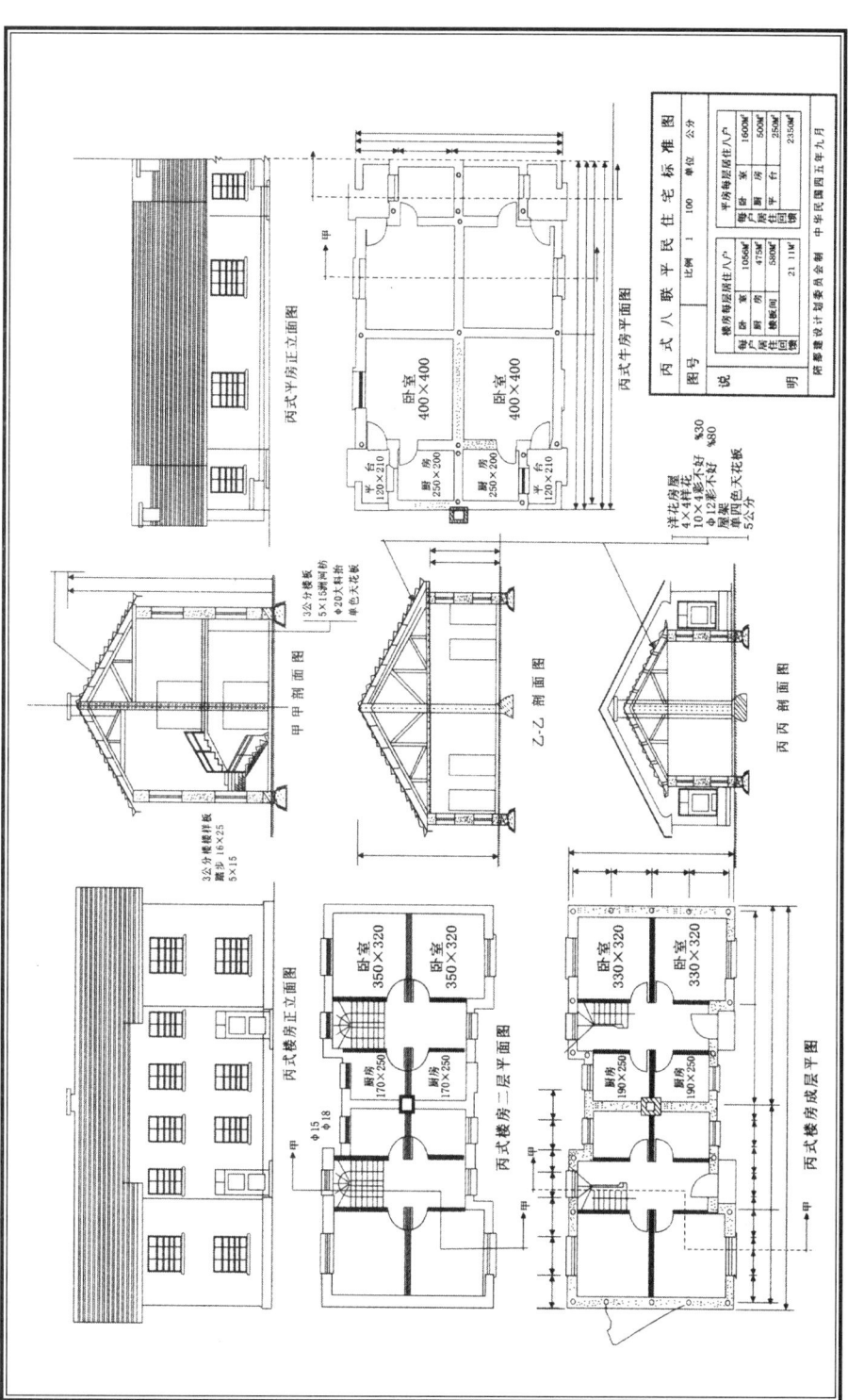

第五十一图 丙式八联平民住宅标准图

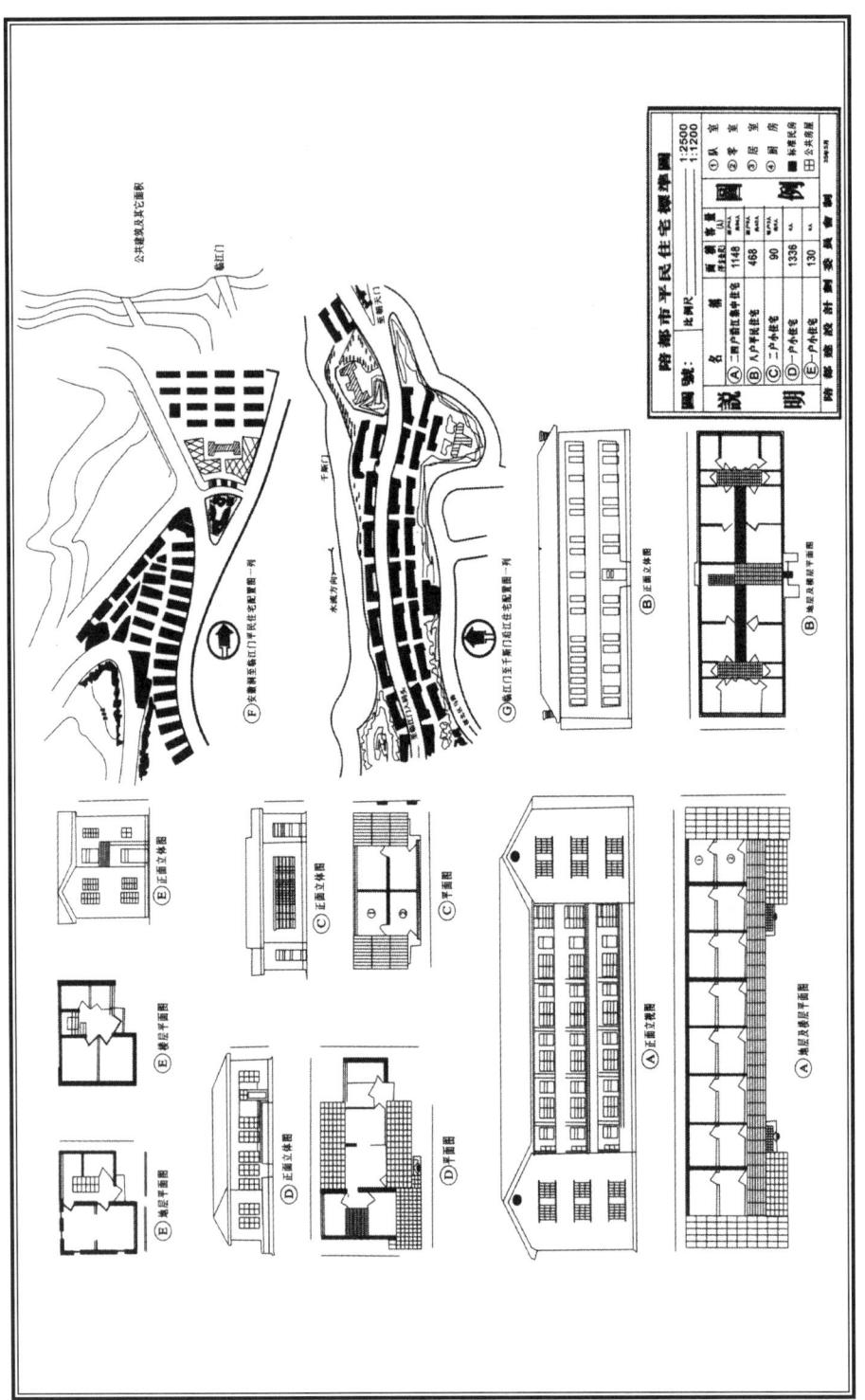

第五十二图 陪都市平民住宅标准图

第五十三表　居室规划十年建设计划分年实施概算表

单位１元（战前币值）

建筑种类	第一年	第二年	第三年	第四年	第五年	第六年	第七年	第八年	第九年	第十年	总计
1. 建市区房屋 1,200,000 2. 建郊区房屋别墅 500,000		同前	同前	同前	同前	同前	同前	同前	同前	同前	
全年工款共计	1,700,000	1,700,000	1,700,000	1,700,000	1,700,000	1,700,000	1,700,000	1,700,000	1,700,000	1,700,000	17,000,000

卫生设施

甲　自来水

子、市民耗水量之预测

一国国民耗水量之多寡，可表示其文化水准之高低。西方诸国国民耗水量最高者为美国，平均每人每日约需370公升，欧洲大陆诸国则较低，约150公升。我国国民之耗水量，尚无精确统计。战前上海及租界耗水量最高为100公升，而其他各地仅约30至100公升。陪都未来之耗水量，以每人每日用水60公升，当为近似。各区每日之总耗水量见下表。

第五十四表　本市中心区及郊区每日总耗水量表

区　别	计划人口数（人）	每日耗总水量（公吨）	备注
市区中心（包括化龙桥）	500,000	30,000	
江北香国寺	150,000	9,000	
沙坪坝　小龙坎	120,000	7,200	
磁器口	60,000	3,600	
龙门浩　海棠溪　铜元局	180,000	10,800	
大佛寺　弹子石	120,000	7,200	
黄桷垭	60,000	3,600	
大　坪	60,000	3,600	
合　计	1,250,000	75,000	

丑、市区自来水工程概况

本市于民国十四年（1925年）筹办自来水公司，经6年之久，于民国二十一年（1932年）开始供水。初为官商合办，经数度改组，现已纯为商办。最初设计，系以供30万人口用水为准。抗战军兴，市中心人口骤增，需水量随而加大。然起水电源不足，加之水管年久失修，渗漏甚巨，复以售水站数目寥寥，市民取水，候时甚久，乃有窃水之举，后竟相沿成习，致成供不应求之现象。目前公司对市民充分水量之供给，尚无力应付，遑论水质之改善。又民国三十三年（1944年）沙磁区筹建渝西水厂，现亦已开始售水，约可供3万人之用。凡此均与本市自来水工程关系，至为密切，为将来有系统积极改善计划之张本。

一、重庆自来水公司现状。

（一）起水厂概况：起水厂位于市中心区大溪沟嘉陵江畔，海拔（以吴淞零点为准）约190公尺，进水口位于污水出口以上6公尺，对原水尚无影响。

1. 低级唧机站：唧机共3部，容量为每小时600立方公尺者1部，每小时400立方公尺者2部，各机装置于枯水位以上4公尺处，马达则在枯水位以上34公尺。然嘉陵江洪水位与枯水位相差约30公尺，唧机每被淹没，修理匪易，枯水位以下2.6公尺有浑水井长5.7公尺，宽2.5公尺，低级唧机由浑水井将原水抽入初步沉淀池。

2. 初步沉淀池：容积约2,000立方公尺。洪水期内须加明矾以作初步沉淀，其用量约百万分之六十至九十，视原水浑度而定。该池之目的有三：

（1）污泥移除后，可就地弃置江中，以免在制水厂处理污泥处置运输之困难。

（2）可免除原水送经水管内污泥淤积之弊。

（3）减少高级唧机之磨损。

该地之原水一部分流经电力厂作为冷却之用，后仍流返池中，对水质尚无影响。

3. 高级唧机站：计3部唧机，水头约为140公尺，然机上无水表之装置，故无法量度其唧水量,现该公司虽已设法由唧机电力与池水起升高度计算其唧水量,亦非良策,因机内机件磨擦损失减少机械效率,故其准确程度远不如应用水表。

(二) 制水厂概况:制水厂位于打枪坝,标高(吴淞零点为准)约 320 公尺,俯瞰大市区之最高点,原水由起水厂吸送经处理后,再以重力送至市区各处,兹将其各部依次详述于后。

1. 浑水池:原水经浑水池至和矾池,原计划于进口处设加矾间,然现仅以三木桶接龙头加矾,加矾量视原水浑度而定,通常约为百万分之六十,最少约为百万分之十,冬季水清,此项步骤乃暂时停止。该池分间,每间长 2.8 公尺,宽 2.4 公尺,深 3.8 公尺,共 40 个单位或相邻,或相连,使水作回流而达混合均匀之目的。

2. 沉淀池:计新旧两座,原有旧沉淀池长 28.6 公尺,宽 4.6 公尺,深 4.8 公尺,中设高墙两道,与较长之边垂直,容量为 6,000 公吨。设计时,原定停留时间为 4 小时,现因电力不足,不能作 24 小时之继续抽水。原水每在池中停留不及 1 小时,实际已失去沉淀作用,新沉淀池在旧池之旁,容量与旧池相同。惟隔板与较长边平行。

3. 沙滤池:有快滤池共 5 座,池长 8.8 公尺,宽 3.9 公尺,经常使用其四。据该厂总工程师[1]称,每日换洗一池,即每池隔四日洗沙一次,水由沉淀池经池四周槽道溢流至池内,其滤水率为每日 2 万公吨。洗沙水系用管塔中清水,以水管由池底倒灌入地,污水则仍利用槽道排出。该地并无流量调节品,及水压表之装置,在运用上至为不便,所用滤料,嘉陵江畔,亦无检验纪录,沙粒似嫌小于标准规定,又铺沙厚度,亦仅及标准厚度三分之一,似有改善之必要。

4. 清水池及水塔:水经砂滤池流入清水池,池长 26 公尺,宽 23 公尺,深 9 公尺,计 2 座,每池容量为 5,000 公吨,其配水总管直径为 50 公分,清水之另一部以清水唧机抽至水塔,其抽水率为每小时 400 公吨,水塔之设

---

[1] 原稿作"司",据前后文改。

置为储蓄清水供快滤池洗沙及市区较高处给水之用，塔下部高度为 3 公尺，以石砌成圆柱形基底，盛水部分为钢筋混凝土建筑，容积为 150 公吨，底高出沙滤池底约 3 公尺。

5. 消毒设备：现有加氯机 1 部，加氯量约为百万分之一，所用氯气系购自二十三兵工厂，惟该项机器并未经常使用，除此而外，尚有漂白粉消毒设备，原意拟在加氯机损坏时作消毒之用，实则未尝使用。

6. 化验室及其它设备：化验室之经常工作原为逐日化验水质，惟该公司所有设备均系开办时所置，不敷应用。而复无细菌检验仪器，该厂负责人谓水质并无甚大变化，故不必逐日检验，实属不当。又制水厂中备有容量 4,500 公吨之大水池 1 座，储存浑水，据云因市区耗水量过巨，间有净水不敷之时，即以此项浑水直接输至用户，以应急需。此种办法对用户实危险殊甚，应加改正。

7. 出水量：公司每日出水量约为 1 万公吨，依照市中心区用水人口总数为 25 万，耗水量每日每人至多不过 40 公升计，则每日耗水总量为 1 万公吨，故出水量当可敷用，然市民每感水量不足，此乃水管漏水及偷水遗漏有以致之。

8. 配水管网：配水管网，大部分布于市中心区，水网均未连通。

(1) 管水网　根据重庆自来水公司统计表

20 寸总管	分布于全市三分之二之面积
2 寸至 20 寸水管	25 万公尺
2 寸以下水管	10 余万公尺

(2) 水压

最高水压	每平方公分 3.5 公斤（105 尺水头）
最低水压	每平方公分 1.0 公斤（30 尺水头）
平均水压	每平方公分 2.5 公斤（75 尺水头）

(3) 营业配水概况

水表用户	2,000 余户
售水站	20 余处

售水价　　　　　　　　　　每公吨 5,000 元

售水营业　　　　　　　　　每月约 1,500 万元

注：以上水价为三十五年（1946 年）三月份以前售价。

9. 水质：水质并不逐日检验，已如前述，兹录前民国三十三年（1944 年）十月三十日之纪录，藉见其大概。

第五十五表　本市水质检验表

检验方法	名　称	原　水	净　水	备　注
物理检验	浑浊度（百万分之一）	100	20	
同　　上	色度（百万分之一）	260	30	
同　　上	嗅度	0	0	
化学检验	蛋白（百万分之一）	0.03	0.03	
同　　上	铔（百万分之一）	0.03	0.03	
同　　上	亚硝酸（百万分之一）	0.02	0.02	
同　　上	硝酸（百万分之一）	0	0	
同　　上	耗氧量（百万分之一）	0.40	0.40	
同　　上	总固体量（百万分之一）	140	30	
同　　上	氧化物（百万分之一）	0.13	0.13	
同　　上	铁	0.10	0.10	
同　　上	酸钙硬度（百万分之一）	28	22	
同　　上	咸度（百万分之一）	5.0	4.2	
同　　上	氧指数	7.3	7.2	
细菌检验	每立方公分中细菌数		14	
细菌检验	每百立方公分中大肠菌数		0	

二、公司拟扩充之水管及水厂。

（一）添设水管网：供应上清寺，曾家岩，李子坝，两路口之用水约2.5万吨至3万吨，所需增加水管如下表：

第五十六表　本市拟增加之水管管径及长度表

路　　线	管　径（公厘）	长　度（公里）
北区干路	400	5.0
沧白路民国路	150	2.0
两　路　口	200	1.5
菜　园　坝	100	2.0
正　　街	50	4.0
上　清　寺	200	1.0
化　龙　桥	150	2.5
	100	2.5
	50	2.5
大溪沟至打枪坝	500	1.5

（二）增建起水及制水厂：将在李子坝区内，选一适当地点，再建筑1.5万吨容量之起水厂及制水厂，然后以机器分送至化龙桥及复兴关关上，在关上建四千吨储水池两座，以供新市场，石桥铺，九龙坡，红石嘴等区之用水。此项工程如配合李子坝2,000吨储水池，除需大量机器外，所需安装之管道表列如下[①]：

寅、改善办法

总合上言，吾人可知本市自来水设备实不敷现代化都市之需要，供水量

---

① 原文为"如左"，根据现今阅读习惯，改为"如下"。

第五十七表　本市增建水厂需用管道之管径及长度表

管径（公厘）	管长（公里）	管径（公厘）	管长（公里）
500	3.0	200	8.0
300	3.0	100	20.0
400	3.0	50	50.0

不足固不待言，而工程亟需改进之处历历之可见，兹列初步改善计划如后：

一、分析现有水管。

管网之配置，有赖市内各区耗水量之不同，干管之路线应趋向耗水量较多之地区，目前本市已有管网，缺点极多，水管之装置，往往无有系统之措施，恒于某区需要装管时即随意加装一管，致水不相连通，不惟死端处能力消耗颇巨，又将来市区划定，街道重整，管道自有重新整理之必要，而利用现有管道，亦为必然之举，职是之故，必先分析各管流量，依其性质，再参照街区耗水量，添设新管，使成一完整系统，则管理及配水问题均得合理解决。

二、杜绝偷水漏水情事。

（一）防止漏水，仅须自来水公司对水管之查勘有时，遇有损坏之处立即加以修理，即可杜绝。

（二）偷水之主因系售水站不敷应用，买水者过多，等待时间过长，故而偷水风气，蔚然而成。欲杜绝此弊，一方面应增加售水站，一方面须严加取缔，此需待市当局及公司共同努力。

三、添设水厂。

目前本市自来水厂之制水厂约位于全市中心区最高点，原水由大溪沟抽唧至制水厂，经净化后，始以重力作用配至各区。各区地势，高低虽属不一，然大部均较制水厂低，约自40公尺至80公尺不等。由此而见唧水电力之浪费极大，又供水量即感不足，添建水厂势属必然。拟就大溪沟原有水厂地址，按照50万人口需要水量添建一容量足够之制水厂，于该处将全部供水净化后，直接由干管唧至各用水区。唧机可添设二付，其一座需能较少，用以供给市中心区较低处之用水，另一座需能较多，用以供给市中心区较高处之用水。再利用原有唧机一部（此机共三部，可留一部备工作机损坏等应用）供应市中心区最高处用水。同时又可利用现有打枪坝制水厂水池为一调剂水库，即保存现有大溪沟至打枪坝之500公厘原水管而不予拆除，是则平时供水量超过用水量时，一部分水直接输至用户，另一部分则可储存于此调剂水库内，俟供水量不足之时，此水库之存水，即用供给市区。如此则原有工程，固可尽量利用，电力浪费亦可避免。

市区较原有制水厂为高地区之供水，自来水公司尚无适当措置，故亦应在考虑之列。此等地区面积较小，用水量当不致过大，可设置一小型中途起水唧机，将已由制水厂起升之水继续起升之。

四、改良水质：本市自来水公司所具净水设备亟待改善，用水消毒，有关市民健康至巨，今后应加强改良水质方面之管理及措施。除尽量利用现有设备外，应添设适当之消毒设备，并注意抽唧能力是否符合每方英寸24磅之标准，又须添置滤水调节器及流量仪及水压表等项，举行逐日消毒检验，使水质能臻标准规定。

卯、郊区自来水草案

本市计划各区之自来水计划，得依各区地位之不同及性质之不同而定，其水源问题，当先在计划之列，然后依其人口及区域之性质，与规定其各处水厂之大小，分别予以设计，附图五十三图示其大致情形，兹将其人口，起水地点，略论于后：

一、水源：除沿江各区可利用江水之外，但黄桷垭一地，山势高耸，为利用江水则属不经济之至，而地下水之利用，则需详考该地质情形。本市附近，颇多白垩纪 Kα 及 Kβ 型之岩石构造，多系沙岩及页岩交迭而成。砂岩为透水层，不宜凿井，页岩为储水层，可利用为凿井处，然亦得视用水区或水厂在页岩构造之向斜层或背斜层而定，此尚有经钻探研究之必要。

二、沿江各区起水点及供水区。表列于后：

第五十八表　本市沿江各区起水点及供水区表

区　别	计划人口数（人）	每日耗水总量（公吨）	水　源	起水点	备　注
江北、香国寺	150,000	9,000	嘉陵江	香国寺	
沙坪坝、小龙坎	120,000	7,200	同　上	沙坪坝	扩充现有渝西水厂
磁器门	60,000	3,600	同　上	磁器口	
龙门浩海棠溪铜元局	180,000	10,800	长　江	铜元局	
弹子石、大佛寺	120,000	7,200	长　江	大佛寺	
黄桷垭	60,000	3,600	地下水	黄桷垭	
大　坪	60,000	3,600	长　江	菜园坝	重庆自来水公司拟设之系统

卫生设施

第五十三图 陪都市郊区自来水系统计划草拟图

乙　下水道

子、本市下水道之沿革及其现况

本市下水道之修建，远在数百年前。清乾隆年间，即以在旧城区一带，敷沟16道，以其属石质，至今尚大部完整。民国以来，本市国民劳动季节服务委员会，曾于二十四年（1935年）规定疏浚办法，全部工作分三期按区执行，计完成二十五区，兹列于后：

一、第一期：城区新区大小两河岸至旧城垣外。

二、第二期：旧城区以内——过街楼——陕西街——县庙街——永丰街——三牌坊——花街子

守备街——柑子堡——吴师爷巷——黄荆桥——会府街——鲁祖街——天主堂街——夫子池——来龙巷

江家巷——黄桷街——复兴关——小樑子——龙王庙——小什字——新街口——过街楼

三、第三期：由第二期所述街道起至各街沟道起源点止。

抗战开始，市区人口骤增，本市工务局，亦感增修沟道之必要，于学田湾、和平路、泰乾路、林森路、白象街、重庆村、领事巷、邮政局巷、香水桥街、尚武巷、响水桥、中区干路、邮政局及至诚巷、国府路、川东师范等处添建一部。

综合以上所述，可知本市下水道之修建，并无全盘计划，亦无系统可言。近年对保养及疏浚工作，亦未加注意，且屡经轰炸，坍塌损坏处处皆是，出口堵塞，宣泄不畅，影响市容及卫生甚巨。

丑、改善办法

一、沟渠制度之选择：都市下水道之目的，为排泄雨水与污水，通常以暴雨量为其设计之根据。污水排泄之意义虽较重要，其流量则远较雨水为小，本市下水道采用之制度，大致可分两种，兹分述于下：

（一）分流制：将雨水、污水分渠流出，不相混杂，或引污水至处理厂加以处理，或两者直接注入江河。

（二）合流制：混雨水及污水于一渠，而后引之入江河。

以本市地形而论，公路坡度，平均约2%，最大者至10%，而各地路面坡度恒有甚大差别，所须采用制度应因地就宜，故以采用混合制，即就各地所具特别情形分采合流及分流制也，为公路坡度较小边沟不足排除暴雨水，则采合流制，而在公路坡度较大之处采分流制。

（三）结论：依据本市之地形，其街道坡度颇大，将来计划皆改为高级路面，路面明沟排泄雨水，甚合理想，街道下仅须埋设浊水沟即足，污水泄至适当地点。惟一可考虑之点，即家庭接排污管至沟渠所费虽不多，但市民之习惯恐不愿或无力将排污管直接通至沟渠，因此沟渠或失其意义。解决之法，可于沿街每隔400至100公尺之处设一排污水池，市民所弃污水，可令其倾置入内，厕所粪便可直接引之沟内，至于排污池直接通至污水沟，其四周除令市民保持清洁外，可令清道夫或沟渠养护队按时加以清除，此则即可作永久之计，且待市民对排污管有所认识之后，即可接管至沟渠。

二、旧有沟渠之利用：旧有沟渠之利用，以工程经济立场而论，势所当然，本市旧有沟渠之调查工作，已全部完成，虽多坍塌破坏，但如加整理，仍可利用。然在一城市设计问题中，往往须考虑及若干其他问题，如将来街道重整，沟渠不沿街道即失其效能，非本计划所能确定。然为目前本市之卫生计，旧有沟渠自应先加以整理，使之能排泄现有之雨水及污水。

三、污水处理问题：本市半岛两面临江，两江流量均甚大，故污水处理问题，甚易解决。长江最枯水流量为2,240立方公尺，若以市中心区40万人口，每人每日耗水60公升，以耗水量80%为污水产量，则每秒所排污水为0.22立方公尺，与长江最枯水流量之比，约为万分之一，此比例显示污水污染江水，尚无害可言（普通规定比例为二千分之一至四千分之一），故本市污水可不经处理而注入江心，则平时处理经费可节省也。

四、沟渠材料之选择：建筑材料首重经济，以就地取材为上，本市附近采石极易，水泥亦易取得，故拟就此二项材料应用，今后合流沟管仍用石料，或砌或凿。分流污水管则拟用瓦管或石砌沟渠。

五、沟渠埋设深度：本市建筑物，多无地下室，为施工经济计，沟渠不必埋设过深，只需考虑路面车辆施于沟渠管道之压力，以决定埋设深度。保持其不致损坏即足，普通深度约为 1 公尺至 2 公尺。

六、截流沟渠路线：

（一）牛角沱——（沿江国府路）——大溪沟——北区干路——朝天门。

（二）复兴关——菜园坝——南区马路——林森路——朝天门。

七、施工建议：下水道沟管之施工，应与修建街道同时进行，以免街道修建完成后再施工所致之困难，如为阻碍交通，妨碍施工及浪费经费等。

八、郊区下水道：本市建设计划，尚在拟定中，卫生工程应在城市计划完成，区域划分，街道分布及人口密度决定后，始能设计施工，以符合理想，兹综论如下：

（一）沿江各区：如江北、南岸、沙磁区等地之下水道设计，以其形势视之，颇似市中心区，而各区所在，或与市区隔岸而峙，或距市区甚远，沟渠系统及处理均可各成一系，分别依据情形设计之。

（二）其它各区：如黄桷垭、大坪、南温泉等地，下水道之设计不同之点，厥在不沿江岸，污水无出口，故拟用地面灌溉法处置之。

卫生设施

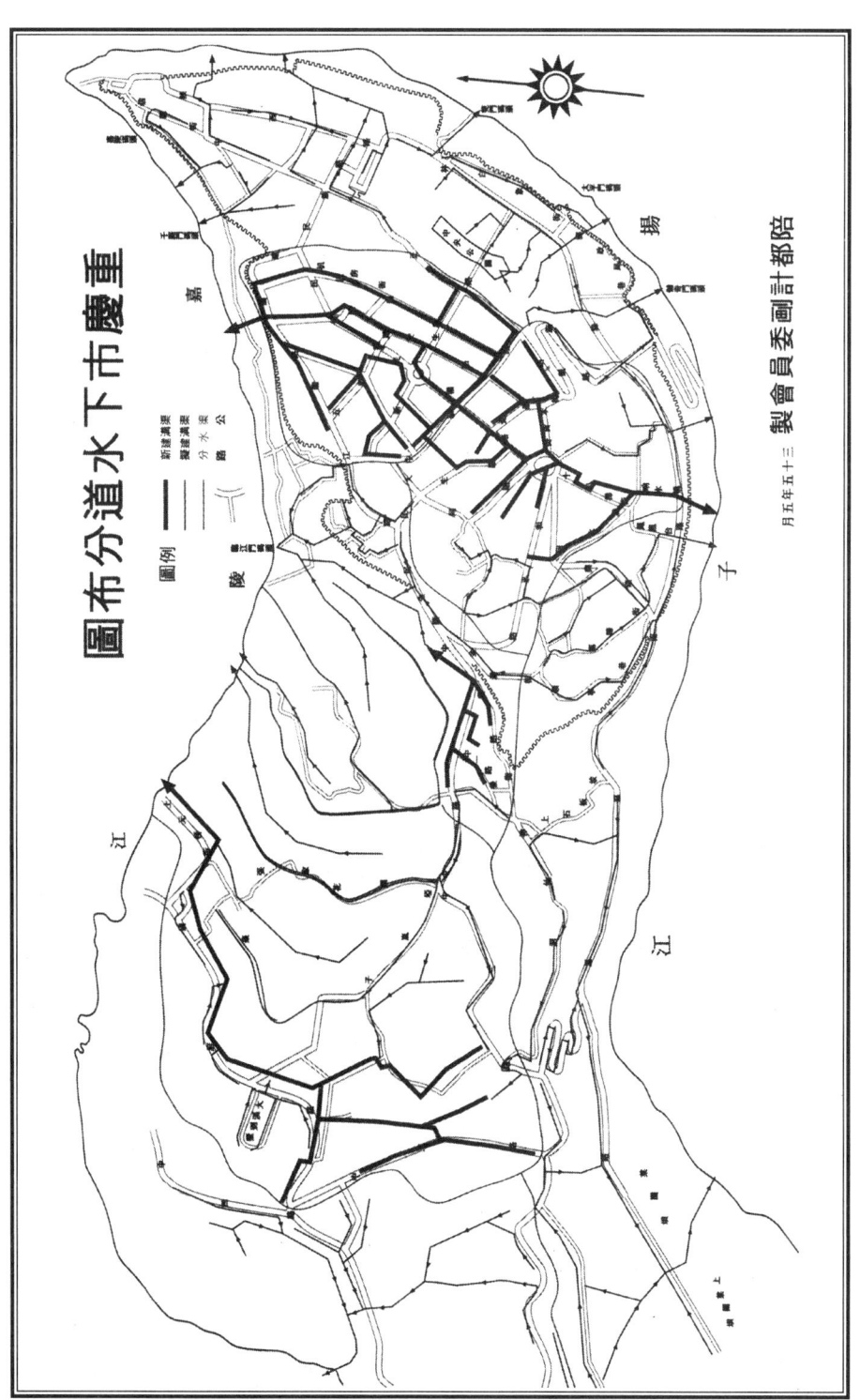

第五十四图 重庆市下水道分布图

丙 医院

子、计划原则

一、假[原稿误作"候"。]定本市人口于还都后为81万，10年后为150万。

二、卫生人员与人口之比例，依《中国之命运》所定之数字为标准。

三、普通病床以人口每300人中有1张。（特种病床亦以每300人中有1张为准）

四、医院分普通、特别两种。普通医院所设均为普通病床，中分内、外、眼、耳、鼻、喉、小儿、产妇、皮肤、花柳病等科。特种医院分肺病、传染病、牙病、花柳病、精神病、产妇等。

五、肺病、牙病、花柳病等设防治所，除设有门诊部及病床外，并注重学校员生、工厂职工及一般市民肺痨病、花柳病之研究宣传，及预防口腔之卫生教育及习惯之养成。

六、本市现有公立普通医院计中央，市民，平民，陆军，沙磁医院，上海医学院附属医院，中央助产学校附属医院等，共计病床1,171张。将来继续办理，或由本市接办而加以调整扩充，另在适当地点筹辟新医院，病床增至3,000张。本市私立医院计有宽仁、仁济、仁爱堂、武汉、红十字会、协和、重庆外科等，共有病床678张，均有相当历史及设备，10年后预期其能增加3倍，估计总共有病床2,000张。

七、特种病院，现在已有肺病，传染病及产科3种，以且拟增设牙病，花柳病，精神病3种，并设病床共5,000张。

八、根据地方自治法，每区设卫生所一所，现有14所，将来拟加以地址上之调整，并增设四所，以符法案。

九、卫生所工作如下：

（一）保健、防疫、预防、接种。

（二）防痨。

（三）妇婴卫生，产妇检查及接生。

（四）家庭卫生。

（五）学校卫生。

（六）环境卫生。

十、为便于卫生局各区医院及卫生所施行各种试验及研究起见，特设卫生实验所总其事，其工作类别如次：

（一）病理检验。

（二）法医检验。

（三）药品检验。

（四）食物及饮水检验。

（五）营养研究。

（六）其它有关卫生之研究事项。

十一、本市设药品供应处，隶属卫生局，供应本市所属各医院及卫生所等所需药品器材，附设小规模制药厂，配制各种药剂，私立医院如有需求，亦得出售供应。

十二、普通医院设立地址以各区人口多寡平均分布，特种医院中肺病疗养院及精神病院之地址以环境为选择之条件，产妇、牙病、传染病、花柳病等医院，则以交通便利为条件。

十三、实施上项计划所需技术人员约计如次：

（一）医师 500 人。

（二）药剂师 100 人。

（三）护士 2,000 人。

（四）助产士 500 人。

十四、各区卫生所之调整设置，于最短期间内即予实施，至于新医院之设置与病床之增加，则视各区其它事业之进展而定。

五、医院分配地点及病床分布见第五十五图

一、普通医院。

（一）中央医院　　　　　（一至七区）　　　　　　300 病床

（二）市民医院　　　　　（一至七区）　　　　　　200 病床

（三）第二市民医院　　　九区　　　　　　　　　　200 病床

（四）平民医院	（一至七区）	200病床
（五）沙磁医院	（十四区）沙坪坝	200病床
（六）香国寺医院	（现在陆军医院）十区香国寺	300病床
（七）黄桷垭医院	（十一区）黄桷垭	200病床
（八）唐家沱医院	（十六区）现在第二市民医院	200病床
（九）海棠溪医院	（十二区）	200病床
（十）歌乐山医院	（十三区）	200病床
（十一）复兴关医院	（八区）	600病床
（十二）九龙坡医院	（十七区）	200病床
共计		3,000病床

二、特种医院之种类地点及床位。

（一）肺病。

1．肺痨防治所	（八区）复兴关	1,000病床
2．高滩岩肺病疗养院		500病床
3．歌乐山肺病疗养院		500病床
4．清水溪肺病疗养院		500病床

（二）传染病。

1．第一传染医院	（一至七区）	1,000病床
2．江北传染医院	（九区）江北城内	300病床
3．小龙坎传染医院	小龙坎	400病床
4．弹子石传染医院	弹子石	400病床

（三）精神病。

精神病院	汪山	200病床

（四）花柳病。

花柳病防治所	（一至七区内）	200病床

（五）牙病。

牙病防治所	（一至七区）	
总计		5,000病床

第五十九表 本市现有主要公私立医院公布表

三十四年（1945年）三月

医院名称	诊治别科	病床数	地 址
重庆中央医院	内、肺、外、产妇、X光、精神病	107	高滩岩
市民医院	内、外、小儿、肺、皮肤、眼耳鼻喉、花柳、泌尿	150	金汤街
市立传染病院	传染病	7	小龙坎
市立肺病疗肺院	肺科	35	新开寺
市立产妇科医院	产妇科	30	通远门
第一贫民医院		100	海棠溪三公里半
第二贫民医院		60	弹子石鸭儿凼
上海医学院附属医院	内、外、小儿、肺、产妇、皮肤、牙、眼耳鼻喉、精神病、X光、检验	218	歌乐山
中央助产学校附属病院	产妇科	60	歌乐山
仁济医院	内、外、小儿、肺、产妇、眼耳鼻喉、检验	255	玄坛庙

续表

医院名称	诊治别科	病床数	地址
宽仁医院	内、外、小儿、肺、产妇、眼耳鼻喉、检验	117	戴家巷
仁爱堂医院	内、外、小儿、骨、妇、检验	100	仁爱堂街
武汉疗养院	内、外、小儿、肺、产妇、皮肤、泌尿、眼耳鼻喉	94	李子坝
中华助产协会重庆医院	产科	11	七星岗
重庆陆军医院	内、外、牙、眼耳鼻喉、皮肤、产妇、小儿	260	香国寺
红十字会重庆分会医院	内、外、小儿、产妇科	60	黄桷垭
南山协合医院	内、外、小儿、皮肤、花柳、产妇	52	同 上
重庆外科医院	内、外、产妇	13	小龙坎
中央卫生实验院沙磁区院	内、外、眼、小儿、产妇	50	沙坪坝
合　计		1,779	

第六十表　本市卫生局附属机关分布表

名　　称	地　址	备　注
第一卫生所	夫子池	
第二卫生所	江北大神庙	
第三卫生所	黄桷垭	
第四卫生所	沙坪坝	
第五卫生所	江北唐家沱	
第六卫生所	南纪门	
第七卫生所	上清寺	
第八卫生所	海棠溪	
第九卫生所	弹子石	
第十卫生所	磁器口	
第十一卫生所	石桥铺	
第十二卫生所	化龙桥	
第十三卫生所	陕西街一五七号	
第十四卫生所	江北观音桥	
市民医院	金汤街	
产妇科医院	通远门顺城街	
传染病医院	小龙坎下土湾	
肺病疗养院	新开寺	
健康教育委员会	金汤街市民医院内	
卫生稽查队	同　上	
灭鼠工程队	同　上	

第五十五图 陪都市现有医院及计划医院分布图

丁　垃圾

子、本市垃圾处理现状

本市垃圾之处理，向无成法可言，垃圾之堆置多集中于小巷或沿江等处，市警察局亦仅规定取缔各主要地点之垃圾堆。前此曾有垃圾堆箱之设置，亦因收集不及，致垃圾将箱埋没，亦非治本之策，尤以市民对垃圾之堆积之不甚注意，且随处倾倒，市区污秽，实有以致之。

丑、本市垃圾产量及其性质

本市垃圾多属市民生活之弃物，如厨余，灰烬等，其它如街道扫除物等亦颇可观。市内垃圾堆之成因，依其性质，可分为空袭损毁物，住户弃物，及清道夫扫除而堆积之物，其余为工厂煤渣，仅占少量。兹将实际调查各区垃圾日产量（包括工厂煤渣,浴室煤渣,住户垃圾及菜场垃圾等项）表列于下：

第六十一表　本市各区每日垃圾产量表

区别	有机物（市斤）	无机物（市斤）	总产量（市斤）	备注
第一区	10,719	236,004	246,723	
第二区	10,496	226,099	236,595	
第三区	8,353	175,452	183,805	
第四区	7,049	204,863	211,912	
第五区	11,215	244,928	256,143	
第六区	6,445	162,184	168,629	
第七区	6,095	172,183	178,278	
第八区	6,317	197,606	203,923	
总　计	66,689	1,619,319	1,686,008	

由上表可知本市垃圾总量每日为840公吨,其体积约为1,680立方公尺,而无机物之产量约为有机物之24倍,然此比例依垃圾来源之不同而各异,饮食店,公共场所与各机关之垃圾产量,无机物多于有机物13倍至50倍,菜场垃圾则有机物多于无机物约6倍,街道扫除等物内之有机物与无机物比例,则各有参差。

寅、垃圾处理

一、原有垃圾之处理。

本市原有垃圾堆计300余处,其成因多属住户垃圾,清道夫扫街垃圾,及空袭后堆积之瓦砾搁置经年。有机物不多,且已经过腐化作用,卫生方面尚无大碍。为欲将其运输至他处倾弃之,则所需费用,甚为可观,故拟就地处理之。缘以此项垃圾堆经长久之时间,已臻坚固,可以泥土覆盖之,使之成为平地,或种植花草,此后禁止再行倾倒,则可根绝其弊而实行亦属简易也。

二、今后垃圾之处理草案。

(一)垃圾收集制度:本市垃圾之产量及其性质既如上言,由其有机物与无机物产量之比,及市民之习惯,可决定垃圾收集时所采用之制度。有机物各区平均产量比为1:20,显示有机物远较无机物为少,而市民平时习惯,多将有机物及无机物混置,此则以用混合法收集为佳,其理由为:

1．垃圾内仓有机物成份较少,采用分类制将有机物检出,未必经济。

2．垃圾内仓有无机物甚多,用以填洼切合经济,且不妨害卫生。

3．混合制之收集费用较省。

4．垃圾混合贮存为市民一般习惯,且较简易,住户易于照办。

(二)垃圾之贮存及其收集方法:

1．垃圾之贮存问题,目前一般趋势,均由住户自行贮存为第一步,然后挨户收集,兹将采用公用垃圾箱及私人垃圾箱之比较列后:

(1)私有垃圾箱贮存垃圾便利,公用垃圾箱距住户稍远,垃圾倾倒不便。

(2)公共垃圾箱不易保持清洁,其附近常成污秽场所,私有垃圾箱较易保持清洁。

（3）私有垃圾箱需较多之数，费用太贵，推行较难。

（4）使用公共垃圾箱时，清道夫清除街道费时较多。

（5）公共垃圾箱置于街旁，较易损坏。

（6）现代化都市，不应有垃圾箱设置于街旁。

（三）本市垃圾收集，既用混合制，通车各街道住户，又置私用垃圾箱，由收集车每日按时挨户收集之，至不通车之街巷（如若干街道过窄或有台阶者），则按街道每日垃圾产量，分段置公共垃圾箱收集之方法为：

1．不通车辆之街道，每日由垃圾收集车，驶至各街道巷口外，再由清道夫将此等公共垃圾箱内贮存之垃圾挑运至车上，运输至垃圾待运站。

2．可通车辆之街道，由垃圾收集车，每日按时摇铃通知住户，挨户收集，运输至待运站。

三、收集时间：以本市而论，宜于白日施行，本市白日时间之分配如下：

1．夏季：上午4时至下午8时。

2．冬季：上午6时至下午5时。

3．春秋季：上午5时至下午6时。

4．清道夫工作时间计划如下：

（1）夏季：上午5时至12时，下午3时至6时。

（2）冬季：上午6时至12时，下午1时至4时。

（3）春秋季：上午6时至11时，下午1时至5时。

5．收集频率：一日1次。

6．收集路径：收集路径之原则如下。

（1）收集路线以载荷垃圾后，沿街道坡度下行为宜。

（2）垃圾运送尽量避免行经闹市，以免车辆行人所生之影响。

（3）路线应选较短者：

7．收集用具：垃圾容器、铜铃、扫帚、畚箕、铁铲、雨具及制服。

8．街道垃圾收集：街道垃圾收集方法，全依路面性质而定。目前本市路面多属低级路面，虽有若干干道为浑泥浇浆路面，而机械扫除法无法利用，故拟采用人工扫除法。街道之清除，晴雨有别，清除可于每日清晨，行人车辆稀少时行之。雨天则不能举行，而雨天必得雨后清除街道泥污，至僻街之污秽物少者则可数日打扫一次。

9. 菜场垃圾收集。本市一至八区，现有菜场计27所，占地面积为150平方公尺，每日垃圾产量共3,050公斤，其中有机物占2,540公斤，无机物占510公斤，故亦极显重要，可于菜场设置垃圾箱并可派专人清除。

（三）垃圾运输草案：

1. 运输工具：

（1）箩筐：载重40公斤。

（2）手车：载重300公斤。

（3）汽车：载重2公吨。

（4）汽轮或木船，载重400公吨。

2. 运输程序：垃圾收集之程序，自各街巷如上述之方法收集后，经手车运输至各待运站，然后作初步处理，使其体积减小，用汽车自各待运站将处理后之垃圾分别运输至垃圾码头汇集后，以汽船或木船运至长江下游，铜锣峡一带，水流湍急之处，倾入江心。

3. 运输工具数量。

（1）箩筐：350挑

（2）手车：268辆

（3）汽车：677辆（平均每日运输6次，包括20%修理车辆数。）

（4）汽船：400吨（一日往返铜锣峡2次）

4. 垃圾处理草案：

（1）填洼法：经调查本市尚有9,395立方公尺之洼地分布各处，其分布虽不均，难以符合各该处附近垃圾产量之数，然应用于短期内之整理，亦颇相宜，故垃圾中之无机物占多数，填洼与卫生无碍也，按照垃圾产量，各处洼地尚可供约2年填补，亦不无小补也。

（2）待运站处理：垃圾经收集至待运站后，逐日经初步焚毁，此可减少有机物之腐败，而垃圾经焚烧后体积减小20%，对运输亦不无便利。

（3）倾弃：本市垃圾多属无机物，其它各法，均无法应用，致垃圾之处理，仅有倾弃一法，即将经焚化后之垃圾汇集一处，转运至船舶，择下游铜锣峡一带倾入江心一法。

戊　本市一般环境卫生之改善

环境卫生之标准，恒与市民生活标准互为因果，欲求环境卫生合乎理想，必须极力改善市民生活标准。我国国民知识水准较低，对环境卫生多无奢求，然吾人必就可能范围内，视本市市民需要与其生活标准之改善配合，力谋环境卫生之合乎理想，兹就目前需要，建议数项如次。

子、一般问题：

一、房屋建筑之改善，普通市民居室，大多因陋就简，房屋狭窄，光线不足，亟应改良。可由有关机关制订标准房屋图式，或于适当地址修建大量市民住宅，以谋适合环境卫生之条件。

二、一般清洁：除下水道及垃圾问题已讨论外，尚有有关市民生活各节分论于后。此外市区马路应修筑高等路面（混凝土或沥青路面）。如是则市容可大加改善，清洁保持，亦属容易也（公路之清除，可令每家自扫门前之行人道，公路由清道夫分段逐日清除之）。

丑、灭鼠问题

本市鼠患素烈，鼠类之繁殖，远过于捕杀数目，欲求剿灭有效，必先根除其巢穴，加以改善房屋建筑，使其无生息之地，并同时辅以有效之毒杀及捕获法，则必有成效。

寅、公共厕所之添建及改善

一、本市公共厕所分布管理概况：本市公共厕所向不敷用，本市参议员所提添建改善案所云：无论公私机关或厂店住户，能自设厕所者究居少数，除妇女外，估计人口约百分之七十须使用公共厕所。而本市现有公共厕所，不惟数量奇少，而仅有之数处设备简陋……，又人多拥挤，并须等候许久，……，且内中污秽满地，空气恶浊……，于市民卫生，大有妨碍等等实非过分之言。且各家庭厕所，地位狭窄，污秽更有过于公共厕所。关于管理方面，以管理人数过少，不常清除，粪便运输，仅用人挑，致使粪污臭气扬泄于厕所之外，改善实属迫切之举也。

二、厕所之添建及其设计：本市面积狭小，人口密度极大，添建厕所，自属必要。本市参议会有每十甲至少有公共厕所一所之建议，自属切要。今后须依人口密度分配而定厕所地位（本市计划人数150万，估计每100人有厕所蹲位1座，以总人口之20%需要公共厕所使用，计算需蹲位3,000座）。设计方面，过去管理不善，大部皆因厕所不易管理，故目前厕所形式有改善之必要。计划拟采用半水冲式，使之防蝇无臭，不污集水源。厕所蹲位以水泥砌成，粪便之排除，经相当时间，以水冲至粪池，粪池须加盖，可增加厕所内之清洁，而施行管理复见简捷也，待本市自来水系统完成。复可就此等半水冲式厕所加装自来水管，使成水冲式，设专人司冲刷之事，则管理易易，不虑不洁也。

三、粪便处理：公共厕所设小型化粪池，再以车辆运输至集中地点处理之（将来下水道完成时，即可将粪污引至处污水内）。

卯、公共浴室

本市原有浴室，大多系商营，且多设大池，入浴人数既多，每日换水一次，颇碍卫生。今后浴室，拟改由公家经营为主，取缔浴池，多设沐浴，则可避免传染病，而谋管理之简便。

辰、屠宰场

屠宰场所产肉类，关系市民卫生至巨，而所排废物多属有机物，无适当管理及处置，亦属不当。普通猪，牛肉类，最易传染寄生虫病，宰前宰后之检查，鉴定肉质，甚为必要，而污物处置，亦堪重视。故宜于适当地点，设置集中屠宰场，设专门机构处理屠宰场一切事务。

巳、理发店

理髪店应宜加取缔其不合卫生条件之积习（如挖耳等），剪发刮脸应用工具应于每次理发之后，加以消毒。公用手帕，应行取缔。其废物亦应先事集中，然后由垃圾车，运至垃圾待运站。

午、饮食店及摊贩之管理

目前重庆市各食店多作表面装饰，其厨房则脏污不堪，蝇蚋乱飞，极易助长疾病之传染，今后应严加督促改善。首重厨师健康检查，及管理其不洁之恶习（如头发不得过长，烹调时着帽，指甲常加修剪等，再则严加管理其用品之消毒，手帕之消毒及排污，扫除等项），或设计标准厨房，使其能以简便之方法处理厨房一般清洁及排污。

摊贩之管理问题，亦须注意。食物暴露于露天，病菌极易繁殖，应规定食物盛器物加盖，取缔冷食。又其地位亦颇值考虑，摊贩之设于街道上者，有碍市容，实则吾人应绝对取缔之。然间有某区（如各码头附近及平民区）多数居民均赖是为生，取缔非易，故加以合理管制，实为不得已之事，待市民生活已臻合理化之后，再行绝对取缔。

第六十二表　卫生设施十年建设计划分年实施概算表

单位1元（战前币值）

进度概算项目	年度	第一年	第二年	第三年	第四年	第五年	第六年
下水道	工程进度	1. 整理旧有沟渠 2. 建筑市中心区新沟渠 3. 成立沟渠养护队		设置市中心区截流干管	1. 宣传市民装接污水管 2. 添建郊区6万人口之下水道	添建郊区12万人口之下水道	添建郊区12万人口之下水道规定市民装接污水管
	工款	1,200,000		360,000	3,000,000	6,000,000	6,000,000
自来水	工程进度	整理市中心区自来水管网系统	添建大溪沟制水厂直接供市中心区用水	延伸市中心水管至化龙桥	添建郊区6万人口之自来水	添建郊区12万人口之自来水	同前
	工款	2,400,000	9,600,000	300,000	3,000,000	6,000,000	6,000,000
医院	工程进度	于市区添置病床807床	同前	同前	添置郊区病床807床	同前	同前
	工款	807,000	807,000	807,000	807,000	807,000	807,000

续表

项目	进度概算	年度	第七年	第八年	第九年	第十年	总计
下水道	工程进度		同前	同前	同前	添建郊区9万人口之下水道规定市民装接污水管	
	工款		6,000,000	6,000,000	6,000,000	4,500,000	39,060,000
自来水	工程进度		同前	同前	同前	添建郊区9万人口之自来水	
	工款		6,000,000	6,000,000	6,000,000	4,50,000	49,800,000
医院	工程进度		同前	同前	同前	同前	
	工款		807,000	807,000	807,000	807,000	8,070,000

续表

项目	年度	第一年	第二年	第三年	第四年	第五年	第六年
垃圾	工程进度	1. 于市区填洼运输以箩筐管手车运输垃圾 2. 成立垃圾清除机构	于洼地已填补完妥之处成立垃圾待运站并配备所需之汽车轮船只待运站之汽车及手车与垃圾	完成全市中心区垃圾待运站及其所需车轮船只各待运站成之初步焚秽炉	处理郊区垃圾问题	同前	同前
垃圾	工款	20,250	150,000	467,500	140,800	281,600	281,600
厕所	工程进度	于市区添建厕所蹲位300座	同前	添建市区厕所蹲位200座	1. 安装市区厕所自来水管 2. 添建郊区厕所蹲位并安装污水管	添建郊区厕所蹲位并安装污水管	同前
厕所	工款	15,000	15,000	10,000	91,600	39,200	39,200
每年工款共计		4,442,250	10,572,000	1,944,500	7,039,400	13,127,800	13,127,800

续表

年度 进度概算 项目		第七年	第八年	第九年	第十年	总 计
垃圾	工程进度	同前	同前	同前	同前	
	工款	281,600	281,600	281,600	211,200	2,397,750
厕所	工程进度	同前	同前	同前	同前	
	工款	39,200	39,200	39,200	29,400	357,000
每年工款共计		13,127,800	13,127,800	13,127,800	10,047,600	99,684,750

公用设备

甲 电力

子、纲领

近代繁荣都市,莫不需用充分动力,而动力之最普及,最便利与最经济者,厥为电力,其与人民之日常需要,工商业之振兴,国防军事之建设,所关至巨,故陪都建设计划,电力乃公用设备中之要项。

本市自成为抗战首都后,人口骤增,工厂密集,致电厂总负荷,超过其发电能力,供应因之不敷。现在战事已经结束,对于陪都更须积极建设,电力需要尤感重要。故谋根本解决办法与达到建设计划之实际任务计,唯有筹设新发电厂,以裕电源。唯以所需工程,经费及时间,均极庞大,非一朝一夕所可实现。必须分期建设,递次推进,而如何增加并维持现有发电能力,尤属急切要图。故本草案中,首重现在救济办法,次为将来建设计划。

丑、现在救济办法

陪都人口,在战前约40余万,工厂不过20余家,电力公司发电机容量为11,000千瓦,足敷应用。抗战后人口骤增至124万,工厂增至1,400家,而电力公司所添购之4,500千瓦新机炉,由海防未及内运,而沦于敌手(战时生产局允拨之1,000千瓦机炉五部,至今尚未运渝,截至三十五年(1946年)四月)。本年四月止,本市电力供求,相差约7,000千瓦。除由自备发电设备之工厂转供市用约3,000千瓦外,犹不敷4,000千瓦。补救办法,唯有增加供应,与减少非必要之消耗。

一、利用重庆各公私发电设备剩余电量转供市用。如下列各项完成后，共可增加供电量 3,700 千瓦。

第六十三表　本市现有发电设备统计表

发电所名称	发电机数目（台）	发电机容量（千瓦）	现时转供市用电量（千瓦）	修配后供电量（千瓦）	增供电量（千瓦）	备 注
第五十兵工厂	1	2,000	1,000	2,000	1,000	需变压器 1 只
	1	1,250				
第一纺纱厂	2	8,000		700	700	现仅开用 1 部，须设法将另 1 机炉使用
大渡口钢铁厂	2	1,500	500	1,000	500	修理锅炉
第廿四兵工厂	1	1,500	1,000	2,000	1,000	需变压器 1 只
	1	2,000				
	2	500				
二兵工厂	1	500		200	200	因煤质不良而由五十兵工厂供应，如供应良煤，可省去供市用
自来水公司	1	400		300	300	因锅炉陈旧，煤质不良，向由电力公司供电，可设法自行发电

二、请中央速将允拨本市之1,000千瓦汽轮发电机及锅炉五套运输，安装发电，以济急需。因一项所列各厂机炉多由沦陷区搬渝，陈旧残破不堪，勉为装用，不过救一时之急，即能全部发电，亦不过仅敷市用，遇有一机一炉发生故障，将使本市一部分区域，仍不免陷于黑暗。如将此5部1,000千瓦新机炉运渝装用，而以各厂之陈旧发电设备，作为备用，则本市电力供应自可改善。如机器运到，全部装备时间约需20周左右。

三、节省电力办法。

（一）市街商店之广告及窗饰所用电灯，应停止使用。

（二）查察遇有逾额电灯，知照撤除，规定用户用电量大小，由电力公司装适宜号数保险丝，加以封锁，依照节约电力方针，拟定限制过分用电办法，认真实行。

（三）由军警宪会同电力公司查剪私接电线彻底实施。

（四）检查并补充线路，以减少消耗，增加电力。

（五）电压不应太低，抬高电压，则轻磅灯泡自无法使用，且可减少电力损失。如供应不足，宁可分区停电。

（六）各用电工厂，用电时间，应依照24小时内电力负荷曲线，及用电力多寡情形，由市府当局会同电力公司分配用电时间，以免总负荷过大或过小。现在每晚7时至11时，电力仍有30%以上供给工厂，如将开工时间移至后半夜，则每晚灯电，自较足用。

寅、将来建设草案

一、用电量之估计。

（一）工厂用电——电力。

陪都工厂在民国二十九年（1940年）前，多为小型工厂，用电甚少，至三十年（1941年）时，工厂用电约为1,200千瓦。至三十四年（1945年）时，除由电力公司供给工厂用电约6,000千瓦外，其余尚有自备发电设备之公私工厂10余家，其负荷总数约为10,000千瓦，故工厂总用电量约为16,000千瓦。抗战结束后，多数工厂，或限于出品销路减少，或限于环境准备迁移，多停工或倒闭，或持观望态度，呈半停半开状态，故用电量已渐减少。

初期建设在奠定工业化之初步基础，以求各种工业之配合发展，故须着重机器，电机，基本化学品，水泥等基本工业，及配合交通需要之运输工业。为使出品合乎标准，制造达最高效率，机器必须精良，原料尤须丰富。以陪都环境，似以着重于造船、电讯、电机、电池、灯泡、农业机械、水泥、玻璃等工业为宜。惟限于天然条件，上述工业规模不能过大，故用电量亦不致于过高。

大规模发电厂成立，电力成本低廉，则现有自备之发电设备，当可不用。据现在工厂情形估计，民国三十六年（1947年）工厂总用电量，当在8,000千瓦上下。初期五年内，按照工厂用电自然增加率推算，不过18,000千瓦左右。第二个五年内，由于工商业发达之影响，工厂用电可望增至40,000千瓦左右。

（二）居民用电——电光。

陪都现在人口约124万，除还都之40余万外，尚余80万。首先五年内，按照人口自然增加率推算，可能增至90万。第二个五年内，由于交通便利，工商业发达之影响，可能增至150万。灯光用电为每日下午5时至11时。前五年内，以每人每月平均2.5千瓦小时计算，则总共电光用电不过12,500千瓦。第二个五年内以每人每月平均3千瓦小时计算，则总用电量约为25,000千瓦。

（三）电力最高负荷。

根据本市电力负荷分配情形估计，每日上午8时至下午5时电力负荷中90%为工厂用电，10%为灯光用电，下午5时至11时，60%为灯光用电，40%为工厂用电。依此推算，则最高负荷时间，在下午5时至11时之间。前五年内不过20,000千瓦左右。第二个五年内，由于工厂加多，夜间开工者较多，每日下午5时至11时，以50%为灯光用电，20%为工厂[1]用电估计，则最高负荷约50,000千瓦左右。

---

[1] 原稿作"电"，据前后文改。

二、电厂之设置。

（一）动力资源及设置程序。

川省动力资源，计有瓦斯，煤及水力三种，瓦斯产地首推自流井之天然气，惟产量不丰。可资发展者，惟煤与水力两种。本市附近水力可资利用者，计有长寿龙溪河附近，及乌江中滩附近。但筹设水力发电厂，需要资金较巨，时间较长，且至枯水时期，水力不足，发电量减少，犹足影响建设计划中各部门动力之需要。为使计划完成时总发电量能超过工厂用电与居民用电两者之需要计，亟宜先筹设热力厂。前五年内拟先建 30,000 千瓦热力厂一所。第二个五年内，再扩充至 70,000 千瓦厂，如水力发电所完成，更可转供市用，以得廉价之动力。

（二）热力厂之设置。

1. 厂址之选择。

热力厂之装设地点，以距用电区近，运煤方便、起水便利为基本条件。本市以土湾渝鑫钢厂及其附近最为适宜。土湾于位嘉陵江南岸，河岸壁立，无论洪水期与枯水期，船舶均可靠岸。北碚产煤，可直达该处。土湾地面宽平而高，即在洪水时期，水面尚低于地面二、三公尺，故建筑厂房基地，土石方少，地面宽平，又可供扩充之用。

2. 设厂大小及程序。

根据用电量之估计，至民国四十年（1951 年）最高负荷约 20,000 千瓦左右。故拟先筹设 30,000 千瓦厂，应装设 10,000 千瓦汽轮发电机 3 部，锅炉 3 部，经常以两部电机两部锅炉供给市用，以一部作为备件。此项工程如由三十六年（1947 年）起始设计，订购新机，三十八年（1949 年）中即可完成。至民国四十年（1951 年）再添置 20,000 千瓦电机两部，锅炉两部，扩充为 70,000 千瓦厂。则届时陪都所需电力，可以无虞矣。

3. 资金之估计。

建厂每千瓦作战前国币 400 元估计，前五年拟建 30,000 千瓦厂，需 1,200 万元，第二个五年加设 20,000 千瓦机炉两套，如每千瓦以战前国币 300 元

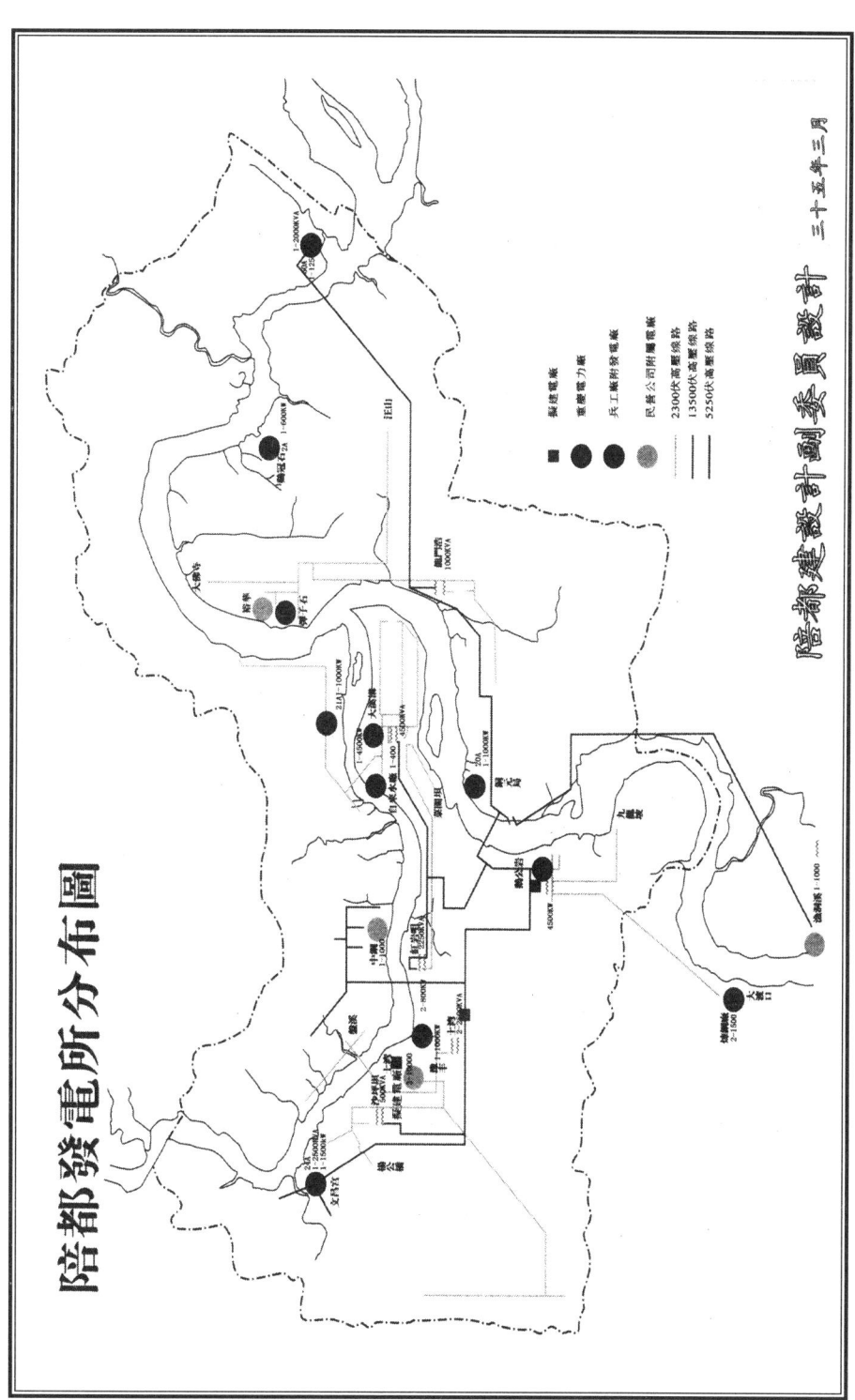

第五十六图 陪都发电所分布图

计算,则又需 1,200 万元,以上共需战前国币 2,400 万元。此项巨款筹措匪易,应由政府予电力公司以有效协助,俾可早日订购新机,安装发电。

(三) 水力厂。

川省多山,故河流湍急,水力蕴藏量极富,应尽量开发,以期得廉价之动力。陪都附近可为发电之河流,经资源委员会详细勘测,计划开发者,有长寿龙溪河一带迥龙寨下清渊洞及桃花溪三处,此外尚有乌江中滩附近,嘉陵江北碚附近,及綦江天门河附近数处。惟嘉陵江北碚附近,及天门河附近水力均属有限,似无开发之价值,仅乌江滩附近,约可设立五万匹马力之以上水力发电所。以上各处如能全部开发完成,水力发电总量当在 40,000 千瓦以上,亟应设法开发建厂,与陪都北碚綦江长寿一带设干线联络,成为电力纲,则陪都电力更可改善矣。

乙 燃料

子、绪论

陪都燃料,昔年大部仰给于木柴,虽有煤窑,亦仅就露头处作小量采取,供家庭炊爨之用,鲜有大量开挖者。自抗战军兴,人口逐渐增加,工厂迁渝日多,钢铁厂亦相继建立,燃料需要,与日俱增,供不应求,成为极端严重之煤荒现象。抗战胜利后,工厂多停闭或迁移,燃料需求,始不若从前之迫切。惟建设陪都,如增加航运,修建铁路,发展各种工业,皆需要大量燃煤,倘不早为筹划,开办新厂,增加产量,改良运输,则临渴掘井,无济于事。故应谋燃料供应,与陪都发展相配合,庶不致有供求失衡之现象焉。

丑、陪都附近煤田储量及分布状况

陪都所用煤焦,大都来自嘉陵江两岸,最北可至合川。沿长江两岸,江津、永川之煤,及南川、万盛场,贵州桐梓,綦江桃子荡一带,亦有部分煤焦运渝。所开采之煤田,为侏罗纪及二叠纪。煤质及煤层厚薄极不一致,二叠纪煤层厚自 6 公寸至 4 公尺。内含杂质,其挥发物约在 20% 以下,含硫自 1.5% 至 3%,灰分自 10% 至 20%。侏罗纪煤层,厚度在 1 公尺以下,挥发物在 25% 以上,灰份自 10% 至 20%，含硫约在 1.3% 以下，兹将各区煤田略述如下：

一、观音峡背斜二叠纪煤田。

位置及交通。此区煤田位于江北县境，南起嘉陵江之白庙子，中经文星场，北止于杨柳坝之吊耳崖附近。白庙子距本市水程 69 公里，有轮船可达。西去北碚约 6 公里。杨柳坝北去渠河之小沔溪约 25 公里，有小路可通，为去川北要道。煤区西侧刘家槽中，筑有北川铁路至白庙子，与嘉陵江衔接处设有码头，为该区外部之咽喉。

煤质及储量。此区北起吊耳崖，南至嘉陵江岸，长约 22 公里。煤层北部较薄，南部较厚，总厚约 5 公尺。全区二叠纪藏量约 18,000 万公吨，所产高碳烟炭，质地较坚硬，块煤较多，甚合家庭炊爨之用。

二、江北县龙王洞侏罗纪煤田

位置及交通。此区煤田，在嘉陵江北岸江北县境。可采区域，南起龙王洞，北至石坝场。龙王洞南距江岸狮子口码头，约 56 公里。去水土沱 23 公里，距重庆陆程约 69 公里。内地丘陵起伏，仅有小路可达。石坝场距北川铁路之大田坎车站，约 23 公里，中隔山岭，交通困难。

煤质及储量。龙王洞附近，煤层露出者有两层，第一层厚约 25 公分，以层薄质劣，不易采取。第二层厚 40 公分，为此区各矿所采之惟一煤层。此区北起石坝场，南至龙王洞，长约 25 公里。背斜脊部平坦，煤之蕴藏颇广，煤层储量共约 3,000 万公吨。所产为中碳烟炭，灰分甚低，含硫亦微。为川东一带烟碳中煤质最优者，轮船工厂，多乐用之。

三、温塘峡西山坪西侧及缙云山侏罗纪煤田。

位置及交通。西山坪煤田，占二崖及草街子一带。位嘉陵江北岸，温塘峡山岭西麓，在合川及江北县之交界处。二崖在煤田之南端，距本市水程约 75 公里，东去北碚约 6 公里，西距合川水程约 46 公里，均有汽船可达。缙云山一带煤田，为西山坪一带之引长部分。在嘉陵江南岸者，占有澄江镇，及七塘场间之缙云山西麓，属璧山县治。

煤质及储量。西山坪煤田，仅在草街子以北者，尚形完整，储量约 250

万公吨。温塘峡中，嘉陵江南岸，煤层已侵蚀过半。自七塘场西麓，华头嘴一带起，至嘉陵江南岸，除煤层之浅薄者及冲蚀者外，长约5.5公里。全区藏量，约570万公吨。西山坪二崖复兴隆所产煤炭，块煤较多，质亦坚硬。宝源公司蔡家沟一带，所产煤炭含灰较多，采取后须加饰选。灰之熔度较高，故轮船工厂乐用之。

四、流沥峡背斜东翼太和场一带侏罗纪煤田。

位置及交通。此区南起嘉陵江岸之麻柳坪，沿流沥峡山岭北行以至太和场，长约10公里，位于合川县境。煤炭出草街子以入嘉陵江。草街子西距合川水程35公里，陆程23公里，距重庆水程92公里。

煤质及储量。煤质平均厚度，约70公分，此区储量，约470万公吨，以含杂质过多，须经洗选后，始行销售。

五、流沥峡背斜东翼嘉陵江南岸侏罗纪煤田。

位置及交通。煤田位于流沥峡背斜东翼，嘉陵江南岸，为北岸煤田之伸长部分。北起江岸之炭坝，南至八塘场山麓，占有铁厂沟，老堰沟，太子沟，杨柳沟，苦竹溪一带。再南煤田连亘，达于璧山县西山山麓登地场一带。此区煤焦，出炭坝或吴栗溪以入嘉陵江，吴栗溪距本市水程92公里，西去合川县城约35公里，均有船只可达。

煤质及储量。此区煤田仅有南段杨柳沟，苦竹溪一带，煤层尚形完整，储量约150万公吨，所产煤炭，为中碳烟炭，与北岸所产者大致相同。

六、流沥峡背斜西翼侏罗纪煤田。

位置及交通。此区位于嘉陵江南岸，流沥峡背斜西翼，跨合川、铜梁之交界处。占有沙溪庙十塘场一带之山麓。沙溪庙西距合川县陆程15公里，水程29公里。

煤质及储量。煤田长约12公里，藏量约为960万公吨，所产为烟煤。

七、万盛场二叠纪煤田。

位置及交通。本区煤田位四川省南川县，南盛场之东面，南北纵列，长约7公里。南端自腰子河之北岸起，经过东林矿，向北经过猪鼻孔方家山等处，至乱石台而止。规模最大者为东林煤矿。运输由腰子口装载重两三吨之小船，经关堰积水后，而下行至两河口，再换装载重五六吨之船，而至鲁峡洞，由人力运至鲁峡峒后，至蒲河镇再装大船运至本市。

煤质及储量。本区完全为烟煤，适于炼焦，惟含硫甚多。煤田长约7公里，储量约1,100万公吨。

八、桃子荡二叠纪煤田

位置及交通。本区煤田，在贵州桐梓县北，自桃子荡以西，蒲河沿岸之乌龟山起，向南经过碰头崖，柿林滩等处，而达王家坝，长约10公里。此区煤田悉属烟煤。自王家坝起，煤田转而向东，至班竹园转而向北，经过于干坝而达腰子河南岸，与万盛场区煤田相连接。所产煤焦，悉用人力背负，至桃子荡附近之蒲河岸，装船外运。

煤质及储藏量。煤层厚度不一，自6公寸至2.5公尺，王家坝以东之无烟煤，不能炼焦。王家坝以西之烟煤，可炼焦，煤之储量，除无烟煤部分，因煤质不佳，交通不便，未计入外，其烟煤部分，长约10公里，估计约为2,000万吨。

寅、重庆区煤矿生产情形及出煤数量

重庆区煤井深度，全在150公尺以内，只少数有机械设备，更乏通风装置，致井内煤气充塞，时有爆炸情事发生。而矿厂星聚画地自限，费用既繁，且难有大量之生产。沿江一带，及山岭高处，煤藏采掘渐罄，此后采煤，仰赖山岭内部，及在地平下者，产煤及运输，均须赖有机械设备，个人经营或小规模矿厂，恐难开采，兹将较大煤矿，略述如下：

一、天府煤矿。

天府煤矿公司，为重庆各矿规模之最大者，成立于民国二十三年（1934年），由数矿合组而成。采煤区在江北县，沿北川铁路一带。所采煤炭，为二叠纪煤系，南北延长甚广，共有煤层十四层。所产煤炭大部销于陪都，及嘉陵江两岸。白庙子自大田坎，筑有轻便铁路，备有机车。白庙子至江边，筑有电力放车道。有动力厂一所，供后峰厂绞煤排水通风之用，并有翻砂厂，打铁厂及修理厂，铁路机车厂等设备，出煤月约28,000余公吨。

二、三才生煤矿。

三才生亦为北川铁路沿线之大矿,矿址位天府煤矿之北,煤纪为二叠纪,与天府煤矿所采煤系同。位背斜层之西翼,内分两部,一名福源厂,位戴家沟之东北,为主要产煤厂。一名福安厂,距大崖两公里。矿洞均为平巷,用之字形巷道采煤。有动力厂一所,供通风打水之用。运输至戴家沟,有轻便矿路,每月产煤,约6,000余公吨。

三、全济煤矿。

矿址位合川太和场之香饼场及饶家湾,为侏罗纪煤系。煤质为中级烟煤,月产3,600余公吨。

四、宝源煤矿公司。

宝源煤矿,位嘉陵江南岸。北距夏溪口约11公里,矿区散布于巴县、璧山、永川等县。煤系为侏罗纪,成东南西北之背斜层。该公司矿区,位背斜层之西北翼。煤系含有可采煤层三层。上层为三连炭,第二层为双连炭。月出煤约7,000余公吨。

五、燧川煤矿。

煤矿位夏溪口南11公里之石堆窝,与宝源煤矿比邻,每月产煤量为1,000余公吨。

六、江合煤矿。

江合煤矿,位龙王洞煤田,属江北县,南距嘉陵江边之狮子口及水土沱均约15公里。煤系为侏罗纪,在龙王洞一带,成一完整之背斜层。煤质为中碳烟炭,每月产煤约3,200公吨。

七、东林煤矿。

煤田位南川县西南约36公里,以产良焦著称。煤质为烟煤,产量每月约3,000公吨。

卯、陪都用煤之分析及将来需煤之估计

陪都用煤,在民国二十五年(1936年)全年仅30万公吨。至民国二十七年(1938年),国府迁渝,人口增加后,用煤数量,增至每年45万公吨。后因迁渝工厂人口日增，至抗战胜利前，需煤量月达 85,000 公吨，焦 12,700 公吨。日本投降后，工厂多停工或外迁，需煤量又逐渐减弱。兹将三十五年（1946 年）度各种用户每月需煤焦数量列表如后：

第六十四表　陪都用焦数量表

三十四年（1945 年）八月份

用焦处所	数　量（公吨）	百分数	附　注
市民用焦	6,400	50.5%	
兵 工 厂	2,300	18.0%	
化 铁 炉	3,200	25.2%	
化 工 厂	150	1.2%	
机 械 厂	650	5.1%	
合　　计	12,700	100.0%	

第六十五表　陪都用煤数量表

三十四年（1945 年）八月份

用煤处所	数　量（公吨）	百分数	附　注
兵 工 厂	22,000	25.9%	
电 力 厂	13,000	15.4%	
钢 铁 厂	3,000	3.6%	
纺 织 厂	11,000	12.9%	
轮　　船	11,000	12.9%	
化 工 厂	8,500	10.0%	
机 械 厂	1,500	1.7%	
市　　民	15,000	17.6%	
合　　计	85,000	100.0%	

住户用煤、交通用煤、工厂用煤。

住户用煤：住户所用燃料，并非全为煤焦，一部系用木柴及木炭。渝市冬季，并不寒冷，供取暖用之燃料，数量极微，可不计及，故所需燃料，大部为炊煮之用。现在人口120万，月需燃煤14,000公吨，焦6,400公吨，合煤16,000公吨（按炼四成焦计），共需煤3万公吨。按本会估计，人口在国府还都后，减至82万，五年后增至90万，按人口比例计算，五年内渝市住户用煤（连同炼焦用煤），月需约2万公吨。十年后人口估计，增至150万，住户用煤（连同炼焦用煤），月需约38,000公吨。

交通方面用煤：铁路汽机车用煤，因预计成渝、渝昆及川黔三路，须十年内完成，故前五年内尚无需要。轮船用煤，现在每月约1万余公吨，估计五年内，增至15,000公吨，十年内增至25,000公吨，机车用煤，约3万公吨，十年内火车及江轮需煤合计，约55,000公吨。

工厂用煤：现兵工厂，纺织厂，及机械厂等，因电力供应不足，多自设电厂，故需煤较多。惟重庆并不适于大规模重工业，抗战胜利前，需煤量35,000公吨，焦6,000公吨（合煤15,000公吨），共合煤5万公吨。现时除电力厂及兵工厂，仍维持原状外，其它铜铁机械等厂，几全部停工。五年内可部分复工，约需3万吨燃煤。在十年内因交通方便，人口增加，工厂当随之增多，需煤量月约65,000公吨。

第六十六表　陪都十年内用煤数量估计表

年　别	交通用煤 （公吨每月）	工厂用煤 （公吨每月）	市民用煤 （公吨每月）	合　计
第一五年	20,000	15,000	30,000	65,000
第二五年	38,000	55,000	65,000	158,000

辰、重庆区燃料生产及运输建议

一、生产方面之建议。

重庆区煤矿充实扩展者如后：

（一）天府煤矿。

改善动力厂，增添锅炉四座。

增加运输设备，添 1 吨矿车 150 部，12 磅铁轨 100 吨，加开 120 公尺斜井 1 座。

（二）全济煤矿。

开九十公尺斜井矿座。

（三）宝源煤矿公司。

改善现在管理机构。

（四）江合公司。

改善地面运输加铺铁轨。

改添煤车。

改善江内运输，加添木船。

（五）东林煤矿公司。

改善地面运输加铺铁轨。

加添煤车。

改善江内运输，加添木船。

各区煤田采取方法之改善。

侏罗纪煤田：宜就地形位于山脚最下部，穿平巷采取之。巷内运输则利用煤之自重，佐以煤斗滑车等，集中煤产于平巷中，铺设铁轨，以人力推送。平巷既低，巷洞之数目加多，工作面积增大，产量自随之增多。沿山麓多方穿洞，平巷外部各厂间，则设轻便铁路，集各厂所产燃料于干路，主要设计，应注重于地面运输。采煤量增加，惟有利用采煤机械。现时各矿平巷，位置率皆高耸，去露头过近，致采掘面无由增加。巷道又皆设单轨，坡度不一，车轨阻力复强。设产量增加，矿内运输亦成问题。

川北铁路一带二叠纪煤田。因煤层陡立，而大连炭又复过厚，采取时支撑不易，多将顶底煤层，遗弃地内。而各平巷间，以煤层陡立，又须留有煤柱，以资保护，故所采出之煤，仅当藏量30%，天府公司，已改变采取方法，求采取量之增加。矿内平巷，以斜坡路连系之，上道平巷，所产煤炭，以斜坡路放下，集中运输，于主要平巷。各平巷之间，穿煤洞三间，相隔10公尺，以土井为起点，尽端为采煤处。土井沿煤层顺坡穿凿，井中以木板分隔三间，一作通风之用，一作送石土之用，一作煤斗。先于通风孔之顶部，作小洞以达煤层顶板，小洞两侧，次第采煤罄尽后，即由通风孔送土石填塞之。近主要巷道之内侧，于填塞时，以石块筑墙壁，留孔作煤眼，下部有箕口，以作放煤之用。此法采煤除风井设备外，巷洞增添无几，成本仅增加土石之搬运，而采出量可达80%。

（六）其它问题。

沿江一带，及山岭高处，煤藏采掘渐罄。此后采煤须自山岭内部及地平以下，故赖有机械设备，及协力合作，方能减低成本。工人工作时间，皆为12小时，以时间过长，工作效率甚低，而往返就食，时间消耗亦多，实际工作时间，不过数小时，宜改为8小时，集中精力，以求效率之增进。工人待遇，更须竭力改善，矿内工作，水湿气浊，工作困苦，应视力之所及，以求空气之通畅。照明排水，均宜留意，既便工作复免危险。

二、运输方面之建议。

重庆区煤产，不患采而患运，运输问题，最为严重。运费最低煤矿，亦达成本20%以上。故欲求产量扩充，首宜改良运输，以人力担运，而供给大量之需求，势有未能。至若成本之加重，煤质之粉碎，又其次焉者也。

水道运输。

自合川至本市，嘉陵江两岸，为主要产煤区。此段江中，可通汽轮，运输较便。宜添置运煤船只，以供需要，上下船搬运，极感不便，应改善各运煤码头，建简单机械起卸装置，以节省人力。

山道运输。

各矿煤焦，多用人力或畜力背负至沿江码头，不仅费用过巨，运输量亦微。应修轻便铁路，及电力放煤车等，以加大运输量。各矿皆拟有修路计划，限于经费，多未能实行。

各矿运输路线列表如后：

第六十七表 陪都附近各矿运输概况表

公司或产区	运输概况
天府煤矿公司	公司有 15.7 公里之北川铁路，直达嘉陵江岸之白庙子，并筑有放煤车至江边，白庙子下距重庆水程 55.5 公里，上距合川 40.8 公里，终年航运畅通
三才生煤矿	矿区位天府北，运煤情形同前
全济煤矿公司	矿厂至嘉陵江之草街子一五里，筑有木轨运道，自草街子至重庆水程 70 公里
宝源煤矿公司	矿厂北距嘉陵江之夏溪口约 15 公里，堰河口宫斗石间筑有运河长 30 公里，运河两端至矿厂及江边，筑有轻便铁道，夏溪口下距重庆 65.7 公里，水运亦畅
燧川煤矿公司	煤用人力挑至宝源厂
江合煤矿公司	煤自嘉陵江右岸之狮子口及水土沱二处，装载外运，距矿厂各约 15 公里，用人力挑运，矿厂至狮子口有木轨运道
南川万盛场	运煤自腰子口装船，经两河口转蒲江至三溪镇入綦江，顺流至江口入长江而达重庆。
贵州南铜煤矿	煤矿筑有自王家坝经新桥至鲁峡峒之轻便路长 18 公里，自鲁峡峒装船循蒲河入四川境，转綦江而入长江。

市容整理

甲　市容之重要性

整洁美观而富有艺术建筑物之环境，对人生影响之重大非其它物质计算标准所可衡量，尤以代表时代与生活状况之永久建筑，有垂诸久远，贻留后世之重责。试以今日在欧洲对巴比伦希腊中古及文艺复兴时代各项建筑之欣赏景慕，及对现在全部西方文化在精神与物质两方面之影响，即可概见今日在建设都市所应注意之必要性。况陪都为我国有史以来对外抗争规模最大为期最久之战时首都，先宜对此作适当和可宣达我民族伟大性之艺术建筑布置。在都市设计上，一方面必须将内部作分别适当之规划，一方面必须对全市整体之外表有一通盘之艺术配合。

乙　本市自然环境之优点

本市地形复杂，固多工程上之障碍，但全市据山带水，岗峦起伏，市区丘壑相间，风物秀异，倘各项建筑物，善用地形，并藉风景技术，予以点染，则全市之美观，必在世界各名城中，独树一帜。且雨水丰而土质肥，气候温和，花草林木，亦易于培植。而郊外之梯田，亦井井有条，若在艺术、工程、园艺、风景、技术，各方面予以适当配合，欧洲都市专家所理想之花园都市，不难于本市见之！

丙　本市市容之缺点

本市因发展过程之情形特殊，对此天然环境，不独未予利用与改善，且建筑不当，致全市呈破碎褴褛之丑状，其最显著者为：

子、各耸出山头之破碎

市区半岛各耸出之高地为远近瞩目之焦点，应特别整齐壮丽，然本市中如枇杷山山巅，如上清寺，如张家花园，如白塔寺等，或茅舍零乱，或孤塔萧然，使人对本市易生不良之感。

丑、悬崖上之破碎

悬崖峭壁如燕喜洞，如飞来寺，如千厮门、临江门，大半棚户沿崖架屋，错杂纷歧，土石崩塌，或污水临空，臭味四溢，有碍卫生，而道路两旁又纷陈防空洞入口，大碍观瞻。

寅、河岸之破碎

两江河岸，棚户栉比，而悬崖上又为架空之阁棚，及峭壁之架柱所笼罩，而呈极端错乱杂支离之状。

卯、要道①公路两侧房屋正面之简陋

本市要道两侧，为本市商业要冲，其间除下半城陕西街小什字尚有十余所建筑较为坚固之银行及商店外，余为竹箅木片而外涂以洋灰泥浆之虚伪西式铺面，且顶上参差不齐，颜色淆乱，广告招牌，亦不一致。故全市之正面，亦乏整洁之状。

辰、古迹名胜之湮没

旧遗古迹如庙宇古墓，名胜及各塔亭等，原来保护未周，而历年久不培修，以致全市无一游目骋怀之所。

巳、郊区之不规则疏散

郊外各区之建筑物，大半因抗战期中力求避免轰炸，故各种房屋或贴近悬崖，或散入幽谷，东零西散，与石壁丛林相间。而近公路者则多沿途建屋，成为带状，杂乱支离，五光十色，更无乡村幽静风味可言。

---

① 疑遗漏"道"，据前后文意思增加。

统观本市全区，均因过去对观瞻上疏忽过甚，无一可与近代艺术水准相称，彻底改进，事不容缓。

丁　今后改进办法

本市市容上，今后应从各方面力求改进。其在建筑上之原则为：

子、地址之选择与分划

岗峦丘壑，应以盘绕支道线，分层建筑为宜。工程可以减省，交通可求便利。而在风景发展上，亦可尽美观之能事。过去自由分划与直立台阶，均应纠正。

丑、适当高度及天线之限制

主要干道两旁，平地上房屋之高度，已另有规定。至于傍山各地，则须与地势相配，务使天线调和而不错乱。且须因地制宜，而免呆滞。

寅、市中各焦点之发展

凡交叉点，高出点，均须按周围环境，力求谐和。

卯、适当材料之选择

今后本市建筑物，须求坚固美观，且须与自然环境相称。本市之石料最富，砖瓦，洋灰，优良木材，应尽量利用。竹篾泥土应以僻远处不重要而小型临时建筑为限。

辰、杂乱设计之控制

高低形式，色彩，均须协调。

巳、要道①建筑物背面之整理

位于主要公路及远景通衢之建筑物，其背面暴露于行人视线之内者，亦须整理控制，以维市容全貌。

午、主要街道上全部建筑

及全市高出地带上之建筑，均须与周围地形相称。换言之，一公路上及

---

① 疑遗漏"道"，据前后文意思增加。

全区上，均须协调美观。而悬屋斜坡，必须建筑挡土墙。

近代建筑术之可施展于本市者甚多，以上不过数项原则耳，今后无论公私建筑，均应力求纠正，避免一切因陋就简，破坏市容之恶习。

戊　咨询与监督机构

本市市容之简陋，其由来甚久，今后改进，不能徒托空言，吾人主张在消极上应加强市工务局审核建筑执照工作，以建筑专家任其事，而对上列数原则，严格执行。在积极上必须有供政府顾问备人民咨询之建筑专家机构，在欧美各大都市有每区设立一建筑顾问处者，本市在缺乏人才时，至少应有一总团体，以司其事。

己　本市市容改进实例

吾人在此短期中，将有关全市市容之朝天门，精神堡垒及较场口等处，建议改进（见公共建筑章中较场口公共建筑物鸟瞰图及民权路广场鸟瞰图所示），并将市中心之重要街道（由小什字至较场口为南北主轴，邹容路为东西主轴）加宽为33公尺，路中植树四行使成林荫大道，更拟建议于本市中心较为平坦地区，将弯曲而无条理之道路，依一定方式改正，则各建筑地段齐整划一，而更适合于建造布置。

重庆市容重大缺点（亦为中国都市之大缺点），厥为房屋之高低不齐，大小各异。且将来马路改直时畸零段更多，而任其各自建筑，不但仍旧参差不齐，且土地面积，亦不能得合理使用。故建议每地段从新整理，合理划分，然后组合邻近各业主（以能做到每建筑地段成一组合为目标，如有无力建筑者，由政府银行贷款或由政府出资代建，由出资者收租若干年，俟本息收回后，房产交还原业主等办法助成之）集体建造，并由政府限制高度及材料，则以后所造成之房屋高度一致，宽度为大，当一扫参差琐碎不调和等丑陋现状。

本市沿江棚户及悬崖上之木架危楼，予初临本市旅客以不快印象。兹建议于适宜地区，由政府出资，大量建造平民住宅，以低廉租金出租。则此种棚户危楼当可淘汰。至枯水期之河滩市集，亦拟加以管理。由政府出资置备一定标准之"活动木屋"，出租商人使用，并限定地区，与划定街道，则整齐划一之临时河滩市集，当成本市特殊名胜，足供观光者之欣赏。

本市陡坡悬崖，不能或不宜之近代建筑者，宜严加限制。公路上坡之建筑深度，不满 2 公尺者，不准建筑（此种情形，观音岩及南区马路一带颇多），留出空地，作为绿地。征集适宜于此种陡坡崖上生长之植物（如苔类）而绿化之。亦可于岩之上下两端种植藤类，其枝叶向上下散布，亦可美化濯濯之秃坡，而增进市容。路下坡之建筑深度狭小而高度相差太大者，亦不许建造，以增市民远眺机会（如两路口、李子坝、南区马路等处）。悬崖处，应建栏杆，陡坡下，应建堡坎，或挡土墙，以防崩塌危险。

此外如招牌广告，多而且乱，应限制之，使市民能多睹建筑之本来面目。电灯，电话路线，须隐藏置诸人行道下。路灯路标，加以美化，则市容必可焕然一新。

教育文化

甲 概况

自抗战以来，陪都因环境特殊，市面繁荣，人口激增。据警察局全市人口统计，于九年中超增至 2 倍以上。各级各类学校随人口之增加，而亦发展甚速。据教育局统计如下表：

第六十八表　本市现有各级学校统计表

单位	校数（所）	班级数（班）	教职员数（人）	学生数（人）	备考
初小	269	785	3,275	41,787	均系完全小学校内包括之初级部，故校数及教职员数未在内
高小		1,154		41,355	
初中	13	247	243	7,766	单独初中仅13校，其余初中合校之初中班级及学生数，亦未在内
高中	29	154	1,021	4,023	均系高初中合设校内之高中班
初职		13		545	系高初合设校内之初职部，无单独设立之初职校
高职	13	69	383	1,669	单独高职校仅10所，其余均系初合设校之高职部
师范	1	9	35	391	
合计	325	2,431	4,957	97,536	

注：已决定准备外迁之学校未列入

由上表观之可注意者，有下列数点：

子、就表面看

学龄儿童似增加甚速，实则以总人口言，学龄儿童之已入学者，已达学龄儿童总数70%以上，所差甚巨。然据教部三十一年（1942年）之统计三十三年（1944年）国府年鉴，重庆等19省市就学儿童，约占学龄儿童68%（平均数），恐尚在迭减中。

丑、学校分布

多集中少数区域，未能与人口适切配合，以致儿童就学不便。

寅、校舍之湫隘，设备之简陋，皆予教育效率以莫大之影响。

中等教育情形，亦约略相同。而其在校学生数所占总人口之比例，较国民学校学生数差额尤大。此固因战时若干条件之限制所致，而主要原因，则在平时未有周详之计划，乃以不得不起而应急之故，遂致演成今日畸形病态之现象也。

乙 教育之设计与重点

国府还都之后，社会渐趋安定，建设即将开始。本市以其战时中心枢纽，平时永久陪都之地位，当非配合建设，不足以应国家之需要，非大量人材，不足以负将来之重责。而教育为培植人材之唯一工具，语云："十年树木，百年树人。"盖社会中他种事业，或三年五年，可期其有成，而培植人材，则非有较长时期不可，故尤非于进行之始，有精详周密配合需要之计划不为功。

我国之有新式教育，已数十年矣。蹉跎至今，成效甚少。即坐无全盘计划之故。史实具在，不难覆按。不特此也，我国一切事业，无一定之方针，教育亦然。见欧美之科学发达也，以为我亦宜侧重专科以上之教育，不知无中下级坚实之基础，是犹空中之楼阁也。见文盲之众多也，则又谋教育之普及，忽彼忽此，效仍不著，亦坐无明确目标，而为全力以赴之准绳也。故吾人计划之原则，应遵照主席指示：

今后五年十年内建国工作重要项目，不能放在无基础重工业上。诚如总理所说："建国之首要在民生。"而应首先注意民生所需的农业和轻工业，是我们重要目标，当务之急（召宴全国教育复员会议席上训词）。

本此指示，今后当以发展职业教育为目标。然此非谓其它各级各类教育之随可疏忽也。盖中等学生，来自国民学校，专科以上学生，来自中学。培植小学学生，又须大量师资，互相关联，无法分割，而必须全部注意，平流并进。惟往者对各种职业教育，非特不加注意，几等无有。今后陪都教育即本斯旨。于中小两级教育为合理之规划外，特注重于发展职业教育，予以必须之各种职业训练，以期逐渐增加生产，提高一般生活水准，亦即国父"人尽其材"之义也。

丙　国民教育

国民教育，为一切教育之基础，故必须普及发展，应使全部之学龄儿童，皆有受教育之机会。据一般言，入学儿童，以占人口总数12%为最合理之标准。今依此标准，拟定十年内国民教育推进程序，并为便利规划计，分为前后两期。

子、设校增班

国府还都后，陪都尚余人口81万有奇。在此五年中，国家建设之进度，农商工矿及一般产业必日渐发达。本市各项建设，亦积极进行。贯通本市之河道航运，逐渐改善，各铁路于三年五年内先后完成。估计此时之人口，或将增至九十至百万左右。入学儿童，应增至12万名。其设校增班之数，则以五年平均计之，并期以五年内达成吾人理想之目标（各种分类估计表见后）。

第二期五年中，假定过去五年间，本市建设与国家建设配合进展，达成预期鹄的，则人口增加率，当较以前为高。估计最后或将增至150万左右（参看人口分配）。而学龄儿童，随人口之增加数，仍以平均估计之，每年约为12,000名，即就此数设校增班。

丑、学校分布

为便于儿童就学，应以人口密度为设校之必要条件。目前本市人口分区统计，以一至七区（半岛）为最密，共达47万有奇。八至十八区仅35万。将来拟以一至七区，每区平均不逾6万为计划密度。但现有学校，尚不及50校，学生仅有12,000名。还都后，可能有一部分儿童迁回。计未入学儿童，应在3万名以上。拟每区每年增设中心学校二所，八区以下约万余名儿童，则以人口疏密为标准，中心学校或保校斟酌设置之。因一至七区地域小，人口密集，以全设中心学校为宜也。

寅、民教班

保校每年设二班（三期），中心每年设四班（四期）。

丁　中等学校

中等学生一部分为专科以上之准备教育，另一部分为各种专业之干部人员。建设期间，自极重要。现本市在校学生17,000名，距理想标准尚远。即使国民教育发达至相当程度，恐亦非短期间所能达到。兹拟在此十年中，以本市所须之师范学生数为标准，定全中等学生之数额。并拟定各类学校增校增班办法如下：

子、中学

在十年中每三年内设初中2校，高中1校（可与初中合设），每校12班至18班。

丑、师范

师资缺乏，各省市均为最严重之问题，本市亦然。现本市仅师范1校，决不敷供应。拟在最初三年内，设简师1校，师范2校（连原有师范扩充简师师范各9班），各18班，共54班。又于初期一二年，举办短期训练班，训练师资，每年400名，共800名，以应急需。

寅、职业

本市现有初高级职业12校，学生2,400余名。关于工矿方面，将来以工厂附近为原则。拟第一二两期五年内，初高两职，各设1校，各6班，共4校。

戊　补习教育

据本市职业统计,无业者达 24 万有奇,占总人口 20%,仅次于商业（21%）一等,此为本市最严重之问题。前节遵照主席"应首先注重民生"之指示,以职业教育为重点之一,即针对此种现象而言。惟本市分子复杂,教育程度各有不齐,因而各分子之需要满足其求知欲望,亦各异其趣。有需要基础补习教育者,有需要技术训练者,有需要艺术欣赏者,有需要文化陶冶者。应广泛举办各种补习教育,授以相当之知识技能,予以就职之机会,俾向之无业消费者,逐渐成为有用之生产干部。兹本此旨,分别设置下列各类补习学校:

子、初级普通补习学校及初级职业补习学校各 1 校,每校平均为 4 班。

丑、中级普通补习学校及中级职业补习学校各 1 校,每校平均 3 班。

寅、高级普通补习学校及高级职业补习学校各 1 校,每校 3 班。

上列各补习学校分独立设置及附设两种。实施程序,仍分两期进行,详见后表。

己　社会教育

社会教育机关分下列各单位

子、市立民教馆

丑、市立图书馆

寅、市立体育场

卯、简易体育场

辰、市立科学馆

巳、市立博物馆

以上各项按年依次设置,此外编译出版,电影广播各种教育文化事业,因参考材料不足,设置计划及所需人员经费均暂从缺。

社会事业

甲　合作事业

子、充实合作事业之重要性

我国合作事业，尚在萌芽时期。本市合作组织，虽因战时需要，大体粗具规模，但各社资金薄弱，利润低微。于抗战卒胜物价陡落之时，几呈不易撑持之势。今后如何发展合作业务，使在平时，确能减轻一般市民生活负担，提高生活水准，在战时确能达到主要物资定量分配之任务，此则吾人抚今追昔，不能不预为策划者也。附本市现有合作社概况表，本市合作社业务社数表，本市合作社历年进度概况表。

第六十九表　本市现有合作社概况表

三十四年（1945年）十二月

社别	社数	社员数	股金数（国币）
总　计	512	294,866	36,251,039
消费合作社	449	288,445	21,723,759
1. 机关社	384	217,530	14,212,982
2. 保　社	65	70,915	7,510,777
生产合作社	63	6,421	14,587,280
1. 合工社	38	5,336	13,926,115
2. 眷合社	25	1,085	661,165

第七十表　本市合作社业务社数表

三十四年（1945年）十二月

社别	共计	经营方式		
		专营	主营	兼营
总计	606	514	47	45
农业生产合作社	4	1	1	2
工业生产合作社	72	67		5
消费合作社	492	446	46	
公用合作社	32			32
运输合作社	1			1
信用合作社	5			5

第七十一表　本市合作社历年进度概况表

二十八年至三十四年（1939—1945年）

年别	消费社			生产社		
	社数	社员数	股金（国币）	社数	社员数	股金（国币）
1939年底	3	1,579	5,080	4	42	7,130
1940年底	63	24,674	268,374	59	661	54,498
1941年底	128	71,799	823,362	61	844	283,818
1942年底	384	199,378	5,058,852	40	744	654,502
1943年底	503	271,588	10,966,578	72	7,258	2,222,392
1944年底	577	308,294	8,772,726	78	7,440	8,773,583
1945年底	449	288,445	29,923,759	63	6,421	14,529,280

丑、加强消费合作

改组市消费合作社联合社为市合作社总社，并将原有各区保单位社分别改组为分社及供销处。全市共有18行政区，410保，以达每区有1分社每3保至5保有1供销处。改用总分社制，以便集中力量，用大规模方式经营，合乎经营经济之原则，俾能与一般工业事业并驾争荣，奠定合作事业稳固之基础，并普遍吸收社员。假定本市人口于国府还都后，仍能保留80万人，每户平均以4人计，约20万户分期全部征收入社，以达到每户有1社员为目标，并与保甲密切联系。对于户口数字，主要物资需要数量，施以详细之调查与统计。至于业务之经营，采用兼营制。所有社员，关于衣食住行育乐各项需要，凡可能或必须采用合作方式办理者，概用合作方式，力求实现。兹将其预定进度，列表于后。

第七十二表　本市消费合作业务预定进度表

项别年度	设立单位	吸收社员	拟办业务	应需资金（国币）	备注
一	改组市联社为总社及改组各区保合作社10所为分社	50,000	设消费部采购油糖盐布匹等供应社员	总社需资金1亿元 每分社1,000万元合计2亿元	
二	改组各区保合作社20单位为分社 分10所供销处12所	50,000	同上①	每单位需资金1,000万元合计2亿2千万元	
三	增设供销处30处	50,000	同上	其中一所专营百货需资金1亿元 其余每所1千万元	
四	增设供销处30处	50,000	同上	同上	

① 根据阅读习惯，将"同右"改为"同上"。下同。

续表

项别\年度	设立单位	吸收社员	拟办业务	应需资金（国币）	备注
五	增设公用部及供销处10所		除消费部业务照常办理外并酌增办公用部业务如食堂理发等		
六	增设信用部		除消费部及公用部业务照常办理外并增设信用部业务	计需基金1亿元	
七	增设仓储3所		除消费公用部及信用部业务照常办理外并增设仓储三所	计需资金6千万元	
八	增设煤栈5所		除原有业务照常经营外本年度拟增设煤站五所	约需资金5千万元	
九	增设生产部		除原业务照常经营外本年拟增生产部附设皂烛及纺织工厂各一所	约需资金1亿元	
十	增设实验农场1所		除原业务照常经营外本年度拟增设实验农场一所	计需资金6千万元	

寅、扩充生产合作

积极培植原有之生产合作社，及酌量本市技术工人及特种原料，新组各种专营生产合作组织，并适应各级合作社及农村之实际需要，分别指导其办理合作工厂及合作农场。兹将其预定进度列表于后：

第七十三表 本市生产合作业务预定进度表

项别 年度	印刷生产合作	皂烛生产合作	纺织生产合作	皮革生产合作	缝纫生产合作	农具生产合作	农业生产合作	化学生产合作	应需资金（国币：千万元）	备注
1		3	1		2				8	
2		1		1	2			1	6	
3		1	1	2	1	1			6	
4		1	1		1		1		3	
5	1				1				4	
6		1	2	1		1	1	1	5	
7				1	1			1	3	
8	1	1	1	1	1	1	1		4	
9		1		1			1		4	
10			1						3	

卯、发展公用合作

配合社会福利政策，改善社员生活，提高人民生活水准，积极发展各种公用合作，如合作影剧院，合作医院，合作托儿所，合作浴室，合作住宅，合作餐堂等。兹将其预定进度列表于后：

第七十四表　本市公用合作业务预定进度表

项别年度	合作影剧院	合作医院	合作托儿所	合作浴室	合作住宅	合作餐堂	应需资金（国币：千万元）	备注
1					1	1	2	
2		1		1	1	2	14	
3				1	2	2	5	
4				1	2	2	5	
5	1			1	2	2	15	
6			1		1	2	4	
7			1		1		2	
8			1		1		2	
9			1		1		2	
10			1		1		2	

辰、充实合作资金

本市合作资金之来源，可分为合作金库资金，合作股金，信用合作社，或信用部，存款等项。兹将预定进度表列于后：

第七十五表　本市合作资金预定进度表

项别 年度	合作金库资金 （国币：亿元）	合作社增收股金 （国币：千万元）	信用合作社或信用部之存款 （国币：千万元）	备注
1	4	1	5	
2	4	2.5	6	
3	5	2	8	
4	4	2.5	9	
5	3	3	10	
6	1	3.5	6	
7	1	4	4	
8	1	4	3	
9	1	4	2	
10	1	4	1	

巳、推进合作教育

本市为谋提高社职员之知识及技能，拟每年举办合作短期训练班，及讲习会各1期，每期调训200名，约需经费100万元。并会商各中级学校或职业学校添授合作课程，以广推行。

乙 救济事业

子、市救济院业务概况

本市救济业务，着重积极救济，故兼施管教养术，而尤重生产训练，与教育感化。各所按其性质之差异，工作情形，亦各不同。兹分述其概略如次：

一、习艺所：收容闾巷乞丐无业游民。以其分子复杂，恶劣成性，故特重感化教育，以培养其品德。为使其出所后谋生自立起见，施以简易生产技艺之训练。

二、育幼所：收容贫苦无依之儿童。因其流浪街头，久惯闲荡，管教亦极困难。除按其年龄学历，分别编班教学外，并仍重视品德及生产劳动训练，俾于潜移默化之中，导入正轨。

三、安老暨残废教养所：收容老迈龙钟四肢残缺之贫民，皆不宜普通教育，应施以可能生产训练，期无闲废，坐糜廪粟。

四、育婴所：收容弃婴及贫苦无力抚养之婴孩，予以保育，自出生以至5岁为止，期满以后，转送育幼所，继以小学教育。

丑、扩充救济业务

按社会救济法第六条之规定，除现有之习艺所，育婴所，育幼所，安老暨残废教养所外，拟增设施医所，助产所，妇女教养所。

寅、增加收容人数

现有各所规定收容名额，习艺所为400名，育幼所为820名，育婴所80名，安老暨残废教养所为280名。今后拟将育婴所扩充收容200名，养老所200名，残废所200名，习艺育幼两所名额仍旧。至有待设立之妇女教养所，收容名额暂定200名。其余施医所，助产所以能辟设病床100间为原则。

卯、添置必要设备

一、属于生活方面者：

1. 增加所生副食费。视物价涨落，随时予以调整。

2. 添制衣履被服蚊帐篾席等项，使可洗涤更换保持温暖，维持健康。

3. 敷设引水等管，装置各所电灯电话设备。

4. 修缮习艺所房屋，增辟安老所，残废所，施医所，助产所，妇女教养所所址，以利用中央机关移交适当房屋为原则，必要时请款兴建之。

二、属于生产部门者：视生产项目，添置必需设备。

三、属于教育方面者：视学生人数所设班级，添置有关教学设备。

辰、加强教育工作

一、习艺所暂行半工半读制，俟收容人数增加与生产部门扩充时，再开设职业训练班，技工训练班。

二、育幼所，按中心小学 12 班施教，行二部制，课余着重生产训练。

三、育婴所举办幼稚园。

四、残废所，分肢体残废及盲、哑三种。前者就其能力，授以相当之知识，或从事生产训练。后二者于必要时，开办盲哑学校，以教育之。

五、各级学校班次组织规程课程，悉按现行学制规定办理。

巳、发展生产事业

一、改良并加强管理现有生产工作。

二、扩充生产部门。

（一）习艺所，除现有之印刷部，制盒部，缝纫部，草鞋部以外，拟先增设皮革部，藤器部，理发部。

（二）利用头塘原第二育幼所所址，开辟为农场，种植菜蔬杂粮。

（三）租用育幼所附近土地，辟为合作建设农场。

（四）举办各种简易小型手工业。

午、经费概算数目

以上计划项目，所须增加经费数目详附表。并拟自本年度起，分 3 年完成。

经常费分年列入市支出预算，设备等费，由市府自行设法筹募。

未、本计划最后目标

期使救济、生产、教育合而为一，经费逐渐达到自给自足，并使被收容者于出所后均有谋生能力。

第七十六表　重庆市救济院充实计划经费概算表

项　目	概算数	备　注
一、成立施医所	经常费月支300万元	本表所列各费均按国币计算
二、成立妇女教养所	开办费400万元经常费月计300万元	
三、成立助产所	经常费月计300万元	
四、增加原有各所所生膳食费	月计需100万元	
五、漆制衣履蚊帐垫席等项	约需2,000万元	
六、装置水电设备	400万元	
七、修缮费	500万元	
八、教学设备费	月计220万元	
九、发生生产事业费	5,000万元	

计划实施

甲 实施原则

本草案已就现在实事与需要,巨细并举,实际上只具轮廓,每部分施工时,尚须切实测勘,从详设计,但牵涉所及范围甚广,全部实施时,主持者当为市政府及其所属各机构,而负执行重责者,则上自市政府下至每一市民,均宜各尽所能,通力合作,市之建设,本非一蹴而成,而在悠久岁月中,有数点须申述者。

子、长期与短期之配合

为筹划全市之健全发展,势须着眼百年远景,而着手于目前需要,此长期与短期所由分,然不过为求实施便利,作时间上之划分,而计划本身,必须衔接,其轻重主从,当视情形而异,如交通系统,如卫星市镇,则以长期可能发展为主,如港务设备中之码头,人口分布中之半岛重建,上下水道及电力,则侧重目下需要。在每一部分施工时,须前后呼应,待全部完成时,则成为一完善整体。

丑、阻力之克服

在居屋栉比,声咳相闻之都市中,对此有关个人生活之全市计划,公私彼此间,利益冲突,意见出入,为数必多。且就一般经验论,一气呵成之彻底建设易,而长期分部之改造难,战时之紧急措置易,而平时之从容建设难。吾人不可以本市过去八年抗战中之创造成绩,而忽视今后纠正改造上所能遭遇之困难。如何取予协调,公私折衷,在适应环境中,不失百年远景,斯则有望于开明市民及练达官吏者。

寅、建设总预算

完成期限及实施步骤：凡披阅本草案者，必发生下列二大问题。（一）全部建设资金总预算如何？（二）全部[①]完成期限及实施步骤如何？兹特分别解答如次：

一、全部建设预算之不可能：全部计划中，精神与物质并重，关于一般市容上，适应材料，地点样式之选择，广告牌与宣传牌之控制，风景之点缀，斯则无从估计，其额外之款项，即就物价方面论，私人居室与铺店建筑物之地址，材料与人工所需，将来必需随时随地而异。吾人现在虽殚精竭虑以求，所得者，不过极概略之近似数字，对无定期之将来，将无任何参考价值，故全部建设总预算不易概算，而在实际上，亦无此项需要。

二、全部计划，以国家所定建设方案为出发点，以本市自然环境与需要为下手处。将来实施步骤，当视本市一般经济情形及需要而定，苟工商业进展甚速，交通系统必须加速完成。苟辐集本市之各水道渠化完成，则港务设备必须有大规模之建设。苟在特殊需要下，本市人口突增，则各卫星市镇，必须努力发展。凡此种种固非任何人所能逆料，故在实施步骤上，不能预为规定，而实施时，尤须与环境及需要相配合。过去有若干都市，主持预测将来发展方向，先将建筑段落划定，公路及上下水道完成，待数十年，市之成长方向与速度，均不如所期，前者建设，等于虚构，预定灾害，不可不指出以资警惕，方可先不失策，后不误时，此有待于吾人之详思熟虑而精确判断者。

三、全部完成期限不定：本草案为建设本市求与实际切合之蓝本，而非一成不变之定案。在建设过程中，举凡新实事之发现，新环境之要求，新理想之发明，均须立予研究，作不断而适当之改正。即现在所布置之远景中，有若干部门，因实事需要，而早日完成，亦有若干部门，因需要之迟缓，而在长期中，尚难开工。惟大体言之，在国家三十年建设期中，主要部分，当

---

① 原稿作"步"，据上下文改。

能实现。

乙　最近十年之进度与概算

为纠正数十年盲目发展，调整抗战八年中过度膨胀结果，并倡导有计划建设计，兹将最近十年中应分期办理之事项，将概算及进度表列于后。关于概算估计，因目前金融甚不安定，为便于实际参考计，一律以抗战前 1934 年、1935 年、1936 年三年平均物价为准。

丙　实施办法

计划实施之两大要素，为经济及法律两种动力，其中尤以经济力为最重要，按上表所列，十年中主要建设部分之概算，已相当庞大，其它私人建筑，尚不在内，如何筹措实施，当须论及，按其性质，在组织、经营与款项方面，可分别如次：

子、由政府指挥监督，人民遵照协助，如土地区划中之地籍整理与土地利用，建筑段落之分划，人口分布中之建筑面积与密度限制，卫星市镇之发展，市容整理之实施等。

丑、政府与人民合作，组成官商合办公司，作企业性之经营者，如平民居宅，标准居宅之建筑管理，港务中之码头，仓库，货栈，船坞，交通上之电车，缆车，升降机，公用中之水电与燃料供应等。

寅、政府倡导协助而市民组织公共服务团体作社会事业经营者，如绿地系统中之公园，运动场，森林等。

卯、政府自行举办，以供全市之用者，如公共建筑中之官署，公所，图书馆，博物馆，卫生上之医院，公厕，下水道，交通上之全市公路，桥梁等。

以上数端，为执行计划之主要办法，惟在金融未安定，人民生产及国家建设未恢复正常状况时，本市人民能担负建设之能力，实属有限，且在现在行政系统上，市财政尚未展开，款项来源，尚须仰赖于中央政府之补助。关于陪都之百年建设，尤须望中央能拨专款，以为倡导，此则在大战后，必有之步骤，美英各大市，均有先例。以我国陪都之屡经轰炸非如此，无以促计划之实现与建设之开端。

丁　计划实施之利益

实施计划之利益，常多分散于全体市民及各实业团体，且大半无形者多而有形者少，而影响所及又常延至数年以至数十年之后。以其性质论，有消极与积极两种，在消极上，金钱与时间浪费之防止，市民死亡率之减低，疾病之减少，皆为无形；在积极上，促进工商业之发展，吸收远近人民之来往与集中，增加市民就业机会及一般收入，亦属无形。此均有待于统计数字完成的，由经济学家与社会学家，详加分析，始克为市民所了解。

本市为人口过百万之大都市，故在撰拟草案时，为切合实际计，纠正过去错误调整畸形发展之改善者多，而其利益之显而易见者，只就浪费一项，以目前币值论，每年可达千亿元左右，其余如健康，工作效率工商进展，尚不在内（见畸形发展损失概估表），此其小焉者。倘本市不按国家之需要与天然环境之可能而从事建设，其更大影响，即川康一区之经济发展因而窒息，陕、甘与滇、黔两区被迫而寻觅较劣之吞吐口，亦在意中。反之如按本草案之建议，先将十年之主要建设完成，其结果所及，川康农矿各产，大量开发，川、滇、陕各航道改善及水力发电提前实施，邻近各姊妹市，如成都，贵阳等，随之繁荣，不仅使本市发展为巨型母市已也。

第七十七表　陪都建设计划委员会十年建设计划全部实施概算总表

单位1元（战前币值）

项目	进度概算 年度	第一年	第二年	第三年	第四年	第五年	第六年
交通系统	公　路	6,643,400	5,871,600	7,872,000	5,517,100	6,056,600	4,965,100
	桥　梁	3,240,000	3,240,000	3,240,000	3,240,000	3,240,000	3,240,000
	缆　车	600,000	600,000	600,000			85,000
	高速电车	1,360,000	1,360,000	1,200,000	1,200,000	610,000	610,000
	隧　道				820,000		
	小　计	11,843,400	11,071,600	12,912,000	10,777,100	9,906,000	8,900,100
港务设备	机力码头	600,000	600,000	600,000	260,000	260,000	260,000
	仓　库	300,000	300,000	300,000	484,000	484,000	484,000
	高水位堤路		131,600	131,600	131,600	131,600	45,000
	低水位堤路	80,000	80,000	80,000	80,000	80,000	34,200
	小　计	980,000	1,111,600	1,111,600	955,600	955,600	823,200

续表

项目	年度 进度概算	第七年	第八年	第九年	第十年	总计	项目百分比
交通系统	公路	6,445,200	5,070,900	5,766,700	5,686,900	59,895,500	39.8%
	桥梁	3,240,000	3,240,000	2,450,000	2,450,000	30,820,000	
	缆车	85,000	85,000	85,000	85,000	2,225,000	
	高速电车	1,830,000	1,830,000			10,000,000	
	隧道					820,000	
	小计	11,600,200	10,225,900	8,301,700	8,221,900	103,760,500	
港务设备	机力码头					2,580,000	3.1%
	仓库	484,000	484,000	484,000	484,000	4,288,000	
	高水位堤路	45,000	45,000	45,000	45,000	751,400	
	低水位堤路	34,200	34,200	34,200	34,200	571,000	
	小计	563,200	563,200	563,200	563,200	8,190,400	

续表

项目	年度	第一年	第二年	第三年	第四年	第五年	第六年
卫生设施	下水道	1,200,000			3,000,000	6,000,000	6,000,000
	自来水	2,400,000	9,600,000	360,000	3,000,000	6,000,000	6,000,000
	医院	807,000	807,000	807,000	807,000	807,000	807,000
	垃圾	20,250	150,000	467,500	140,800	281,600	281,600
	厕所	15,000	15,000	10,000	91,600	39,200	39,200
	小计	4,442,250	10,572,000	1,944,500	7,039,400	13,127,800	13,127,800
建筑工程	公共建筑	328,000	403,000	103,000	199,000	239,000	391,000
	居室规划	1,700,000	1,700,000	1,700,000	1,700,000	1,700,000	1,700,000
	绿地系统	850,000	300,000	220,000	130,000	150,000	500,000
	小计	2,878,000	2,403,000	2,223,000	2,029,000	2,089,000	2,591,000
公用设备（电厂）		4,000,000	4,000,000	4,000,000			6,000,000
共计		24,143,650	29,158,200	22,191,100	20,801,100	26,079,000	31,442,100
年度百分比		9.3%	11.2%	8.5%	7.7%	10.0%	12.0%

续表

年度 项目		第七年	第八年	第九年	第十年	总计	项目百分比
卫生设施	下水道	6,000,000	6,000,000	6,000,000	4,500,000	39,060,000	
	自来水	6,000,000	6,000,000	6,000,000	4,500,000	49,800,000	
	医院	807,000	807,000	807,000	807,000	8,070,000	38.3%
	垃圾	281,600	281,600	281,600	211,200	2,397,750	
	厕所	39,200	39,200	39,200	29,400	357,000	
	小计	13,127,800	13,127,800	13,127,800	10,047,600	99,684,750	
建筑工程	公共建筑	391,000	391,000	439,000	691,000	3,775,000	
	居室规划	1,700,000	1,700,000	1,700,000	1,700,000	17,000,000	9.6%
	绿地系统	500,000	500,000	500,000	500,000	4,150,000	
	小计	2,591,000	2,591,000	2,639,000	2,891,000	24,925,000	
公用设备（电厂）		6,000,000				24,000,000	9.2%
共计		33,882,200	26,507,900	24,631,700	21,723,700	260,560,650	100.0%
年度百分比		13.0%	10.2%	9.7%	8.4%	100.0%	

第七十八表 畸形发展损失概估表

（甲）时间损失

类别	概估	每日平均乘客数（人）	每人每日损失时间（小时）	一年总损失（年）	说　明
公路	等候公共汽车	45,000	1/6	312.5	现时每人每日平均候车时间为15分钟，如交通改善后，候车时间约5分钟，以上每人每日损失10分钟。
公路	行车速度	45,000	1/6	312.5	由曾家岩至小什字约5公里，按规定行车速度应12分钟，加中途四站停车时间6分钟，共应需18分钟，实则在半小时以上，如交通改善后，由曾家岩至小什字约20分钟，以上每人每日损失10分钟。
渡江		22,000	1/2	458.3	渡江平均需40分钟，如渡桥仅需10分钟，每人每日损失30分钟
共　计				1,083.3	

附注：每年内时间之总损失为1083.3年，每年以365日计，每日以8小时计，以每人平均寿命30年计，即等于36人之生命

如以苦力每小时最低收入200元计，每年之时间总损失约值1,872,000,000元

(乙) 经济损失

类别	概估依据事实或推定之假定数（一年内）	用费（元） 畸形时 单价	用费（元） 畸形时 共计	用费（元） 改善后 单价	用费（元） 改善后 共计	年损失（元）	年损失（元）
起卸运输	2,000,000 公吨	6,000	12,000,000,000	1,500	3,000,000,000	9,000,000,000	人力运输，每公吨20挑，每挑300元，每公吨用费6,000元，如加用起重机每公吨合1,500元
自来水缺乏	13,870,000 公吨	6,000	83,220,000,000	800	11,096,000,000	72,124,000,000	本市用自来水人数以800,000人估计，每人每日需水60公升，日共需水48,000公吨，现日供水10,000公吨，日缺水38,000公吨，用人力每公吨用费6,000元，如改用自来水，每公吨仅合800元

续表

类别	概估 依据事实或推定之假定数（一年内）	用费（元） 畸形时 单价	用费（元） 畸形时 共计	用费（元） 改善后 单价	用费（元） 改善后 共计	年损失（元）	年损失（元）
电力不足	10,220,000 瓦小时	350	3,577,000,000	150	1,533,000,000	2,044,000,000	电力最高负荷时间，为每晚6时至10时，需电18,000瓦，现供11,000瓦，缺7,000瓦，年欠电能量如前数，如电光用电以烛代替，电力用电以其他种动力代替，每瓦小时之能约合350元，而每瓦小时之电仅售150元
临时房屋	100,000 间	10,000	1,000,000,000	8,000	800,000,000	200,000,000	临时房屋寿命三年，连造价利息，折旧等每周年耗10,000元，永久房屋寿命50年，年造价利息折旧每间年耗8,000元

325

续表

概估类别	依据事实或推定之假定数（一年内）	用费（元） 畸形时 单价	用费（元） 畸形时 共计	用费（元） 改善后 单价	用费（元） 改善后 共计	年损失（元）	年损失（元）说明
火 险	600间	60,000	36,000,000	12,000	7,200,000	28,800,000	以从前安乐洞损失为例，每周损失动产及不动产各约30,000元共60,000元，改善后，火险损失减少，以原20%约估如前数
水 险	2,000间	6,000	12,000,000			12,000,000	每周棚户因水灾而损失5,000元，迁移费每间1,000元，每间损失6,000元
渡 江	8,030,000人	120	963,600,000	15	120,450,000	843,150,000	渡江每日平均22,000人，每人约120元，修桥后，连造价，利息，折旧等平均每人年日应担负15元
下水道						26,000,000	以34年，黄家垭口，因宣泄不畅之损失估计
总 计						84,277,950,000	以本市1,300,000人计，每人每年损失约65,000元

第七十九表　陪都建设计划委员会十年建设计划主要部分实施概算总表

单位１元（战前币值）

进度概算项目		年度	第一年	第二年	第三年	第四年	第五年	第六年
交通系统		公　路	1,420,000	739,300	1,532,000	740,600	931,200	1,153,800
		桥　梁		3,240,000	3,240,000	3,240,000		
		缆　车					600,000	600,000
		高速电车			1,024,000	1,024,000	1,024,000	1,024,000
		隧　道						
		小　计	1,420,000	3,979,300	5,796,000	5,004,600	2,555,200	2,777,800
港务设备		机力码头	600,000	600,000	600,000	260,000	260,000	260,000
		仓　库	300,000	300,000	300,000	484,000	484,000	484,000
		高水位堤路		131,600	131,600	131,600	131,600	45,000
		低水平堤路	80,000	80,000	80,000	80,000	80,000	34,200
		小　计	980,000	1,111,600	1,111,600	955,600	955,900	823,200

续表

进度概算 项目		第七年	第八年	第九年	第十年	总计	项目百分比
交通系统	公　路	1,293,900	811,200	507,100	847,200	9,976,300	30.6%
	桥　梁		2,160,000	2,160,000	2,160,000	16,200,000	
	缆　车	600,000				1,800,000	
	高速电车	1,024,000				5,120,000	
	隧　道		820,000			820,000	
	小　计	2,917,700	3,791,200	2,667,100	3,007,200	33,916,300	
港务设备	机力码头	484,000	484,000	484,000	484,000	2,580,000	7.4%
	仓　库	45,000	45,000	45,000	45,000	4,288,000	
	高水位堤路	34,200	34,200	34,200	34,200	751,400	
	低水位堤路	563,200	563,200	563,200	563,200	571,000	
	小　计	563,200	563,200	563,200	563,200	8,190,400	

续表

项目	进度概算 年度	第一年	第二年	第三年	第四年	第五年	第六年
卫生设施	下水道	1,200,000			3,000,000	3,000,000	3,000,000
	自来水	3,000,000		300,000	3,000,000	3,000,000	3,000,000
	医院	400,000	40,000	400,000	200,000	200,000	200,000
	垃圾	20,250	150,000	467,500			
	厕所	15,000	15,000	10,000	72,000		
	小计	4,635,250	565,000	1,177,500	6,272,000	6,200,000	6,200,000
建筑工程	公共建筑	328,000	403,000	303,000	199,000	239,000	391,000
	居室规划	1,700,000	1,700,000	1,700,000	1,700,000	1,700,000	1,700,000
	绿地系统	850,000	300,000	220,000	130,000	150,000	500,000
	小计	2,878,000	2,403,000	2,223,000	2,429,000	2,089,000	2,591,000
公用设备（电厂）		4,000,000	4,000,000	4,000,000	4,000,000		
共计		9,913,250	12,058,900	14,308,100	18,261,200	11,799,800	12,392,000
年度百分比		8.9%	10.9%	12.9%	16.5%	10.5%	11.2%

续表

进度概算 年度 项目		第七年	第八年	第九年	第十年	总计	项目百分比
卫生设施	下水道	3,000,000				13,200,000	28.7%
	自来水	3,000,000				15,300,000	
	医院	200,000	200,000	200,000	200,000	2,600,000	
	垃圾					637,750	
	厕所					112,000	
	小计	6,200,000	200,000	200,000	200,000	31,849,750	
建筑工程	公共建筑	391,000	391,000	439,000	691,000	3,775,000	22.5%
	居室规划	1,700,000	1,700,000	1,700,000	1,700,000	17,000,000	
	绿地系统	500,000	500,000	500,000	500,000	4,150,000	
	小计	2,591,000	2,591,000	2,639,000	2,891,000	24,925,000	
公用设备（电厂）						12,000,000	10.8%
共计		12,272,100	7,145,400	6,069,300	6,661,400	110,881,450	100.0%
年度百分比		11.1%	6.5%	5.5%	6.0%	100.0%	

计划跋言

周宗莲

此次草拟初步草案，为时不及三月，人员工具均系仓促罗致，故各种资料之搜集，问题之研讨，方案之规划，仅具轮廓，旨在求本市发展之推定及迫切问题之解决，今后应赓续办理者有五项：

甲　地形绘制

在计划委员会筹设之先，即由市政府呈请航测本市全部地形，并绘制缩尺五千分之一及万分之一地图，用以为计划之依据，嗣因飞机与器材之阻碍，至今尚未动手。故不得不借用缩尺五万分之一之军用图，并放大已有各图，以及四川地质调查所与军令部惠赠之地质与地形模型。惟以本市岗峦起伏，地形过于复杂，此种地图与模型，实不足为设计时最确切之依据，故航测本市全图至属需要，此项基本工作，必须早日完成。

乙　地质调查团

本市地质结构，各学术团体与专家学者均有相当研究与调查，本会均曾引用，但尚欠详细系统之实际调查。此事已蒙四川地质调查所惠允担任，亦须及早着手。

丙　土壤调查

本市土地利用，应以土质为依据，经济部中央地质调查所适有土壤、物理专才及仪器，亦已惠允代办，故必须积极合作推进。

丁　社会调查

政府还都以后，本市渐入正常状况，人口、工商业、就业、失业、国民所得等有关全市社会组织之资料，应会同有关机关，再作一彻底之调查。

戊　分区设计

草案中所规定之母市及各卫星市镇，无论新建与改造，均宜按所提原则，分区设计，以为实施之张本。

以上为建设及规划及实行之主要工作，而必须加速完成者，凡披阅本草案者，或有下列各项疑问，特提出说明，以求指正。

（甲）半岛上人口太多，绿地太少：半岛上已有人口，近月已达四十七八万，而草案规定，在市区西北部发展后，最大限度为40万，且对各区改造，均无具体规划。以近代都市布置论，半岛人口应在20万左右，惟此区为全市精华所在，目前长江大桥未修建，实无地疏散，如勉强限制，势必与事实脱节。吾人认为长江大桥完成后，工商业向南岸大新市区发展，半岛上在各种阻力压迫下，必产生自动疏散大趋势。至此，因势利导，而将旧市全部改造，较现在之徒托容言为佳。

（乙）土地区划太含糊。草案中对土地利用，尚多采用混合制，且无明确与刚性规定。此则因本市在经济上及社会构造上，尚未踏入近代正常轨道，不得不按实际情形，而谋逐步改进，尚有农地，森林，牧场等之规划经管，则有待于土壤地质调查完成之后。

（丙）有关全市发展之港务，无确切规划。此则因各江水道未整理，高低水位相差太大，流速太急，浅滩太多，无从下手，必须待各江渠化及其他整理工程完成，方可作根本解决之图。

（丁）工商业研究不详尽。本市工商业在抗战八年中，数量种类均在极端动荡中，今后一二年亦复如此，在此起伏不常之状况下，只能以种种间接及概略方法，以求得其一般趋势，此理不仅本市为然，恐在今日我国之各市，均应如此，否则缕析毫分，反有顾小昧大之虞。

（戊）学校布置与居住单位规则不完善。近代居住集团，应以学校为中心，配以儿童游戏场，公共会所，日用品商店，并与我国保甲制度相配合，惟就学儿童百分率（若以我国之平均年龄为30余岁，其百分率应为20%左右）及每单位人口数，尚待进一步之研究，将来各区之改造与重建，均应以居住单位为基层细胞。

（己）一般数据问题。在目前我国作建设计划之最大困难，为资料缺乏。本会在数十日内，完成草案，其依据数字，是否可靠，本会工作是否有因陋就简，潦草塞责之嫌，此为本会十余次讨论之中心，最后各同仁公认在农村社会中，求近代工业社会之资料，在经济、政治、思想、社会组织剧变之国家，求有规律之数据，均不可能，然近代科学之可贵者，即能依各种实事及常识经验，以资推断，由村舍之整洁与否，可推知土地之肥瘠。由杨柳俯垂之地位，可推知当地常风之方向。此为土壤气象调查上常用之方法。本市资料虽未能如理想之充实精确，然由其他各市之旁征博引，并中外专家数十度之精心商讨，以平均论，距实事或不致太远。

最后，吾人尚须申述者，本草案当以目前情形为出发点，作弹性规划。虽经呈送付印，而并非一成不变之法令。反之，在继续研究及逐步实施中，必须因时因地，随时修正，直待全市建设实现，方可谓为全部计划之完成。现在草案之急于付印者，意在藉此得陈于海内贤达，与各专家之前，而求其指教，非谓有可以宣扬夸耀者也。

行政院审核意见

内政部　经济部　地政署　社会部　教育部　卫生署　交通部

会同审查陪都十年建设计划初步草案意见

一、关于人口分布章意见

（一）原计划对本市人口分布问题，分成长预测及合理分布两段。前者假定前五年增2%，后五年增10%，以政府还都后人口减至81万人作基数，十年后可达150万人，在数字上或可成立，不待推敲。惟认定转移来源，谓成都平原人口将有60%东移，贵州则50%，陕、甘则30%，均将向陪都集聚，此种推述，则未免错误，缘今后陪都之繁荣，应以工商业发展为主。因凡工商业极度繁荣之都市，必其环境内地经济状况同时改善。渝市既为川、黔吐纳总口，其工业原料，商品来源之吸收，均将使川黔内地之生产相当向上。除成都平原农业技术改善，农村过剩人力趋于转业或有一部分东移外，其它川境及全黔人口，均将不大量外流。至陕、甘方面，果在"陪都建设能顺利完成，即为国内秩序安定之象征"之条件下，西北建设亦必同受影响，其人口决无远流入渝之理，是渝市人口流入来源，当以川东、黔北一部分饶瘠地区为大，原计划关于此点，似应提请修正，其增长数字，并不必减低。

（二）就重庆市经济观点而论：

1. 成渝铁路势必兴工。

2. 为维持已有工业基础，市政必须复兴。

3. 将来必须达成以工业养工业境地。故人口分布不会减少，亦不应使其减少，但亦不至增加太快。原计划所谓遇特殊情形，将增至300万，则为不可想象之事，至少在十年计划中，不必作此推论。盖过去八年，市区人口所以分散在广大之迁建区,实缘政治性人口流入,随机关为分布,故能使缘交通线之乡镇形成同等之发达,今后既以工商业为主,商业部吸收人口仍无疑问,集中母市旧城。至工业方面,当然以工业区划定之广狭及其地点形态,参以交通设施,酌量调节其密度,似难期其于全市区内平均分布,似应提请注意。至原计划旧城半岛上,限制密度尚无不合。

二、关于工商分析章意见

原计划所规定关于新辟工业区域重要之点计有两项如下:

1. 新辟长江南岸,自弹子石至大田坎沿江一带为新工业区。
2. 增辟长江北岸至唐家沱沿江一带为新工业区。

查工业区域之划分,关系工业前途发展至巨,重庆工厂在抗战以前,原属不多。政府西迁以后,逐年增设,为数达1,000余家,大部分布于小龙坎、沙坪坝、磁器口、香国寺、青草坝、溉澜溪、弹子石、大佛寺、龙门浩、黄沙溪等处,其间以小龙坎、沙坪坝一带工厂,尤为稠密。重庆地方山峦起伏,地势不平,建筑厂屋,工程颇大,江水升落常达十余丈,上下起卸,如完全依赖人力,则成本势必过高。故工业区之选择,实以地形平坦,交通便利与起卸设备三点为至关重要。船舶停靠倘以南岸龙门浩及弹子石一带最为适宜,将来轮船码头即将设于该处。又成渝、黔渝及川鄂等铁路之总站及飞机场,如均拟设于弹子石及铜锣峡之间,并于弹子石至大田坎建筑沿江马路,是长江下游地带交连情形将甚便利。关于地势,南岸一带,大体尚属平坦,北岸地势稍差。如将来两江大桥完成,再有小轮船为南北岸之连系,形式自可改善。关于此点提供意见如次:

(1) 长江两岸自弹子石至大田坎,北岸至唐家沱辟为工业区可以照办。

(2) 化龙桥至磁器口沿江一带原为工厂最密之地区,仍宜保留为工业区,以免重要工厂,拆迁新地,致增损失。

(3)、新工业区内应于沿江适当地点,构筑公共码头及起卸设备,以利原料成品及燃料之上下。

(4) 自来水干管及电力输送线路之敷设,应预留新工业区发展之地步。

三、关于土地区划章意见

（一）原计划中关于土地重划及土地征收之设施，与修正土地法及土地法施行法之规定，不尽符合，应重加修正。

（二）原计划关于军事区域，未曾计及是否有此需要，应加考虑。

（三）原计划道路占用土地面积与全市面积比率，在中心区仅为14%，全市区仅为1.6%，与都市计划法规定的20%相差甚远，最低限度中心市区，应按都市计划法规定办理，拟提前修正。

（四）原计划所分高等住宅区、普通住宅区等名称，应依居室规划章改称甲种、乙种。

四、绿地系统章意见

中心区公园面积合计为988公顷，与中心区面积比率，已超过10%，尚符都市计划法规定。

五、卫星市镇章意见

原计划拟设卫星市12处，卫星镇18处，其地点之选择是否已与工业区及交通线之拟定相配合，应重加考虑。其依过去状况推定将来数量，作绝对平均之估计，亦应予以变更，以利伸缩，而便设施。

六、交通系统章意见

（一）原计划之龙门浩铁路总车站及弹子石总货站，其地点似未尽妥善，盖两处平地太少，无法布置轨道，仓库及码头，而长江大桥及过桥后之一段路基工程繁重，且重庆车站，系一重要水陆联运站，其位置应在市中心区，不宜越过长江大桥，因大桥发生障碍时则车辆无法装卸。查九龙坡现有之飞机场，原系暂借成渝铁路已挖平之车站地基，铁路复工时，仍须交还，该处广场足敷建筑水陆联运总车站之用，似可考虑。至将来连接川鄂路之路线，似应在复兴关附近觅一较狭之处，以隧道通过嘉陵江。

总上各点，均应配合交通部已有设施，重加考虑。

（二）本计划在弹子石和尚山前，开辟新机场，有应加研究之处：

1. 该处高山颇多，平地甚少，飞机升降易生危险，即挖平地基之费亦至可观。

2. 长江大桥未落成以前，机场设在南岸，客货往来，感觉不便。

3. 空运草案第五项有"该区经研究后拟划定为工业区域"一节，如果实施，将见机场近旁工场林立，机场上空，亦煤烟密布，妨碍驾驶员及指挥塔之视线，并于飞机升降，均有障碍。

4. 九龙坡机场，原系借用成渝铁路站地，将来如须交还，尚须在附近另觅相当地点，不能恃为永久。

（三）以重庆为出发点之公路线，除现有之川黔、汉渝、成渝诸路外，根据交通建设五年计划，拟续增建由重庆经涪陵入鄂一线，各线须横越嘉陵江者，拟通过石门大桥。其横越长江者拟建议在九龙坡附近过江，其用钢桥或隧道须与铁路方面共同研究决定，又为便利水陆交通之发展并配合市中区之西移计，公路总站拟移至小龙坎。

（四）中正大桥亟须早日兴工建筑，所需经费除中央补助及市省两方等外，尚缺十分之一点六，似可向银行贷款，以南岸土地增值税作为抵押。至大桥所需材料，除其必需由国外采购者外，应尽可能分向当地各工厂订购。

七、关于港务设备章意见

（一）码头应重新配合水陆空运等交通设施加以考虑，并增入码头与总站相接之铁路支线，及采用机力码头计划，以加强装卸工作。

（二）重庆为货物集散要冲，应设驳船转运设备，俾可直接起卸，减少入仓麻烦。

（三）机力码头之位置，应先在两岸适宜之处，择定一处，藉便货物起卸而免拥挤。仓库地点当随机力码头，妥为配合。

八、关于公共建筑章意见

公共建筑应绝对采用中央颁布制式建造。

九、关于居室规划章意见

为促进居室改良与发展，关于建筑材料之生产运输，应于计划中补入。

十、关于卫生设施章意见

（一）原计划（甲）自来水改善计划及（乙）下水道整理添建计划两项，应由该市聘请专家，实地考察，详密研究策划。

（二）原计划（丙）医院卫生草案就原则方面而言：

1. 该草案似嫌偏重于医院之设置，少注意于预防、医学及卫生教育之推展。盖若病源因素，仍使存在，不予纠正或铲除，则病床再多，亦感不敷应付也。今重庆市既有十年计划之拟订卫生建设，吾人亦应从根本问题着手，以奠定百年基础。计划中之自来水及下水道改善整理乃根本问题之一也。其它如平民住宅之改良，亦为铲除疾病之根本问题。近年欧美各国有肃清陋巷（slum Cleanse）之举，足资借鉴。该计划（戊）项（子）目虽有提及，但仅列为次要工作，殊感不妥。

2. 有良好之医院，而居民因经济力量不足，无法利用，亦近代各国亟欲解决之一矛盾现象。我国目前情形，虽离此阶段尚远，但重庆如欲十年内，大量扩充病床设备，则不能不事先注意及此。故于医院行政经费内，应顾及此点，酌列免费病人项目，以惠平民。

3. 此案对于所需医、护、产干部人员之培植，未曾提及，似嫌遗漏，高级干部之来源，似非一市之能力可予培植，但中级及初级干部人员应以就地取材为原则，积极训练以免人材缺乏之苦。该市若认为毋须专设训练机构并可委托其他已设机构代为训练者，亦须于行政经费内，编列保送学员所需经费。

（三）医院卫生草案内容方面：

1. 普通医院现有公私立普通医院病床共计1,636张,则以100万人口计,每3,000人得6个床位,与300人一张病床之标准,相差尚不过远。十年后若达预计之150万人口,则自须每年增加,以符需要。但其分配地点,应视人口增加之不同而转移。201页表所列者,似嫌过早。但为未雨绸缪计,各该处自可预为征购土地,以便将来按需要情形扩充。

2. 特种医院：

（甲）产院之增设，未予列入，似嫌遗漏，应予补入，其业务并应与各区卫生所之妇婴卫生部取得密切联系，否则亦可于人口稠密之区，专设妇婴保健所，酌设产床及婴儿病房。

（乙）肺病防治所及肺病疗养院之名称，似应改为结核病防治所及结核病疗养院，以包括一切结核病之预防治疗，防治所似可不必专设病房，但其业务须与各疗养院取得密切联系，防治所之设置于复兴关距离市中心似嫌稍远，不便于市民。盖防治所之任务，应以诊断寻觅初期患者为主。至于气胸治疗等（愈后继续治疗）及家庭指导卫生教育，亦为其一部分工作，严重之患者，皆应送入疗养院治疗也。

（丙）传染病医院以不专设为原则，普通大医院内，可附设传染病房一幢，是最为经济，近来各国均有如是趋势，盖因传染病医院，于非流行期间大部分病床将致其间无，不经济莫甚于此。又观该草案拟设之地区，均有普通医院之设置，故仅可附设于该项普通医院之内。

（丁）花柳病防治所之性质与结核病防治所类似，专科病床之设置，似可不必。但若事实有此需要，可置较小型医院即足。

（戊）现有之健康教育委员会，应改为卫生教育委员会，除加强内部组织派员专司其责外，应另觅适当中心地点，设置卫生阅览室及卫生展览室，专办定期卫生宣传，并兼办学校卫生业务。

（四）关于（丁）垃圾处理计划核尚可行。

（五）关于（戊）本市一般环境卫生改善建议各项，大致均尚可行。惟应修改之处有二：

1. 公共浴室之大池以改装盆浴或淋沐为宜，至于拟改以公家经营为主，仍非必要。市卫生局仅负视察监督之责即可。

2. 理发店之"公用手帕应行取缔"恐不易办到，不如实行煮沸水消毒。此外小菜市场，应有指定地区并管理其环境卫生。又现有之区卫生所十四处及将来增设之四处，应为各区预防保健工作之基本单位。其业务与人民最为密切接近，其工作处所及现有设备，是否适用足量，将来应如何发展，亟应计划，原草案内未详细筹划，应加注意。

（六）197页（十）"特设卫生实验所总其事"一节，似应改为特设卫生试验所总其事，藉与各省市之名称划一。又198页（巳）项似应改为其他有关卫生，"试验"及研究事项。

（七）关于灭鼠问题（211页丑项）除设法改善原有建筑外，似应加列新建房屋时，拒鼠建筑之标准，如地基、墙壁、烟囱、暗沟等，均须制定建筑标准，以备市民采用。平时亦应注意灭鼠运动。

（八）重庆地域辽阔，交通不便，人口将逾百万，产科病床，似应增加。南岸、江北二地均应计划，各设置产院一所（见199页至201页）。

（九）198页之药品供应处，可改为卫生材料库。

十一、关于公用设备章意见

按都市计划法第二十七条之规定，市区公墓应于适当地点设置之。原计划内对于公墓及殡馆，应补充规划。

十二、关于教育文化章意见

查国民教育部分，市内不必全设中心国民学校。依法，国民学校得设高级部，如因该市实际需要，可规定市内国民学校，一律设高级部，余无不合。

十三、关于社会事业章意见

原计划"甲、合作事业"部分大致尚合。"乙、救济事业部分（一）（卯）（寅）"各项内残废所，养老所名称，均应依法改为残疾教养所，安老所。又（子）（四）育婴所"自出生以至5岁为止"句似应依改"5岁"为"2岁"。（辰）（三）育婴所举办幼稚园，应改"育婴"为"育幼"，其余尚合。

编后记

黄宝勋

陪都建设计划委员曾于三十五年（1946年）二月六日奉命成立，内分城市计划，交通，建筑，卫生，公用等五组，及研究与秘书二室。每组设主任1人，组员2人至3人。其初步工作在搜集参考资料，所涉范围甚广，举凡地质，地形，交通之各项地图；出口入口货物之统计，水文，风向，水位，气候之纪录；人口，风俗，习尚之调查；交通工具，卫生设施，绿地面积之查勘，重要地区之视察等，悉在搜罗调查之列。然后分成小组，专题研讨，并征询各方意见，着手草拟计划，绘制图表。承本市各机关及社会贤达多方协助，复得同仁等朝夕努力，于是《十年建设计划草案》得于同年四月廿八日拟就，费时仅八十余日。惟仓卒成篇，设计容有未周，挂一漏万，在所难免。然轮廓固已初具，今后本市建设，自不致盲目发展，仅须注意于"配合""推动""倡导"，"局部补充设计"等之灵活运用，例如本市两江大桥，无轨电车，下水道，北区干路，通远门隧道，标准人行道，平民住宅，公共厕所，北区公园，纪功碑等项工作，即系依据计划所推进者。

战后都市建设事宜，内政部曾令各大都市成立计划委员会，闻已有12省市先后成立，而本市则系首先提出全面完整计划者。各市纷纷函索原稿，用资参考，遂决定将草案先行付印，予三十五年（1946年）五月与本市中央印制厂商洽，所有图表，均以套色橡皮机印刷，准确精美，所费不过五六百万元。因该厂于同年六月奉命东迁，而本市其他印厂设备简陋，难于承印，乃改寄京沪估价。又以物价波动，竟需一二亿元之巨，限于财力，无法付梓。三十六年（1947年）一月本府造产委员会开办印刷厂，于是以3千余万元交其承印，惟该厂创办伊始，设备未周，所有图表，仅以锌铜版套印，难期清晰。事实所限，阅者谅之！

中央对于本计划内容极为重视，经发交交通、经济、内政等七部详加审议，分别指示。本拟依照指示各点，修正补充。适本会遵令改组为"重庆市都市计划委员会"，市府实行全面缩编。本会人少事繁，而本草案又已付排，未及修改，特将修正意见附印于后，实施时自应以修正意见为依据也。

本草案之完成，承各机关社团及社会贤达多方协助，至深铭感，特此致谢。仍望各界不时指教，俾于实施时得随时改正，尤所厚幸！